応用をめざす
数理統計学

国友直人 [著]

統計解析
スタンダード
国友直人
竹村彰通
岩崎 学
[編集]

朝倉書店

#　まえがき

　この書物は朝倉書店〈統計解析スタンダード〉シリーズの中の基礎的な内容である「数理統計学」についての1冊として企画された．タイトルの鍵となる言葉として数理統計学と応用との橋渡しという意味を込めて「"応用をめざす"数理統計学」という言葉を選んだ．数理統計学についてはしばらく前に標準的理論が確立しており，日本語でも立派な書籍がある中で本書を出版する意味について一言述べておこう．近年では日本の社会においても統計学・統計科学がかなりの注目を浴び，ビッグ・データ時代の先端的数理科学の基礎として勉学の意欲が高まっていると思われる．こうした動きは必ずしも数理統計学の標準的理論の展開に注目が集まっているというわけではないが，数理統計的方法が様々な学問分野や社会・経済においてより広く応用できる可能性を持ち，現代の課題に向き合う有力な手段として理解が深まりつつあるからであろう．そうした中で数理統計学の研究内容も日々により高度に深化し続けている．本書では数理統計学における新しい動き，現代社会・経済など様々な分野における応用の動きなどを配慮しつつ，新たな展開を支える数理統計学の基礎的内容と考えられる事項を述べる．

　ここで簡単に本書の内容を概観しておこう．本書は内容を第1部「確率空間と確率分布」，第2部「数理統計の基礎」，第3部「数理統計の展開」という3部構成とした．第1部ではまず数理統計学の議論に必要な確率論をやや現代的側面を含めて数理統計学で必要な範囲に限り基礎的内容を説明する．第1章は確率測度と確率変数，第2章は確率分布と期待値，第3章は条件付期待値と独立性が題材である．こうした標準的内容に加えて第4章では確率変数列とマルチンゲール，第5章では分布収束と中心極限定理についてやや立ち入って扱っている．こうした題材は現代的な数理統計学とその応用において重要事項であり，様々な応用可能性を検討する上で有用と判断したからである．第2部は数理統計の基礎部分であるが，まず第6章で統計量と標本分布について述べ，統計的推測論については

第7章で推定論，第8章で検定論，第9章で統計的決定理論について基礎的内容を説明する．第3部は展開部であるが，第10章で統計的関係の分析，第11章で近年での応用につながる幾つかの話題を選んで説明する．こうした題材は近年では統計プログラムや統計パッケージなどにより計算機を利用すると実装が可能なものが大部分であるが，一見すると遠回りに思えてもまずは統計的方法の基礎に立ち戻って理解することが新たな展開にとっても重要である．

本書は「数理統計学とその応用」に関心のある学生を対象としているが，広く統計学・統計科学の理論と応用に関心のある関係者にとり何らかの役に立てば幸いである．数学や数理科学を専攻しているとは限らない多くの学生や院生が統計学・数理統計学を応用することを主な念頭においたので，本書では数理統計学の議論に利用する数理的内容についても補論を含めて説明した．既に大学における基礎的数理を十分に習得済みの諸君はそうした内容を読み飛ばすことは可能である．ただし著者は長年にわたり経済学部・経済学研究科の学生・院生の教育に関わっているので，大学においても十分に基礎数理について学ぶ機会がないままに(あるいは避けて)応用分野を専攻している学生・院生諸氏にとって勉学の参考に有益だろう，と判断して直観的説明などを交えて幾つかの内容を挿入した．むろん内容の数理的細部を完全に理解するには時間的余裕のある機会にさらなる勉学が必要であろうが，当面の勉学に資することを期待したい．なお紙数の制約などで省略した幾つかの補論や練習問題へのヒントなどは朝倉書店のHP (http://www.asakura.co.jp/) の本書サポートページなどを通じて多くの読者にとり容易に手に入れることができる．

最後になるが，本書は著者が東京大学経済学部3・4年生を対象として行った講義「数理統計」の内容をもとに幾つかの項目を追加してまとめたことに言及しておく．講義を聴講し質問やコメントを提供した学生諸氏に感謝したい．また本書に掲載した幾つかの図の作成に助力してくれた元・現役の院生諸氏，三崎広海，江原斐夫，栗栖大輔，池田祐樹 (敬称略) の諸氏にはこの場を借りて感謝する．さらに滞りがちな著者に対して絶えず適切なプレッシャーを与えてくれた朝倉書店編集部のご努力に感謝する．

2015年7月

国友直人

目　　次

第 1 部　確率空間と確率分布

1. 確率測度と確率変数 ································· 2
  1.1　確率の源流 ······································· 2
  1.2　確 率 空 間 ······································· 4
  1.3　確率分布関数 ····································· 7
  1.A　補論——拡張定理とその周辺 ······················ 10

2. 確率分布と期待値演算 ································ 12
  2.1　期　待　値 ······································ 12
  2.2　期待値の一般化 ·································· 16
  2.3　期待値演算の利用 ································ 17
  2.4　確率分布の例 ···································· 23
  2.5　特 性 関 数 ······································ 28
  2.A　補論——変数変換と密度変換の公式 ················ 38

3. 条件付期待値と独立性 ································ 41
  3.1　条件付確率と情報 ································ 41
  3.2　条件付期待値 ···································· 44
  3.3　条件付分布の例 ·································· 47
  3.4　独　立　性 ······································ 51

4. 確率変数の和とマルチンゲール ························ 58
  4.1　大数の弱法則 ···································· 58

4.2　マルチンゲール ·································· 62
　4.3　大数の強法則 ···································· 67

5. 分布収束と中心極限定理 ························ 70
　5.1　確率分布の収束の例 ······························ 70
　5.2　中心極限定理 ···································· 73
　5.3　不 変 原 理 ···································· 77
　5.4　正規分布と無限分解可能分布 ······················ 78
　5.A　数理的補論 ······································ 79

第2部　数理統計の基礎

6. 統計量と標本分布 ································ 84
　6.1　母集団・標本・統計的推測 ························ 84
　6.2　標本空間・統計量 ································ 87
　6.3　t 統計量と F 統計量 ···························· 90
　6.4　経験分布・順序統計量・極値分布 ·················· 96
　6.A　補論——変数変換の公式 (再び) ···················· 101
　6.B　補論——射影と最小2乗法 ························ 102
　6.C　補論——固有値問題について ···················· 105

7. 統計的推定論 ···································· 107
　7.1　統計量・推定量・推定値 ·························· 107
　7.2　尤度関数と十分統計量 ···························· 110
　7.3　最尤推定量 ······································ 113
　7.4　小標本の標準理論 ································ 117
　7.5　統計的推定の漸近理論 ···························· 124
　7.6　密度関数の推定問題 ······························ 130

8. 統計的検定論 ···································· 133
　8.1　仮説検定の発想 ·································· 133

8.2　検定の標準理論 ································ 136
　　8.3　区 間 推 定 ································ 147
　　8.4　ブートストラップ法とリサンプリング法 ············ 150
　　8.A　補論――局所漸近効率性と高次効率性 ·············· 154

9.　統計的決定理論とベイズ推論 ························ 156
　　9.1　ベイズ推論 ···································· 156
　　9.2　統計的決定問題 ································ 162

第3部　数理統計の展開

10.　統計的関係の推測 ································ 168
　　10.1　最小2乗法と線形回帰モデル ···················· 169
　　10.2　変数誤差問題と直交回帰法 ······················ 173
　　10.3　線形関数関係と構造方程式 ······················ 176
　　10.4　主成分分析と多変量解析 ························ 180
　　10.5　非線形問題と分位点回帰 ························ 183
　　10.6　罰則法と情報量規準 ···························· 186

11.　広がる統計解析の世界 ······························ 189
　　11.1　統計的時系列解析 ······························ 189
　　11.2　統計的生存時間解析 ···························· 192
　　11.3　統計的極値解析 ································ 194
　　11.4　多次元分布と従属性 ···························· 199

あ と が き ·· 208
参 考 文 献 ·· 209
練 習 問 題 ·· 211
索　　　　引 ·· 217

Part 1

確率空間と確率分布

Chapter 1
確率測度と確率変数

本章では実際に事象が起きうるか否か不確実な現象,リスクを伴う現象を評価する統計的方法の基礎として,事象の関数として表現される確率変数,統計的リスク分析の基礎として確率・確率測度と確率分布の概念を学ぶ.

1.1 確率の源流

確率概念の源流としてはしばしば賭 (ギャンブル) の計算が挙げられる.確率論の歴史書では 17 世紀のフランスの哲学者パスカル (B. Pascal) と数学者フェルマー (P. Fermat) の書簡集[*1)]が著名であるが,場合の数に基づく組み合わせ確率の計算によりサイコロ・ゲームでの「ルールの公平性」や分配問題が議論されている.例えばある賭博師は素人のお客を相手にうまく立ち回れたのか,また賭ゲームを中途で止めなければならないとき,掛け金の「公平な (fair) 分配」はどのように考えるべきであろうか? この種の問題は東京の街角でみかける年末ジャンボなどの宝くじの販売の宣伝ばかりでなく,倒産企業の価値の分配方式など現代の企業社会に通じる面も少なくない.古典的な賭ゲームで登場する確率は高校数学で学ぶ「組み合わせ確率」である.これは有限個の「同等に確からしい基本事象」より求められる.

統計学の分析対象として自然科学,工学や農学,医学,そして経済・経営・金融など社会科学をはじめ応用分野で登場する問題では事前に結果が確定できない現象の確からしさを「同等に確からしい基本事象」より確定できない方がむしろ一般的である.そこで多数回の試行が繰り返される事象の相対頻度およびその極限

[*1)] "*Lettre de Monsieur Pascal à M. de Fermat*" (1654).

として直観的に想定できる数値を「経験確率」として説明することも少なくない．後者の経験確率の難点は有限回の試行をみただけでは確率そのものが一意に定まらないことである．その他，例えば明日の株価についての人々の予想を比率で表そうとして利用している確率は，主観 (subjective) 確率，あるいは個人 (personal) 確率[*2)]と呼ばれているが，不確実性下における人々の行動を理解しようとする経済・経営の分野ではとくに重要な役割を果たしている．なお主観確率に類似の概念としてケインズ (J.M. Keynes) が提唱した論理確率[*3)]なども挙げられる．

無限個の事象

同等に確からしい 2 つの基本事象 $\{H\}$(表), $\{T\}$(裏) としてコイン投げを考えよう．いまコイン投げを非常に多く繰り返している状況を想定し事象 $A = \{$いつか表が出る$\}$ としよう．また $B_n = \{n$ 回目にはじめて表が出る事象$\}$ とする．事象の系列 $B_1, B_2, \ldots$ は互いに背反なので $(B_i \cap B_j = \emptyset \ (i \neq j), \emptyset$ は空集合) 高校数学の確率計算では集合 $A_n = \{n$ 回目までに表が出る事象$\}$ の確率は

$$P(B_1) + P(B_2) + \cdots + P(B_n) = \frac{1}{2} + \left(\frac{1}{2}\right)^2 + \cdots + \left(\frac{1}{2}\right)^n = 1 - \left(\frac{1}{2}\right)^n$$

となる．ここで繰り返しの回数を多くすると

$$P(A) = \lim_{n \to \infty} \left[1 - \left(\frac{1}{2}\right)^n\right] = 1 \tag{1.1}$$

とするのが適当と考えられる．ここで $A_1 \subset A_2 \subset \cdots$ より $A_n \to A$ という集合上での確率を考察する必要が生じるわけである．

さて例で説明した「無限回のコイン投げ」におけるある事象 A は実際の話とは関係がない架空のことであろうか？　例えば経済・経営での身近な例として，世界中の株価に関係する保有資産の価値が 24 時間以内に上下いずれかに変化する事象を考えよう．$24 \times \frac{1}{2}$ 時間以内に変化する可能性があり，$24 \times [\frac{1}{2} + (\frac{1}{2})^2 + \cdots + (\frac{1}{2})^n]$ $(n \geq 2)$ 時間以内に変化する可能性など，いくらでも考えられる (図 1.1 を参照)．こうした 24 時間以内 (実は任意の時間内) に価値が変化する事象に関連して確率やリスクを定義，あるいはリスクを計測し制御できることが社会的にも必要となってい

[*2)] 例えば L. Savage "*The Foundations of Statistics*"(Dover, 1954) が代表的である．
[*3)] J.M. Keynes "A treatise of probability" in "*The Collected Writings of John Maynard Keynes*"(Cambridge University Press, 1921)．

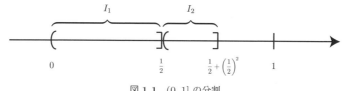

図 1.1 $(0, 1]$ の分割

るのが現代の経済であろう．例えば新聞やテレビ・ニュースなどで報じられる近年の金融市場 (外国為替・株式・国債など) の動きをみると，「無限回のコイン投げ」における事象の確率を論じることは意味がある．サイコロ，トランプといった組み合わせ確率で説明できる例から離れ，統計分析を実際に応用する場では「基本事象が数えられないほど多く存在する」とみなすことによりかえって明快な分析が行えることも少なくない．ここで不確実性を表現する集合やその元が無限の可能性を考慮すると，無限の可能性を考慮した数理的な議論が必要となり組み合わせ数に基づく議論は数理的に破綻する．そこでコルモゴロフ (A.N. Kolmogorov)[*4]に始まる公理的確率の枠組みが必要となるのである．他方，現代的な確率論自体は洗練され厳密ではあるが，数理科学を専攻する専門家を除くとやや近づきがたい印象を与えている．ここでは様々な対象に対して統計分析を応用するときに生じる問題の解決に欠くことができない数理的議論の基礎を，できるだけ簡潔に要約してみよう．

1.2 確率空間

不確実性が付随する様々な事象からなる標本空間を Ω (オメガ，全事象とも呼ばれる)，その元 (基本事象) ω とおき，その上で確率測度 P を導入しよう．サイコロも目が基本事象なら確率測度はいくつかの基本事象の集合，例えば {偶数の目} といった集合においても確率が定まる必要がある．そこで集合からなる集合族を考察する．ここで重要な役割を担うのは **σ-加法族** (Ω 上のシグマ集合族，σ-field) と呼ばれる集合族である．

[*4] A.N. Kolmogorov "*Grundbegriffe der Wahrscheinlichkeitsrechnung*" (Springer-Verlag, 1933) (坂本實訳『確率論の基礎概念』(筑摩書房, 2010)).

定義 1.1 次の 3 条件を満たす $\mathcal{F}$ を **σ-加法族**と呼ぶ.
 (i) $\mathcal{F} \ni \emptyset$,
 (ii) $\mathcal{F} \ni A \Rightarrow \mathcal{F} \ni A^c$,
 (iii) $\mathcal{F} \ni A_i$ $(i = 1, 2, \dots)$ $\Rightarrow$ $\mathcal{F} \ni \bigcup_{i=1}^{\infty} A_i$.

ここで $\emptyset$ は空集合,和集合 $A_1 \cup A_2 = \{\omega | \omega \in A_1 \text{ or } (\text{あるいは}) \omega \in A_2\}$ であるが,条件 (iii) では可算無限個までの和集合をとることが重要である.よく知られたその他の集合演算としては,A^c は A の補集合,積集合 $A_1 \cap A_2 = \{\omega | \omega \in A_1 \text{ and } (\text{かつ}) \omega \in A_2\}$ などがあるが,集合の演算 $(A_1 \cap A_2)^c = A_1^c \cup A_2^c$ などもよく利用する.

例えば 6 個の目が出る可能性があるサイコロの目の例では,$A_1 = \{$目が偶数$\}$,$A_2 = \{$1 以外の目$\}$ などという集合を考える必要がある.ルーレットの例では角度として全事象 $\Omega = [0, 2\pi)$ をとれば事象として任意の区間をとる必要があり,有限個では収まらない.よく利用される σ-加法族としては次の例を挙げておく.

例 1.1 ボレル集合族 (Borel field) とは記号 $\mathcal{B}(\mathbf{R}^p) = \{$集合 $(a_1 < x_1 \leq b_1] \times \cdots \times (a_p < x_d \leq b_p]$ を含む $\mathbf{R}^p$ 上の最小のσ-加法族$\}$ で表される.例えば $\mathcal{B}(\mathbf{R}^1) = \mathcal{B}(\mathbf{R})$ とすると任意の区間 $(a, b]$ $(a < b)$ を含むが,さらに $(a, b] \cup (c, d]$,$(a, b] \cap (c, d]$ などの集合も含む.$p = 2$ のとき $\mathcal{B}(\mathbf{R}^2)$ は 2 次元領域 $(a_1, b_1] \times (a_2, b_2]$ $(a_1 < b_1, a_2 < b_2)$ を含むが,さらに $(a_1, b_1] \times (a_2, b_2] \cup (c_1, d_1] \times (c_2, d_2]$ などの集合を含む.

ここで任意の $x \in \mathbf{R}$ に対して $(-\infty, x] = \bigcap_{n \in \mathbf{N}} (-\infty, x + n^{-1})$ ($\mathbf{N}$ は自然数全体) なので,開集合全体から生成される (最小の) σ-加法族を意味する.ここで $\mathcal{F}_1$ が $\mathcal{F}_2$ より小さいとは $\mathcal{F}_1 \subset \mathcal{F}_2$ を意味する."最小の $\cdots$"とする意味はあまりにも大きな集合族を扱う可能性を排除するためである.$p = 1$ のときこれは 1 次元の区間および区間の和集合をすべて含むような集合全体を意味する.以下では標本空間 Ω が与えられたときの σ-加法族としては常に最小の σ-加法族をとり,この「最小の」という言葉は省略する.

次に σ-加法族上で確率測度を考えよう.現代的な確率論では以下のように確率測度 (probability measure) を定義する.

定義 1.2 次の 3 条件を満たすものを**確率測度** P と呼ぶ．
 (i) $\mathcal{F} \ni A \Rightarrow P(A) \geq 0$,
 (ii) $P(\Omega) = 1$,
 (iii) $\mathcal{F} \ni A_i\ (A_i \cap A_j = \emptyset, i \neq j) \Rightarrow P\left(\bigcup_{i=1}^{\infty} A_i\right) = \sum_{i=1}^{\infty} P(A_i)$.

ここで古典的な組み合わせ確率との相違は最後の可算加法性 (countable additivity) に現れていることに注意する必要がある．組み合わせ確率では有限個の和 (有限加法性, finite additivity) を考察するので，実は2つの排反事象の和集合についての条件だけでよい．最初に言及した例でも明らかなように多くの応用問題でも可算加法性までは必要であり，有限加法性から可算加法性まで矛盾なく確率を考察できるという論点は測度論 (measure theory) における拡張定理 (補論 1.A を参照) と呼ばれる議論に重なる．結果は肯定的なので応用上は有限の場合と無限の場合は矛盾なく扱える．

定義 1.3 確率変数 (random variable, r.v.) とは，任意の $B \in \mathcal{B}(\mathbf{R})$ に対し $\mathbf{X}^{-1}(B) \in \mathcal{F}$ となる ω の写像 (or 関数) $X(\omega)$ $(X : \Omega \mapsto \mathbf{R})$ である．

さらに p 個の確率変数 $X_i(\omega)$ $(i = 1, \ldots, p)$ を並べて構成した (p 次元) 確率変数ベクトル $\mathbf{X}(\omega)$:

$$\mathbf{X}(\omega) = \begin{pmatrix} X_1(\omega) \\ \vdots \\ X_p(\omega) \end{pmatrix} : \Omega \mapsto \mathbf{R}^p$$

とは写像の逆像が条件

$$\mathbf{X}^{-1}(B) \in \mathcal{F} \quad (\forall B \in \mathcal{B}(\mathbf{R}^p))$$

を満足することで定義する．

こうした確率変数，確率変数ベクトルの定義にはじめて接すると戸惑う諸君も少なくない[*5]．要するに ($p = 1$ のとき) 基本事象 ω の関数 $X(\omega)$ が実数値をとるとすると，対応する元の事象の集合 $X^{-1}(B) = \{\omega | X(\omega) \in \mathcal{B}(\mathbf{R})\}$ が $\mathcal{F}$ の元であり確率測度が定義できることを意味している．定義域が事象とその集合なの

[*5)] 本書では確率変数 $X(\omega)$ および確率変数ベクトル $\mathbf{X}(\omega)$ に現れる ω をしばしば省略することに注意されたい．

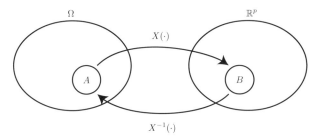

図 1.2 確率変数

でそうした関数が常に考えうるか否かは自明でないこともあるが，応用上では集合の関数と考えて差し支えない．なお，測度論ではこの条件を満足するものに可測関数 (measurable function) という特別の名前を付けている．

例 1.2 サイコロの例では $\Omega = \{\omega_1, \ldots, \omega_6\}$ とすると $X(\omega) = i$ ($\omega = \omega_i$ のとき) とするのが自然である．

例 1.3 時刻 $t = 0$ から時刻 $+\infty$ までに起こるかもしれない事故の時刻を表現する．集合 $\Omega = [0, \infty]$ 上での確率変数 $T(\omega)$ を $T(\omega) = t$ $(0 \leq t), T(\omega) = +\infty$ (事故が起きない) とすると確率変数の逆像上に確率測度を考察できる．

一般に
$$Q(B) \equiv P(\mathbf{X}^{-1}(B)) \quad (\forall B \in \mathcal{B}(\mathbf{R}^p))$$
によりボレル集合族上に測度 $Q(\cdot)$ を定めよう．Q についての条件を調べてみると，確率測度の 3 条件を満たしていることが確認できる．したがって確率変数が定義されると元の事象までさかのぼることなく $\mathbf{R}^p$ 上の確率を扱えることがわかる．

1.3 確率分布関数

定義 1.4 (累積) 確率分布関数 (cumulative distribution function, c.d.f.) は，任意の実数 $x \in \mathbf{R}$ に対する関数 $F(x) = P(\omega | X(\omega) \leq x)$ で定める．

確率分布関数 $F(\cdot)$ は性質
(i) $\lim_{x \to -\infty} F(x) = 0$, $\lim_{x \to +\infty} F(x) = 1$,

(ii) $F(x)$ は右連続 i.e. $\lim_{y \downarrow x} F(y) = F(x)$,
(iii) 単調非減少関数

を満たす．逆にこれら 3 条件は分布関数の必要十分条件である．こうした事実は次のような方針で示すことができる．条件 (i) の前半は

$$\lim_{x \to -\infty} \{\omega | X(\omega) \le x\} = \bigcap_{x \in \mathbf{R}} \{\omega | X(\omega) \le x\} = \emptyset , \qquad (1.2)$$

を利用すればよい．条件 (ii) は $y \downarrow x$ (右からの極限の意味であり $y \to x + 0$ と表記することもある) のとき

$$F(y) - F(x) = P(\omega | x < X(\omega) \le y) \to P(\emptyset) = 0 \qquad (1.3)$$

より得られる．

統計学では様々な確率変数が登場するが，分類すると離散分布 (discrete distribution) と連続分布 (continuous distribution) が挙げられる．例えばサイコロの目により確率変数 $X(\omega)$ を定義すると確率が 6 個の値で正となる離散分布である．確率分布関数は実数軸上で 6 個の点においてジャンプ (跳躍) を持つ．他方，ω をルーレットの角度 θ ($0 \le \theta < 2\pi$) として確率変数 $X(\omega) = \theta/(2\pi)$ と定めると，確率変数 $X(\omega)$ の分布はジャンプを持たないので連続分布となる (図 1.3, 1.4)．この確率分布関数はルーレットの角度が止まりうる弧の長さに比例する一様分布 (uniform distribution) であり，$F(x) = x$ ($0 \le x \le 1$) となる．こうした連続分布の場合には連続点で微分可能であり，とくに一様分布の場合には密度関数 (density function) は

$$f(x) = \frac{dF(x)}{dx} = 1 \quad (0 \le x \le 1) \qquad (1.4)$$

となる ($f(x) = 0$ (その他))．

応用上でしばしば登場する標準正規分布の密度関数は

$$f(x) = \frac{1}{\sqrt{2\pi}} e^{-x^2/2} \qquad (1.5)$$

で与えられる．この密度関数はしばしば $\phi(x)$ と表され，標準正規分布の分布関数は

$$\Phi(x) = \int_{-\infty}^{x} \phi(z) dz \qquad (1.6)$$

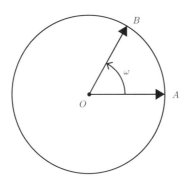

図 1.3 ルーレットの確率モデル

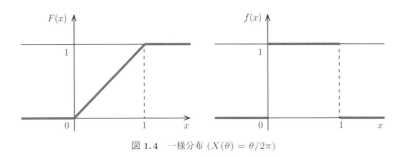

図 1.4 一様分布 $(X(\theta) = \theta/2\pi)$

と表現される.

数理的には一般に離散分布の確率分布 $F_d(x)$, 密度関数を持つ分布 $F_c(x)$, のほかに特異な確率分布 $F_s(x)$ を用いて

$$F(x) = \lambda_1 F_c(x) + \lambda_2 F_d(x) + \lambda_3 F_s(x) \tag{1.7}$$

と表現できる (ただし $\lambda_i \geq 0, \lambda_1 + \lambda_2 + \lambda_3 = 1$ である. 特異な分布は通常の応用では現れない).

次に複数 p 個の確率変数により構成される確率変数ベクトル $\mathbf{X}(\cdot)$ から定められる多次元確率分布関数を導入しよう.

定義 1.5 (同時) 確率分布関数は, 任意の実ベクトル $\mathbf{x} = (x_i) \in \mathbf{R}^p$ に対する関数

$$F(\mathbf{x}) = P(\omega | X_i(\omega) \leq x_i) \quad (i = 1, \ldots, p) \tag{1.8}$$

で定める.

この関数を p 次元同時確率分布関数 ($\mathbf{x}$ は $p \times 1$ 実ベクトル) と呼ぶ.多次元分布となる条件は各要素について定義 1.4 に示した条件 (i) と条件 (ii) は例えば $F(x_1, \ldots, -\infty, \ldots, x_p) = 0$, $F(+\infty, \ldots, +\infty) = 1$ であるが,条件 (iii) は修正する必要があり,任意の $\mathbf{h} = (h_1, \ldots, h_p)' \in \mathbf{R}^p$ に対して $\lim_{\mathbf{h} \downarrow \mathbf{0}} F(\mathbf{x}+\mathbf{h}) = F(\mathbf{x})$ となる.例えば $p = 2$ なら条件として

$$\Delta_h F(\mathbf{x}) = F(x_1 + h_1, x_2 + h_2) - F(x_1 + h_1, x_2) - F(x_1, x_2 + h_2) \\ + F(x_1, x_2) \geq 0$$

が必要となる.

連続型の確率変数ベクトルの場合には多次元確率分布関数より密度関数 $f(\mathbf{x})$ は

$$f(\mathbf{x}) = \frac{\partial^p f(\mathbf{x})}{\partial x_1 \cdots \partial x_p} \tag{1.9}$$

により定める.

確率空間

ここで導入した 3 要素 $(\Omega, \mathcal{F}, P)$ をあわせて**確率空間** (probability space) と呼ぶことにすると数学的には測度論の中の有限測度の議論に対応していることになる.経済学や工学などでは直観的に $\mathcal{F}$ を情報 (information) と呼ぶことが多い.応用上から時間とともに情報が変化する場合を扱うので,確率論は抽象的な測度論の議論そのものより内容は豊富になり応用可能性が広がる.

ここで数理的には,これからの議論は確率空間が完備確率空間 (complete probability space) である必要がある.これはある集合 $A \in \mathcal{F}$ が $P(A) = 0$ であるからといって別の集合 $B \subset A$ に対して $P(B) = 0$ となるとは限らない (完備とは限らない) からである.P の下では一般には確率 0 の集合の部分集合 $B \subset A = \{\omega \mid P(A) = 0\}$ が Ω に入っているとは限らなければ,確率 0 の部分集合を含んだ確率空間とすればよいが,これは確率空間が完備でなければ**完備化** (completion) すればよいことを意味する.

1.A 補論——拡張定理とその周辺

高校や大学における「教養としての統計学」に登場する場合の数に基づく組み合

わせ確率では，有限加法性を基礎としている．この確率を初等確率測度 (elementary probability) $p(\cdot)$ とすると本章で定義した確率測度との関係が気になる．応用上にも重要な数理的事実として測度論では初等確率測度は確率測度に拡張できる，すなわち後者は前者を含むことが知られている．関連する測度論的事項については例えば伊藤清『確率論』(岩波書店, 1991) を参照されたい．ここで引用したのは定理 2.4 である．

定理 1. A. 1 (確率測度の拡張定理) 集合 Ω 上の σ-加法族 $\mathcal{F}$, $\mathcal{F}$ 上の初等確率測度 p, $\sigma(\mathcal{F})$ を最小の σ-加法族とする．このとき $\sigma(\mathcal{F})$ 上の確率測度まで拡張可能な必要十分条件は任意の互いに素な $\mathcal{F} \ni A_i$ $(A_i \cap A_j = \emptyset)$ に対し

$$p\left(\bigcup_{i=1}^{\infty} A_i\right) = \sum_{i=1}^{\infty} p(A_i) \tag{1.10}$$

となることである．

■文献紹介

高校や大学教養課程を終えたあとに遭遇する大学上級・大学院・研究における用語とは少しギャップがあると感じる学生は少なくない．著者もその 1 人であったので経験から，これから確率論・統計学などを本格的に勉強したい諸君に参考文献を挙げておく．応用分野の研究を始めてだいぶ経ってから，志賀浩二『ルベーグ積分 30 講』(朝倉書店, 1990) を読んだところ，数理的に抽象化された集合・測度論の議論を直観的に説明しているので舞台裏をかいまみた気がした経験がある．伊藤清三『ルベーグ積分入門』(裳華房, 1963) は現在でも本格的な教科書だろう．また確率解析学の創始者による教科書，伊藤清『確率論』(岩波書店, 1991)，さらに確率論の基礎を巡る様々な問題のために Billingsley *"Probability and Measure"* (John-Wiley, 1994) なども挙げておこう．

Chapter 2
確率分布と期待値演算

本章では確率測度や確率変数を応用する上でより便利な確率分布について，主な確率分布やその平均や分散などの特性値，数理的な評価の基礎としての期待値の演算を学ぶ.

2.1 期 待 値

確率論を応用する場では確率分布と並んでより単純で縮約された情報である期待値 (expectation)，あるいは平均 (mean) と分散 (variance) などの数値がよく利用される．離散型確率変数 $X(\omega)$ の期待値は $P(X(\omega) = x_i) = p_i\ (> 0)$ のとき

$$\mathbf{E}[X] = \sum_i x_i p_i , \qquad (2.1)$$

連続型確率変数 X の期待値は密度関数 $f(x)$ とすると

$$\mathbf{E}[X] = \int_{-\infty}^{\infty} x f(x) dx \qquad (2.2)$$

と定義されることが多い．期待値は (確率分布の) 平均値とも呼ばれ，分散や共分散などとともに基本的な量である．確率変数が離散型の場合と連続型の場合を同時に扱いつつ，確率変数列 $X_n(\omega)$ の期待値 $\mathbf{E}[X_n]$ の挙動を見通し良く議論するには高校〜大学初級で議論する積分 (リーマン (Riemann) 積分と呼ばれている) を拡張する必要がある．例えば確率変数列 $X_n(\omega)$ を $X_n(\omega) = n^2$ (確率 $1/n$), $X_n(\omega) = 0$ (確率 $1 - 1/n$) により定める．このとき $P(\omega|\lim_{n\to\infty} X_n = 0) = 1$ であるが確率変数列の期待値は $\lim_{n\to\infty} \mathbf{E}[X_n] = +\infty$ となる．こうした「収束の意味」の説明は第 4・5 章で議論することにして，ここでは図 2.1 で例示するようなルベーグ (Lebesgue) 積分の発想より期待値を説明しよう．この図は ω が区間 $[0, 1]$

2.1 期待値

の任意の実数をとり，ω の関数，すなわち確率変数 $X(\omega)$ の値により面積 (すなわち積分) を定める例示であるが，高校〜大学初級では変数 ω がとりうる値 (実数値) を細分して面積を定義することを思い出そう．

確率空間 $(\Omega, \mathcal{F}, P)$ 上で 1 次元の確率変数 $X(\omega)$ の期待値 (すなわち確率分布の平均値)

$$\mathbf{E}[X(\omega)] = \int_\Omega X(\omega) P(d\omega) \tag{2.3}$$

を定めよう．離散確率分布による式 (2.1) では $p_i = P(\omega | X = x_i) \geq 0$ であるが，連続分布では 1 点をとる確率は $P(\omega | X = x_i) = 0$ である．ここでは (i) 非負確率変数 X が有界 $(0 \leq X \leq M)$ の場合，(ii) 非負確率変数が有界とは限らない場合，(iii) 一般の確率変数の場合，という 3 段階で定義しよう．

(i) $X(\omega)$ のとる値域の区間 $[0, M]$ を $2^n M$ 等分し $a(i,n) = i/2^n$ ($i = 1, \ldots, 2^n M - 1$) とする ($a(0,n) = 0, a(2^n M, n) = M$)．なお初等確率論では ω についての分割により直観的に平均値を定義するが，この方式では十分に議論を展開するのが困難である．ここで区間 $I(i,n) = (a(i-1,n), a(i,n)]$ に対し，階段関数の和

$$S_n = \sum_{i=1}^{2^n M} a(i,n) P(X \in I(i,n))$$

$$= \sum_{i=1}^{2^n M} a(i,n) \left[F(a(i,n)) - F(a(i-1,n)) \right]$$

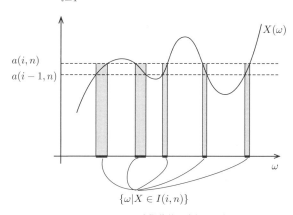

図 2.1 ルベーグ式期待値の直観的理解

を考察する.ここで S_n と S_{n+1} を比較すると,$0 \leq S_{n+1} \leq S_n$ となるので n について単調非増加列となる (n についての分割は n が大きくなるとより細かくなる,つまり細分となっている).したがって $n \to \infty$ のとき極限は必ず存在する.その極限 S を

$$\lim_{n \to \infty} S_n = S = \int_\Omega X(\omega) P(dw)$$
$$= \int_{\mathbf{R}} x dF(x)$$

と表現する.第1の表現を確率測度 P についてのルベーグ積分,第2の表現をスティルチェス (Stieltjes) 積分と呼ぶ.

(ii) 確率変数 X が非有界の場合には有界確率変数 X_M を $X_M = X$ ($X \leq M$), $X_M = M$ ($X > M$) とおくと,期待値 $\mathbf{E}[X_M]$ は (i) により定義できる.ここで $\lim_{M \to \infty} \mathbf{E}[X_M] < \infty$ のとき,その極限により $\mathbf{E}[X]$ を定義し,この極限が発散するとき期待値は $+\infty$ とする.

(iii) 一般の場合には確率変数の期待値は (i) と (ii) に帰着して定める.確率変数 $X = X^+ - X^-$ とおくが,ここで関数 X^+, X^- は $X^+ = X$ ($X \geq 0$ のとき),$X^+ = 0$ ($X < 0$ のとき); $X^- = -X$ ($X \leq 0$ のとき),$X^- = 0$ ($X > 0$ のとき) と定める.一般に確率変数 X の期待値は2つの期待値 $\mathbf{E}[X^+] < \infty, \mathbf{E}[X^-] < \infty$ のときにのみ有限値として定まる.有限値として期待値が定まるとき

$$\mathbf{E}[X] = \mathbf{E}[X^+] - \mathbf{E}[X^-] = \int_\Omega X(\omega) P(dw) \qquad (2.4)$$

であり積分可能 (integrable) と呼ぶ.絶対値関数は $|X| = X^+ + X^-$ であるので $\mathbf{E}[X]$ の可積分性と $\mathbf{E}[|X|] < \infty$ は同値となる.

例 2.1 確率変数 $X(\omega)$ が従う確率分布が離散的のとき確率関数 $p_i = P(\omega|X(\omega) = x_i) > 0$ ($i = 1, 2, \ldots$) とすると

$$\mathbf{E}[X] = \int_{-\infty}^{+\infty} x dF(x) = \sum_i x_i p_i \qquad (2.5)$$

となる.ここで単調非減少な確率分布関数 $F(x)$ は右連続であるから,例えば

正の確率がある点 x_1 における左極限 $F(x_1-)$ と右極限 $F(x_1)$ の差 $dF(x_1) = F(x_1) - F(x_1-) = p_1 \, (> 0)$ とする．同様に $dF(x_i) = p_1 \, (i = 1, \ldots)$，その他の点では $dF(x) = 0$ となるので期待値の定義と整合的である．

例 2.2　確率変数 X の確率分布が連続型で密度関数 $f(x)$ を持つ場合には $dF(x) = f(x)dx$ とおけば

$$\mathbf{E}[X] = \int_{-\infty}^{+\infty} x dF(x) = \int_{-\infty}^{+\infty} x f(x) dx \tag{2.6}$$

である．一様分布や正規分布などは連続確率分布の典型である．正規分布の場合には密度関数は母数 μ, σ を用いて

$$f(x) = \frac{1}{\sqrt{2\pi\sigma^2}} e^{-\frac{(x-\mu)^2}{2\sigma^2}} \quad (-\infty < x < +\infty) \tag{2.7}$$

で与えられる．期待値は

$$\begin{aligned}
\mathbf{E}[X(\omega)] &= \mathbf{E}[\mu + (X(\omega) - \mu)] \\
&= \mu + \frac{1}{\sqrt{2\pi\sigma^2}} \int_{-\infty}^{\infty} (x-\mu) e^{-\frac{(x-\mu)^2}{2\sigma^2}} dx \\
&= \mu + \frac{\sigma^2}{\sqrt{2\pi\sigma^2}} \left[-e^{-\frac{(x-\mu)^2}{2\sigma^2}} \right]_{-\infty}^{+\infty}
\end{aligned}$$

という変形より右辺の第 2 項は 0 となるので期待値 $\mathbf{E}[X] = \mu$ となる[*1]．

ここで説明したルベーグ積分の表現や用語をすぐに慣れなくても応用上はあまり気にする必要はないが，それは統計学の入門書に説明されている期待値の数値を再考する必要がないからである．高校や大学初級の積分は (連続関数についての) リーマン積分に基づいて説明されるが，ここで導入したのはルベーグ積分の発想であり，「リーマン積分可能ならルベーグ積分可能」という意味で一般に後者は前者を含む．ただし確率・統計を応用する上で現れる確率変数は ω の関数としては連

[*1] ここで $e^{-x^2/2}$ の微分は $-xe^{-x^2/2}$，$e^{-x^2/2}$ の 2 回微分は $(x^2-1)e^{-x^2/2}$ であり 1 回微分すると x の 1 次関数，2 回微分すると x の 2 次関数が現れる (一般にはエルミート (Hermite) の多項式と呼ばれる)．ここでは指数関数 e^z の微分，$z = -x^2/2$ の微分を合成 (合成関数の微分) した．

続関数ではないことが一般的であるから,数理的に整合的であるためには積分の定義を巡る説明が欠かせない.例えば連続型の確率分布は $F(x) = \int_{-\infty}^{x} f(z)dz$, すなわち(ルベーグ測度に関する)密度関数が存在すれば, $\int x dF(x) = \int x f(x) dx$ である.ここでルベーグ測度とは直線上の長さ, $\mathbf{R}^2$ 上の面積などを一般化した測度 (measure) を意味するが, $\mu(\cdot)$ とすると積分は $\int x f(x)\mu(dx)$ と表現できる.離散型確率分布では和 $F(x) = \sum_{x_i \leq x} p_i$ と表現できるので,連続型・離散型を問わず期待値は

$$\mathbf{E}[X] = \int_{\mathbf{R}} x dF(x) \tag{2.8}$$

より,(2.1) と (2.2) のように別々に表現しないでよい.

2.2 期待値の一般化

次に確率分布の特性値を表現するために確率変数 $X(\omega)$ の期待値を含む任意の関数 $g(\cdot)$ の期待値を定義する.

定義 2.1 確率変数 X は $\Omega \mapsto \mathbf{R}$ の可測関数, $g(X)$ は $\mathbf{R} \mapsto \mathbf{R}$ の可測関数とする.このとき期待値を

$$\mathbf{E}[g(X)] = \int_{\Omega} g(\mathbf{X}) P(d\omega) \tag{2.9}$$

で定める.

例としては確率変数 $X(\omega)$ の期待値 $\mathbf{E}[X]$,分散 $\mathbf{V}[X] = \mathbf{E}[(X - \mathbf{E}(X))^2]$, r 次積率 (モーメント (moment) ともいう) $\mathbf{E}[X^r]$ ($r = 1, 2, \ldots, k$),期待値まわりの r 次積率 $\mathbf{E}[(X - \mathbf{E}(X))^r]$ などが挙げられる.

さらに期待値は多次元の確率変数ベクトルに一般化できる. p 次元の確率変数 $\mathbf{X}(\omega) = (X_i(\omega))$ の (可測) 関数 $g(\mathbf{x})$ ($\mathbf{x} \in \mathbf{R}^p$) に対して期待値

$$\mathbf{E}[g(\mathbf{X})] = \int_{\Omega} g(\mathbf{X}) P(d\omega) \tag{2.10}$$

により同様に定める.例としては各要素の分散 $\sigma_{ii} = \mathbf{E}[(X_i - \mathbf{E}(X_i))^2]$ や要素間の共分散 $\sigma_{ij} = \mathbf{E}[(X_i - \mathbf{E}(X_i))(X_j - \mathbf{E}(X_j))]$,高次の積率などが挙げられる.

例 2.3 期待値が存在しない確率分布としてコーシー (Cauchy) 分布がある．密度関数は

$$f(x) = \frac{1}{\pi}\frac{1}{1+x^2} \quad (-\infty < x < \infty) \tag{2.11}$$

で与えられる．(合成) 関数 $\left[\log(1+x^2)\right]$ の微分が $2x/(1+x^2)$ となることを利用すると，区間 $[-T_2, T_1]$ における積分は

$$\int_{-T_2}^{T_1} \frac{1}{\pi}\frac{x}{1+x^2}dx = \frac{1}{2\pi}\left[\log(1+x^2)\right]_{-T_2}^{T_1}$$

と評価できる．$T_1, T_2 \to \infty$ のとき積分の値は不定であるので，コーシー分布の期待値は存在しないことを意味する．同様に分散も存在しない．

なお期待値は存在するが分散は存在しない確率分布も存在する．積率の非存在と分布関数や密度関数の形状の関係は，コーシー分布の密度関数の裾がほぼ x^{-2} となるのが重要な鍵である．

2.3 期待値演算の利用

期待値を利用すると確率評価が可能となることがある．よく知られた例として期待値に関するマルコフ (Markov) の不等式を挙げておく．

定理 2.1 確率変数 $X(\omega)$, $g(x)$ を非負の実数値関数で $\mathbf{E}[g(X)] < \infty$ とする．このとき任意の正値 a に対し

$$P(\omega|g(X(\omega)) \geq a) \leq \frac{\mathbf{E}[g(X)]}{a} \tag{2.12}$$

が成り立つ．

証明 期待値について評価の範囲を制限すると次の展開より (2.12) が導かれる．

$$\begin{aligned}\mathbf{E}[g(X)] &= \int_{-\infty}^{\infty} g(x)dF(x) \\ &\geq a\int_{\{x|g(x)\geq a\}} dF(x) = aP(g(X)\geq a)\ .\end{aligned}$$

Q.E.D

ここでとくに関数として $g(x) = (x - \mathbf{E}(X))^2$, $a = k^2 V(X)$ とおけば，チェビシェフ (Tchebychev) の不等式

$$P\left((X - \mathbf{E}(X))^2 < k^2 V(X)\right) \geq 1 - \frac{1}{k^2} \tag{2.13}$$

が得られる．

例えば $k = 3$ とすると任意の確率分布について $P(|X - \mathbf{E}(X)| < 3\sqrt{V(X)}) \geq 8/9$ となる．ここで $\sqrt{V(X)}$ は確率変数 $X(\omega)$ の標準偏差 (standard deviation) と呼ばれているが，「ばらつきの指標」としてしばしば利用されている．この不等式は数値的な側面よりもより大数の法則などの分析に有効であることが挙げられる．

次に確率分布の裾確率 (tail probability) と期待値の関係を考察しよう．確率変数 $X(\omega)$ に対し $|X|$ の分布関数を $F(z)$ とすると，期待値 $\int_0^\infty z df(z)$ が有限であれば $z = \int_0^z 1 \cdot dx$ より積分範囲 $(0 \leq x \leq z, 0 \leq z)$ は $(x \leq z, 0 \leq x)$ を意味する．したがって

$$\begin{aligned}\mathbf{E}[|X|] &= \int_0^\infty \int_0^z dx dF(z) \\ &= \int_0^\infty \int_x^\infty dF(z) dx \\ &= \int_0^\infty P\left(|X(\omega)| > x\right) dx.\end{aligned}$$

この評価では 2 次元の平面上での積分範囲を図 2.2 として示しておく．これより期待値が存在するためには裾確率 $P(|X| > z)$ は $|z|$ が大きいとき十分なスピードで減衰する必要がある．同様にさらに高次の積率 $\mathbf{E}[|X|^r]$ $(r \geq 2)$ が存在するには，より急速に裾が減衰する必要があることもわかる．

確率分布として多用される正規分布は様々な性質を持つが，とくに分布の裾が急速に減衰する性質を持つ．標準正規確率分布 $\Phi(x) = \int_{-\infty}^x \phi(z) dz$，密度関数 $\phi(z) = (1/\sqrt{2\pi})e^{-z^2/2}$ は $|x|$ が大きくなると，裾確率 $\bar{F}(x) = 1 - \Phi(x)$ と密度関数の比 (**Mills** (ミルズ) の比と呼ばれている) は $\bar{F}(x)/\phi(x) \sim x^{-1}$ と近似が可能である (一般に任意の $x > 0$ に対して不等式 $x^{-1}\phi(x) \geq \bar{F}(x) \geq (x + x^{-1})^{-1}\phi(x)$ が成立する)．裾確率は

$$\bar{F}(x) = 1 - \Phi(x) \cong \frac{1}{x}\phi(x) = \frac{1}{\sqrt{2\pi}} \frac{1}{x} e^{-\frac{1}{2}x^2} \tag{2.14}$$

2.3 期待値演算の利用　　　　　　　　　19

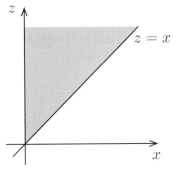

図 2.2　積分範囲

となるので ($|x|$ の増加とともに) 急速に減衰する．ここで一般にある非負関数が密度関数であるためには $|x|$ が大きくなると 0 に収束する必要がある．この減衰するスピードが正規分布では指数的であるが，ベキ関数的に減衰することも考えられる．

例 2.4　指数分布　故障や病気などある現象が発生する時刻を確率変数とすると，確率分布として指数分布が用いられることがある．非負の母数 $\lambda > 0$ に対して非負値のみに対する密度関数は

$$f(x) = \lambda e^{-\lambda x} \quad (x > 0) \tag{2.15}$$

で与えられる．確率分布関数は

$$F(x) = 1 - e^{-\lambda x} \quad (x > 0)$$

となるので期待値は $\mathbf{E}[X] = 1/\lambda$，分散は $\mathbf{V}[X] = 1/\lambda^2$ である．なお分布を特徴付ける母数として $\beta = 1/\lambda$ をとることがある．

例 2.5　パレート分布　確率変数 $X(\omega)$ が正値のみをとり密度関数

$$f(x) = c \frac{1}{x^{\alpha+1}} \quad (x > x_0 > 0, \alpha > 0) \tag{2.16}$$

で与えられる確率分布はパレート (Pareto) 分布と呼ばれる．ここで定数 $c = \alpha x_0^\alpha$ であるが，経済学では都市の大きさを表す分布や所得や資産の分布などをこうしたベキ法則 (power law) により表現することがある．なぜパレート分布が有用な

のかは興味深い話題である[*2].

ここで確率分布の積率ではなくより直接に確率分布を特徴付ける別の表現を導入する.

> **定義 2.2** 確率分布関数 $F(\cdot)$, 任意の α $(0 < \alpha < 1)$ に対して α 分位点 (quantile) とは
> $$x_\alpha = \inf_x \{F(x) \geq \alpha\} \tag{2.17}$$
> により定義する (100% 点とも呼ばれている).

ここで確率分布 F が平坦となる場合には逆関数 F^{-1} は一意でないので, 例えば離散分布のように不連続点がある場合には図 2.3 (上図は 1 点を除いて連続分布, 下図は離散分布の場合) で例示するようにこの定義は必ずしも自然ではない.

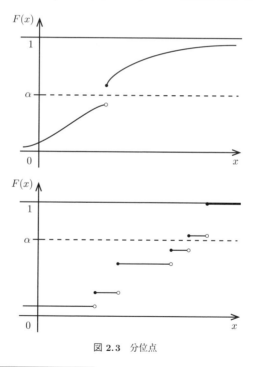

図 2.3 分位点

[*2] 例えば金本良嗣『都市経済学』(東洋経済新報社, 1997) などに日本の実例がある.

例えば分位点関数を $x_\alpha^* = (1/2)[\inf_x\{F(x) \geq \alpha\} + \sup_x\{P(X(\omega) < x) \leq \alpha\}]$ と定義することも可能である．伝統的な統計学の議論の中では $\alpha = 0.5$ となる中位数 (median)，$\alpha = 0.25$ となる四分位点などが利用されている[*3]．例えばコーシー分布のように期待値が定義できなくとも中位数や四分位点の差などにより確率分布の平均 (center) やばらつき (dispersion) は定義できる．

近年に盛んになっている統計的リスク管理の分野では，確率分布の裾は重要な意味を持つ．第 11 章で述べるように例えば近年における内外の銀行業のリスク管理規制の中では，金融資産の評価では「保有資産の損失分布 (loss distribution)」の定期的な確率評価が義務付けられている．分布の 1% 分位点 (パーセンタイル)，5% 分位点などが金融リスク管理上では **VaR** (value-at-risk) の基準とされることが多い．

例 2.6　一般化パレート (generalized Pareto) 分布　確率分布関数の右裾を表現するために (実数値をとる ξ を母数として) 右裾確率
$$\bar{F}(x) = 1 - F(x)$$
$$= (1 + \xi x)^{-1/\xi} \quad (\xi > 0, x > 0; \text{あるいは } \xi < 0, 0 < x < -1/\xi) \quad (2.18)$$
を当てはめることがある．これは一般化パレート分布であり，第 11 章で説明するようにまれに起きる事象を数理的に説明するときにある種の妥当性がある．とくに $\xi \to 0$ とすると指数分布を含む．

期待値ベクトル・共分散行列

p 次元確率変数ベクトル $\mathbf{X}(\omega) = (X_i(\omega))$ に対し，期待値ベクトルを定義する．多次元分布を扱うときには各要素の期待値を並べたベクトルは
$$\mathbf{E}[\mathbf{X}(\omega)] = \begin{pmatrix} \mathbf{E}[X_1(\omega)] \\ \vdots \\ \mathbf{E}[X_p(\omega)] \end{pmatrix} \quad (2.19)$$
であるのでこれを期待値ベクトルとする[*4]．また確率変数ベクトルの第 i 要素と

[*3] なお第 6 章で説明するように n 個のデータ x_i ($i = 1, \ldots, n$) の順序を並べ替え $x_{(1)} \leq \cdots \leq x_{(n)}$ とするとき，例えば $n = 2m + 1$ (m は正整数) に対し「データの中位数」を $x_{med} = x_{(m)}$, $n = 2m$ (m は正整数) に対し $x_{med} = 1/2[x_{(m)} + x_{(m+1)}]$ としばしば定義されている．

[*4] 本書では ω はしばしば省略する．ベクトルは原則として縦ベクトルを意味し縦ベクトル $\mathbf{X}$ の転置ベクトル (横ベクトル) は $\mathbf{X}'$ で表す．

第 j 要素の共分散 (covariance) は

$$\sigma_{ij} = \mathbf{E}[(X_i - \mathbf{E}(X_i))(X_j - \mathbf{E}(X_j))]$$
$$= \int_{\mathbf{R}^p} (x_j - \mathbf{E}(X_i))(x_j - \mathbf{E}(X_j)) dF(x_1, \ldots, x_p)$$
$$= \int_{\mathbf{R}^p} (x_j - \mathbf{E}(X_i))(x_j - \mathbf{E}(X_j)) f(x_1, \ldots, x_p) dx_1 \cdots dx_p$$

により定義する (ここで最後の等式は密度関数を持つ場合に成り立ち, $f(x_1, \ldots, x_p)$ は同時密度関数 (1.9) であるが第 3 章で再び説明する). 一般の p 次元の確率分布が理解しにくければ $p = 2$ のときにより具体的に考えるとよい. このとき分散共分散行列 (variance-covariance matrix, あるいは共分散行列) を $p \times p$ 行列 (しばしば $\mathbf{V}(\mathbf{X})$ と表記する)

$$\mathbf{\Sigma} = (\sigma_{ij}) = \mathbf{E}[(\mathbf{X}(\omega) - \mathbf{E}(\mathbf{X}))(\mathbf{X}(\omega) - \mathbf{E}(\mathbf{X}))'] \tag{2.20}$$

により定義する. この行列の対角要素 σ_{ii} $(i = 1, \ldots, p)$ は第 i 要素の確率変数の分散 (variance), $\sqrt{\sigma_{ii}}$ $(= \sigma_i; i = 1, \ldots, p)$ は第 i 要素の確率変数 X_j の標準偏差である.

定理 2.2 2 つの確率変数 $X_i(\omega)$ $(i = 1, 2)$ が $\mathbf{E}[X_i^2] < \infty$ を満たすとする. このとき

$$|\mathbf{E}[X_i X_j]| \leq \sqrt{\mathbf{E}[X_i^2] \mathbf{E}[X_j^2]} \tag{2.21}$$

が成り立つ.

証明 任意の実数 λ に対して $\mathbf{E}[(\lambda X_1 + X_2)^2] = \lambda^2 \mathbf{E}[X_1^2] + 2\lambda \mathbf{E}[X_1 X_2] + \mathbf{E}[X_2^2] \geq 0$ である. 判別式 D を求めると $D/4 = (\mathbf{E}[X_1 X_2])^2 - \mathbf{E}[X_1^2] \mathbf{E}[X_2^2] \leq 0$ より不等式 (2.21) が得られる. **Q.E.D**

この不等式はコーシー–シュワルツ (Cauchy–Schwartz) の不等式と呼ばれている. 等号は $D/4 = (\mathbf{E}[X_i X_j])^2 - \mathbf{E}[X_i^2]\mathbf{E}[X_j^2] = 0$ のときに限り成立するが, この条件はある実数 λ が存在し

$$P(\{\omega | \lambda X_i(\omega) + X_j(\omega) = 0\}) = 1 \tag{2.22}$$

すなわち確率 1 で 2 つの確率変数が比例関係にあることを意味する. なお上の結果より 2 つの確率変数 X_i, X_j のピアソン (Pearson) の相関係数 (単に相関係数

(correlation coefficient) と呼ぶことも多い) を

$$\rho_{ij} = \frac{\sigma_{ij}}{\sqrt{\sigma_{ii}}\sqrt{\sigma_{jj}}} \tag{2.23}$$

により定義すると不等式

$$-1 \leq \rho_{ij} \leq 1 \tag{2.24}$$

が得られる．

なお共分散が 0 のときには**無相関**といわれる．一般に 0 でない実数の組 a_i ($i = 1, \ldots, p$) (ベクトル $\mathbf{a} = (a_1, \ldots, a_p)'$) に対して

$$\mathbf{V}\left[\sum_{i=1}^{p} a_i X_i\right] = \sum_{i,j=1}^{p} a_i a_j \sigma_{ij} = \mathbf{a}' \boldsymbol{\Sigma} \mathbf{a} \geq 0 \tag{2.25}$$

であるが，これは実ベクトル $\mathbf{a} = (a_1, \ldots, a_p)'$ に対する (線形代数の用語を用いると) **非負 2 次形式**として表現できる．分散は負の値をとらないことから行列 $\boldsymbol{\Sigma}$ は**非負定符号行列** (non-negative definite)．分散が 0 でなければ確率分布は退化していないので正定符号行列である．こうして共分散行列が実対称行列・非負定符号行列であるから線形代数の表現や議論が活用できる．

とくに任意の i, j ($i \neq j$) に対して互いに無相関，$\sigma_{ij} = 0$ ($i \neq j$) であれば

$$\mathbf{V}\left[\sum_{i=1}^{p} a_i X_i\right] = \sum_{i=1}^{p} a_i^2 \sigma_{ii} \tag{2.26}$$

であるから，確率変数の線形和の分散は分散の線形和として簡単な形で表現できる．

2.4 確率分布の例

本節ではよく利用される基本的かつよく知られているいくつかの確率分布について言及しておくが，確率論や数理統計学の応用で重要な役割を演じる主な確率分布を理解しておく必要がある．

例 2.7 **2 項分布** (binomial distribution) 離散分布の典型例として 2 項分布 $B(n, p)$ がある．確率変数列 Z_i ($i = 1, \ldots, n$) がそれぞれ独立 (3.4 節を参照)

に 1 と 0 の 2 値を確率 $p, 1-p\,(=q)$ でとるベルヌイ (Bernoulli) 試行とする．n 個の確率変数和 $X_n = \sum_{i=1}^n Z_i$ が従う確率関数は

$$p(x) = {}_nC_x p^x (1-p)^{n-x} \quad (x = 0, 1, \ldots, n) \tag{2.27}$$

で与えられる $(0 \leq p \leq 1)$．2 項定理より

$$\sum_{x=0}^n p(x) = [p + (1-p)]^n = 1 \tag{2.28}$$

であるので，2 項分布の期待値と分散は $\mathbf{E}[X_n] = np, \mathbf{V}[X_n] = npq$（ただし $q = 1-p$）となる．

例 2.8 ポワソン分布 (Poisson distribution)　事故やまれな事象の発生件数が従う離散分布の例としてポワソン分布 $P_o(\lambda)$ がある．確率関数は

$$p(x) = e^{-\lambda} \frac{\lambda^x}{x!} \quad (x = 0, 1, \ldots) \tag{2.29}$$

で与えられる $(\lambda > 0)$ が，期待値と分散は $\mathbf{E}[X] = \mathbf{V}[X] = \lambda$ となる．2 項分布 $B(n,p)$ において $np \to \lambda\,(>0)$ のとき確率関数がポワソン分布に収束する（この現象は小数の法則 (law of small numbers) と呼ばれるが例 5.1 で説明される）．

例 2.9 一様分布 (uniform distribution)　連続型確率変数 X の従う例として一様分布 $U(a,b)$ がある．一様分布の密度関数は

$$f(x) = \frac{1}{b-a} \quad (a < x < b) \tag{2.30}$$

であり，期待値と分散は $\mathbf{E}[X] = (b+a)/2, \mathbf{V}[X] = (b-a)^2/12$ となる．

例 2.10 正規分布　連続分布として統計分析でもっともよく利用されている正規分布は $N(\mu, \sigma^2)$ と表される．とくに $\mu = 0, \sigma = 1$ のとき，標準正規分布 (standard normal distribution) と呼ぶが，密度関数は

$$\phi(x) = \frac{1}{\sqrt{2\pi}} e^{-x^2/2} \tag{2.31}$$

で与えられる．この関数が密度関数となることは自明ではないが次のように確かめられる．

2.4 確率分布の例

定理 2.3 標準正規分布の密度関数について

$$\int_{-\infty}^{\infty} \phi(x)dx = 1 \tag{2.32}$$

が成り立つ.

証明 まず $I = \int_0^\infty e^{-x^2/2}dx$ とすると,関数の対称性より $I = \sqrt{\pi/2}$ を示せばよい.重積分

$$I^2 = \int_0^\infty e^{-x^2/2}dx \int_0^\infty e^{-y^2/2}dy$$
$$= \int_0^\infty \int_0^\infty e^{-(x^2+y^2)/2}dxdy$$

を評価する.極座標変換 (補論 2.A 参照) により $x = r\cos\theta, y = r\sin\theta$ ($0 \leq \theta \leq \pi/2, r > 0$) とすると,変数変換のヤコビアンは

$$\mathbf{J} = \left| \begin{array}{cc} \dfrac{\partial x}{\partial r} & \dfrac{\partial x}{\partial \theta} \\ \dfrac{\partial y}{\partial r} & \dfrac{\partial y}{\partial \theta} \end{array} \right|_+ = r(\cos^2\theta + \sin^2\theta) = r$$

となる.したがって,$dxdy = rdrd\theta$ を代入すると

$$I^2 = \int_0^\infty \int_0^{\pi/2} re^{-r^2/2}drd\theta$$
$$= \int_0^\infty re^{-r^2/2}dr \int_0^{\pi/2} d\theta = \frac{\pi}{2} \left[-e^{-r^2/2} \right]_0^\infty$$
$$= \frac{\pi}{2}$$

である.**Q.E.D**

なおここでの積分は広義積分 $\lim_{M\to\infty, N\to\infty} \int_{-N}^M \phi(x)dx = 1$ の意味である.また証明の途中に積分の順序交換を行っているが,この操作は積分論におけるフビニ (Fubini) の定理により保証されるが説明は省略した.ここで変数変換のヤコビアンをあえて利用したがこれは数理統計学では多用されるからである (変数変換については補論 2.A の説明を参照されたい).

一般の正規分布として確率変数 X の密度関数は

$$f(x) = \frac{1}{\sqrt{2\pi\sigma^2}} e^{-\frac{(x-\mu)^2}{2\sigma^2}} \tag{2.33}$$

と表現されるが，μ は期待値 (または中心の位置)，σ^2 は分散 (または分布のスケール) を意味している．ここで変換により確率変数 $Z = (X - \mu)/\sigma$ とすると Z の確率分布は $N(0,1)$ となる．あるいは $\mathbf{E}[X] = \mathbf{E}[\mu + \sigma Z] = \mu$, $\mathbf{E}[(X - \mu)^2] = \mathbf{E}[\sigma^2 Z^2] = \sigma^2$ となることがわかる．

正規分布の分散は次のように直接に求めてもよい．被積分関数 $x^2 e^{-x^2/2} = (-x)[-xe^{-x^2/2}]$ と分解して微分 $[e^{-x^2/2}]' = -xe^{-x^2/2}$ であることを利用する．部分積分の公式[*5)]を利用すると

$$\int_{-\infty}^{\infty} x^2 e^{-x^2/2} dx = [(-x)e^{-x^2/2}]_{-\infty}^{\infty} - \int_{-\infty}^{\infty} (-1)e^{-x^2/2} dx$$
$$= \int_{-\infty}^{\infty} e^{-x^2/2} dx = \sqrt{2\pi}$$

である．このことより $N(0,1)$ に従う確率変数 X の分散は $\mathbf{V}[X] = \mathbf{E}[X^2] = 1$ と確認できる．

例 2.11 多次元正規分布　確率変数 Z_i $(i = 1, \ldots, p)$ がそれぞれ $N(0,1)$ に従い，共分散は 0 $(\mathbf{E}[Z_i Z_j] = 0 \ (i \neq j))$ とする．ここで p 次元確率変数ベクトル $\mathbf{Z} = (Z_i)$ は同時密度関数

$$\phi(\mathbf{z}) = \prod_{i=1}^{p} \left[\frac{1}{\sqrt{2\pi}} e^{-z_i^2/2} \right]$$
$$= \left(\frac{1}{\sqrt{2\pi}} \right)^p e^{-\frac{\sum_{i=1}^{p} z_i^2}{2}}$$

を持つとする (互いに独立であれば第 3 章で説明するように同時密度関数は 1 次元密度の積になる)．ここで線形変数 $\mathbf{y} = \boldsymbol{\mu} + \mathbf{Cz}$ とすると ($\mathbf{y} = (y_i), \mathbf{z} = (z_i), \boldsymbol{\mu} = (\mu_i)$ はそれぞれ $p \times 1$ ベクトル，$\mathbf{C} = (c_{ij})$ は $p \times p$ 行列)，確率変数ベクトル $\mathbf{Y}$ の分散共分散行列 ($p \times p$ 行列) は

$$\mathbf{V}[\mathbf{Y}] = \mathbf{E}[(\mathbf{Y} - \boldsymbol{\mu})(\mathbf{Y} - \boldsymbol{\mu})'] = \mathbf{C} \mathbf{I}_p \mathbf{C}' = \boldsymbol{\Sigma} \tag{2.34}$$

で与えられる (ただし $\mathbf{I}_p$ は単位行列，$\mathbf{CC}' = \boldsymbol{\Sigma} = (\sigma_{ij})$ とおいた[*6)])．変換の

[*5)] 一般に $\int_a^b f(x)g(x)dx = [f(x)G(x)]_a^b - \int_a^b f'(x)G(x)dx$ である．ここで $G(x)' = g(x)$ であるが，この公式は積の微分より導ける．

[*6)] 本書では行列 $\mathbf{A}$ の転置行列は $\mathbf{A}'$ で表す．縦ベクトルを転置すると横ベクトルになる．

ヤコビアンは補論 2.A で示されるように $|\mathbf{C}| = |\mathbf{\Sigma}|^{1/2}$ であるから (転置行列の行列式 $|\mathbf{C}'| = |\mathbf{C}|$ となることを利用すると, $|\mathbf{\Sigma}| = |\mathbf{CC}'| = |\mathbf{C}||\mathbf{C}'| = |\mathbf{C}|^2$ より) $\mathbf{z} = \mathbf{C}^{-1}(\mathbf{y} - \boldsymbol{\mu})$, $d\mathbf{z} = |\mathbf{C}|_+^{-1} d\mathbf{y}$ を代入すると, $\mathbf{Y}$ の密度関数は

$$f(\mathbf{y}) = \left(\frac{1}{\sqrt{2\pi}}\right)^p |\mathbf{\Sigma}|^{-1/2} e^{-\frac{(\mathbf{y}-\boldsymbol{\mu})'\mathbf{\Sigma}^{-1}(\mathbf{y}-\boldsymbol{\mu})}{2}} \tag{2.35}$$

で与えられる. ここで逆行列について $\mathbf{\Sigma}^{-1} = (\mathbf{CC}')^{-1} = \mathbf{C}'^{-1}\mathbf{C}^{-1}$ を利用した. また指数関数のところは 2 次形式であり和の記号により $\sum_{i,j=1}^p (y_i - \mu_i) \sigma^{ij} (y_j - \mu_j)$, $\mathbf{\Sigma}^{-1} = (\sigma^{ij})$ と表してもよいが少し煩雑になる. 記号がわかりにくい場合には $p = 2$ の場合, すなわち 2 次元正規分布の密度関数を具体的に書いてみるとよい. 期待値ベクトルは $\boldsymbol{\mu}$, 共分散行列は $\mathbf{\Sigma}$ であるので, p 次元の多次元正規分布は $\mathbf{Y} \sim N_p(\boldsymbol{\mu}, \mathbf{\Sigma})$ と表現される. この方式では $\mathbf{Z} \sim N_p(\mathbf{0}, \mathbf{I}_p)$ を意味する.

とくに $p = 1$ であれば $Z \sim N(0,1)$ のとき $Y = cZ + \mu \sim N(\mu, \sigma^2), \sigma^2 = c^2$ なので 1 次元正規分布が導ける.

補論 2.A で説明されているように密度関数の変数変換の公式は一見すると複雑であるが, 統計学における標本分布の導出に基本的役割を果たすので, 例を含めて十分に慣れる必要がある.

例 2.12 対数正規分布 正値をとる確率変数 $X = e^Y$ として, その対数変換 $Y = \log X \sim N(\mu, \sigma^2)$ のとき X は対数正規分布に従うと呼ばれる. ヤコビアンは $|J| = 1/x$ なので $\frac{dy}{dx} = 1/x$ $(x > 0)$, 密度関数は変換 $x = e^y$ とすると Y が正規分布に従うので変数変換を用いて $f_X(x) = f_Y(x^{-1}(y)) \frac{dy}{dx}$ より

$$\phi(x) = \frac{1}{x} \frac{1}{\sqrt{2\pi\sigma^2}} e^{-\frac{(\log x - \mu)^2}{2\sigma^2}} \tag{2.36}$$

で与えられる.

例 2.11 では $\mathbf{Z} \sim N_p(\mathbf{0}, \mathbf{I}_p)$ である (ここで $\mathbf{I}_p$ は単位行列である). 線形変換 $\mathbf{Y} = \boldsymbol{\mu} + \mathbf{CZ}$ $(|\mathbf{C}| \neq 0)$ とすると $\sim N_p(\boldsymbol{\mu}, \mathbf{I}_p)$ であるが逆変換 $\mathbf{Z} = \mathbf{C}^{-1}(\mathbf{Y} - \boldsymbol{\mu})$ より

$$f_Y(\mathbf{y}) = f_Z(\mathbf{C}^{-1}(\mathbf{y} - \boldsymbol{\mu}))|\mathbf{C}|_+^{-1} \tag{2.37}$$

となり例 2.11 の密度関数が得られる.

例 2.13 $\chi^2(1)$ 分布　標準正規分布に従う確率変数 $X \sim N(0,1)$ に対して変換された確率変数 $Y = X^2$ の確率分布は $\chi^2(1)$ (例 2.16 の特殊ケース) と呼ばれる．この場合にはこれまでの例とは異なり変数変換は 1 対 1 でないことに注意する必要がある．

例 2.14 多項分布 (multinomial distribution)　離散分布である 2 項分布を多次元に一般化してカテゴリーの数を $k+1$ とする．確率変数ベクトル $\mathbf{X} = (n_1, \ldots, n_{k+1})'$ の確率関数が

$$P(\mathbf{X} = (n_1, \ldots, n_{k+1})') = \frac{n!}{n_1! \cdots n_{k+1}!} p_1^{n_1} \cdots p_{k+1}^{n_{k+1}} \tag{2.38}$$

となる多項分布を $M_n(n; p_1, \ldots, p_{k+1})$ と記す．ここで $\sum_{i=1}^{k+1} p_i = 1$ $(p_i \geq 0)$, $\sum_{i=1}^{k+1} n_i = n$ である．$k=1$ なら 2 項分布，$k=2$ なら 3 項分布である．

2.5　特　性　関　数

　確率変数 X の確率分布を F とする．確率分布の性質を調べるために統計学ではよく**積率母関数** (moment generating function) が利用される．この関数は任意の実数 θ に対して期待値 $M(\theta) = \mathbf{E}[e^{\theta X}]$ により定義する．例えば 1 回の微係数は

$$M^{(')}(\theta)|_{\theta=0} = \frac{dM(\theta)}{d\theta}\bigg|_{\theta=0} = \mathbf{E}[X] \tag{2.39}$$

となる．同様に任意の k 次積率が存在すれば，

$$M^{(k)}(\theta)|_{\theta=0} = \mathbf{E}[X^k] \quad (k=1, 2, \ldots) \tag{2.40}$$

で与えられる．ここで $M^{(k)}(\theta)$ は k 回の微係数 $\frac{d^k}{d\theta^k} M(\theta)$ を意味する．k 回微分可能で微係数が連続のとき $\mathbf{C}^k$ 級の関数と呼ぶが，積率母関数は任意の分布関数に対して必ず存在するというわけではない．例えばコーシー分布をとると明らかである．

例 2.12′ 対数正規分布　正値をとる確率変数 X として，その対数変換 $Y = \log X \sim N(\mu, \sigma^2)$ のとき X は対数正規分布に従うという．この確率分

布の積率母関数は存在しないが期待値や分散は存在する．対数正規分布は経済・金融 (ファイナンス) などでは所得や資産価格を表現する分布としてよく用いられている．第 5 章の議論から対数正規分布について中心極限定理 (central limit theorem) は成り立つ．

一般に確率分布の性質を調べるには常にその存在が確認できる**特性関数** (characteristic function) を利用する必要がある．

定義 2.3 確率変数 X が分布関数 F に従うとき特性関数を

$$\psi(t;X) = \mathbf{E}[e^{itX}] = \int_{-\infty}^{\infty} e^{itx} dF(x) \tag{2.41}$$

で定める．ただし虚数 i に対し $i^2 = -1, t \in \mathbf{R}$ である．

実数値をとる指数関数は

$$e^x = 1 + \frac{x}{1!} + \frac{x^2}{2!} + \cdots + \frac{x^n}{n!} + \cdots \tag{2.42}$$

と展開できる．そこで任意の実数 x と $i^2 = -1$ (虚数) を代入すると実部・虚部はそれぞれ

$$\begin{aligned} e^{ix} &= 1 + \frac{ix}{1!} + \frac{(ix)^2}{2!} + \cdots + \frac{(ix)^n}{n!} + \cdots \\ &= \left[1 - \frac{x^2}{2!} + \frac{x^4}{4!} - \frac{x^6}{6!} + \cdots\right] + i\left[\frac{x}{1!} - \frac{x^3}{3!} + \frac{x^5}{5!} + \cdots\right] \\ &= \cos x + i \sin x \end{aligned}$$

となりオイラー (Euler) の公式が得られる．したがって特性関数は

$$\mathbf{E}[e^{itX}] = \mathbf{E}[\cos(tX)] + i\mathbf{E}[\sin(tX)] \tag{2.43}$$

と表現できるので特性関数は常に存在する[*7]．

[*7] ここで $e = 2.718\ldots$ となる定数である．指数関数は微分方程式 $\frac{d}{dx}(e^x) = e^x$ (初期条件を含む) を満たす連続関数である．さらに実数値をとる指数関数は複素数をとる関数まで考察すると様々な事項が統一的に議論できる．指数関数と三角関数の関係が典型的で例えばオイラーの公式より $e^{i\pi} = -1$ が導かれる．指数関数の微分 $\frac{d}{dx}[e^{ix}] = e^{ix} = i[\cos x + i \sin x] = -\sin x + i \cos x$ より三角関数の微分公式 $\frac{d}{dx}(\cos x) = -\sin x, \frac{d}{dx}(\sin x) = \cos x$ が導かれる．指数関数や三角関数は解析関数と呼ばれる振る舞いの良い関数なので直観的計算が正当化できる．

定理 **2.4** 確率変数 X の特性関数 $\psi(\cdot)$ は次の性質を持つ.
  (i) 任意の $t \in \mathbf{R}$ に対し $\psi(t)$ が存在する.
  (ii) $\psi(0) = 1, |\psi(t)| \leq 1$.
  (iii) $\psi(t)$ は連続関数.
  (iv) $\psi(-t) = \overline{\psi(t)}$ (ここで共役複素数は $\overline{a+ib} = a - ib$ で定める).
  (v) a, b を任意の実数とすると $\psi(t; aX+b) = e^{itb}\psi(at; X)$ となる. ここで $\psi(t; Y)$ は確率変数 Y の特性関数を意味する.
  (vi) n 次モーメント $\mathbf{E}[X^n] = \alpha_n \ (n \geq 1)$ が存在すれば
$$\psi^{(k)}(0) = i^k \alpha_k \quad (k = 1, \ldots, n) \tag{2.44}$$
が成り立つ.

(iii) の証明 定義より
$$\psi(t + \Delta t) - \psi(t) = \mathbf{E}\left[e^{i(t+\Delta t)x} - e^{itx}\right]$$
$$= \mathbf{E}\left[e^{itx}(e^{\Delta tx} - 1)\right]$$
$$= \int_{-\infty}^{\infty} e^{itx}(e^{i\Delta tx} - 1) dF(x)$$

を評価すればよい. ここで関数 $|e^{itx}(e^{i\Delta tx} - 1)| \leq 2$ は有界なのでルベーグの収束定理[*8)] を利用すると

$$\lim_{\Delta t \to 0} |\psi(t + \Delta t) - \psi(t)| \leq \int_{-\infty}^{\infty} |\lim_{\Delta t \to 0} e^{itx}(e^{i\Delta tx} - 1)| dF(x) = 0 \tag{2.45}$$

となる. **Q.E.D**

(vi) の証明 $k = 1$ のとき
$$\lim_{\Delta t \to 0} \frac{\psi(t + \Delta t) - \psi(t)}{\Delta t} = \lim_{\Delta t \to 0} \int_{-\infty}^{\infty} \frac{e^{i\Delta tx} - 1}{\Delta t} e^{itx} dF(x) \tag{2.46}$$

である. ここで極限と積分の順序を交換して
$$\lim_{\Delta t \to 0} \frac{e^{i\Delta tx} - 1}{\Delta t} = ix$$

[*8)] 可積分関数列 g_n が g に収束するとき, もし適当な可積分関数 $G(x)$ が存在して $|g_n(x)| \leq G(x)$ のとき $\int_{-\infty}^{\infty} \lim_{n \to \infty} g_n(x) dF(x) = \lim_{n \to \infty} \int_{-\infty}^{\infty} g_n(x) dF(x)$ となる.

を利用する (より正確には $|e^{ix} - (1+ix)| \leq \min 2|x|$ よりルベーグの収束定理を用いる). このことより
$$\lim_{\Delta t \to 0} \frac{\psi(\Delta t) - \psi(0)}{\Delta t} = i\,\mathbf{E}[X]$$
を得る. あとは k についての帰納法による. **Q.E.D**

例 2.15 積率　原点まわりの r 次積率を $\alpha_r = \mathbf{E}[X^r]$ $(r=1,2,\dots)$, 平均まわりの r 次積率を $\mu_r = \mathbf{E}[(X - \mathbf{E}(X))^r]$ $(r=1,2,\dots)$. さらに対数特性関数が
$$\log \phi(t) = \sum_{j=1}^{r} \frac{(it)^j}{j!} \gamma_j + o(t^r)$$
と展開できるとすると, その係数により r 次キュムラント γ_j が定まる. このとき例えば $\gamma_1 = \alpha_1, \gamma_2 = \alpha_2 - \alpha_1^2 = \mu_2, \gamma_3 = \alpha_3 - 3\alpha_1\alpha_2 + 2\alpha_1^3 = \mu_3, \gamma_4 = \alpha_4 - 3\alpha_2^2 - 4\alpha_1\alpha_3 + 12\alpha_1^2\alpha_2 - 6\alpha_1^4 = \mu_4 - 3\mu_2^2$ などの関係がある.

例 2.7′ **2項分布**　2項分布の特性関数は
$$\begin{aligned}\psi(t) &= \sum_{x=0}^{n} e^{itx} {}_nC_x p^x (1-p)^{n-x} \\ &= [pe^{it} + (1-p)]^n\end{aligned}$$
で与えられる. 定理 2.4 の性質 (vi) を用いると平均と分散は $\mathbf{E}[X] = np$, $\mathbf{V}[X] = np(1-p)$ となることが確認できる.

例 2.8′ **ポワソン分布**　ポワソン分布の特性関数は
$$\begin{aligned}\psi(t) &= \sum_{x=0}^{\infty} e^{itx} e^{-\lambda} \frac{\lambda^x}{x!} \\ &= e^{-\lambda} e^{\lambda e^{it}} = \exp[\lambda(e^{it}-1)]\end{aligned}$$
で与えられる. 平均と分散は $\mathbf{E}[X] = \mathbf{V}[X] = \lambda$ となることが確認できる.

例 2.10′ **正規分布**　標準正規分布の特性関数は

$$\psi(t) = \frac{1}{\sqrt{2\pi}} \int_{-\infty}^{\infty} e^{itz} e^{-z^2/2} dz$$
$$= e^{-t^2/2} \frac{1}{\sqrt{2\pi}} \int_{-\infty}^{\infty} e^{-(z-it)^2/2} dz = e^{-t^2/2}$$

で与えられる[*9]. 一般に $X \sim N(\mu, \sigma^2)$ のときには $X = \mu + \sigma Z$ $(Z \sim N(0,1))$ とすると

$$\psi(t) = \mathbf{E}[e^{it\mu + \sigma it Z}]$$
$$= \exp\left[i\mu t - \frac{\sigma^2 t^2}{2}\right]$$

となる.これより平均と分散は $\mathbf{E}[X] = \mu$, $\mathbf{V}[X] = \sigma^2$ となることが確認できる.

例 2.16 指数分布とガンマ分布　指数分布 $EX(\lambda)$ の密度関数は

$$f(x) = \lambda e^{-\lambda x} \quad (x > 0) \tag{2.47}$$

であるが,その一般化としてガンマ分布がある.例えば正規分布から導かれる確率分布として χ^2 (カイ 2 乗) 分布が有用であるが,こうした非負の確率変数が従う一般的な確率分布としてガンマ分布 $Gamma(\alpha, \beta)$ があり確率密度関数は

$$f(x|\alpha, \beta) = \frac{1}{\Gamma(\alpha)} \left(\frac{x}{\beta}\right)^{\alpha-1} e^{-x/\beta} \frac{1}{\beta} \quad (\alpha > 0, \beta > 0) \tag{2.48}$$

で与えられる.ここでガンマ関数は定積分

$$\Gamma(\alpha) = \int_0^\infty x^{\alpha-1} e^{-x} dx \tag{2.49}$$

によって定義される.とくに $\alpha = 1$ とするとガンマ分布は指数分布に一致する.また $\alpha = n/2, \beta = 2$ のとき自由度 n の χ^2 分布と呼ばれている.ガンマ分布の特性関数を評価すると

$$\psi(t) = (1 - it\beta)^{-\alpha} \tag{2.50}$$

となる.このことから $\mathbf{E}[X] = \alpha\beta, \mathbf{V}[X] = \alpha\beta^2$ となる.

[*9] ここでの評価を数学的に正確にするには複素関数の積分を用いる必要がある (「まえがき」記載の HP 上の数学補論を参照).

補題 2.5 ガンマ関数は次の性質を持つ.
  (i) $\Gamma(1) = 1$,
  (ii) $\Gamma(\alpha + 1) = \alpha \Gamma(\alpha)$,
  (iii) 任意の整数 α に対し $\Gamma(\alpha + 1) = \alpha!$,
  (iv) $\Gamma(\frac{1}{2}) = \sqrt{\pi}$,
  (v) ベータ関数

$$B(p,q) = \int_0^1 x^{p-1}(1-x)^{q-1}dx \quad (p>0, q>0) \qquad (2.51)$$

に対して

$$\frac{\Gamma(p)\Gamma(q)}{\Gamma(p+q)} = B(p,q) \qquad (2.52)$$

が成り立つ[*10].

(ii) の証明 部分積分[*11]を利用すると

$$\begin{aligned}
\Gamma(\alpha + 1) &= \int_0^\infty x^\alpha e^{-x} dx \\
&= [x^\alpha(-e^{-x})]_0^\infty + \alpha \int_0^\infty x^{\alpha-1} e^{-x} dx \\
&= \alpha \Gamma(\alpha)
\end{aligned}$$

となる. **Q.E.D**

例 2.17 ベータ分布 確率分布の台 (サポート, support と呼ばれる) が有界な確率分布としてはベータ分布が有用であり, とくに第 9 章で説明するベイズ統計分析ではしばしば利用される. 実数 $p>0, q>0, \beta>0, 0<x<\beta$ に対し, 確率密度関数は

$$f(x|p,q) = \frac{1}{B(p,q)} \left(\frac{x}{\beta}\right)^{p-1} \left(1-\frac{x}{\beta}\right)^{q-1} \frac{1}{\beta} \qquad (2.53)$$

[*10] 例えば高木貞治『解析概論』(岩波書店, 1960) 253 頁を参照.
[*11] 2 つの関数 f, g の積の微分は $[fg]' = f'g + fg'$ である. 両辺を積分すれば $\int fg' = [fg] - \int f'g$ が得られる. ここでは $f(x) = x^\alpha, g(x) = -e^{-x}$ とおけばよい.

で与えられる. ここで $B(p,q) = \int_0^1 z^{p-1}(1-z)^{q-1}dz$ $(p,q$ は正実数) はベータ関数である. 若干の計算より

$$\mathbf{E}[X] = \frac{p}{p+q}\beta, \quad \mathbf{V}[X] = \frac{pq}{(p+q)^2(p+q+1)}\beta^2$$

となる.

多次元の場合：特性関数は多次元の場合に一般化される. 確率変数ベクトル $\mathbf{X}$ が同時確率分布関数 $F(x_1, \ldots, x_p)$ に従う場合を考察しよう. なお一般に p 次元の場合についての議論の理解が難しければ $p = 2$ の場合, すなわち 2 次元の場合をより具体的に考えることがよい. $p = 2$ のとき例えば $\mathbf{X} = (X_1, X_2)'$, $\mathbf{t} = (t_1, t_2)'$ より $\mathbf{t}'\mathbf{X} = t_1 X_1 + t_2 X_2$ である.

定義 2.4 p 次元確率変数 $\mathbf{X} = (X_j)$ が分布関数 F に従うとき特性関数を

$$\psi(t; \mathbf{X}) = \mathbf{E}[e^{i\mathbf{t}'\mathbf{X}}] = \int_{\mathbf{R}^p} e^{i\mathbf{t}'\mathbf{X}} dF(\mathbf{x}) \tag{2.54}$$

で定める. ただし $i^2 = -1, \mathbf{t}'\mathbf{x} = \sum_{j=1}^p t_j x_j, \mathbf{t} = (t_j) \in \mathbf{R}^p$ である.

例 2.14′ **多項分布** 多項分布 (multinomial distribution) $M(n, p_1, \ldots, p_k)$ の確率関数は

$$p(x_1, \ldots, x_{k+1}) = \frac{n!}{x_1! \cdots x_{k+1}!} p_1^{x_1} \cdots p_{k+1}^{x_{k+1}}$$

で与えられる $(\sum_{i=1}^{k+1} x_i = n, \sum_{i=1}^{k+1} p_i = 1, p_i \geq 0)$ ので, 確率変数ベクトル $\mathbf{X} = (X_1, \ldots, X_k)'$ に対する特性関数は

$$\psi(t; \mathbf{X}) = \left[\sum_{j=1}^k p_j e^{it_j} + p_{k+1}\right]^n \tag{2.55}$$

である (なお特性関数の中の確率変数の記号はしばしば省略される). 特性関数を偏微分すると

$$\left.\frac{\partial \psi(\mathbf{t})}{\partial t_j}\right|_{\mathbf{t}=\mathbf{0}} = i\mathbf{E}[X_j] \tag{2.56}$$

となるので $\mathbf{E}[X_j] = np_j$ $(j = 1, \ldots, k)$ が得られる. 同様に 2 回微分操作により $\mathbf{Cov}[X_i, X_j] = np_j(1 - p_j)$ $(i = j), \mathbf{Cov}[X_i, X_j] = -np_i p_j$ $(i \neq j)$ となること

がわかる．これらの表現はとくに $p=1$ のときには2項分布 $B(n,p)$ となることが確認できる．

例 2.11' **p 次元正規分布** p 次元正規分布 $\mathbf{Z} \sim N_p(\mathbf{0}, \mathbf{I}_p)$ の特性関数は

$$\psi(\mathbf{t}; \mathbf{Z}) = \left(\frac{1}{\sqrt{2\pi}}\right)^p \int_{\mathbf{R}^p} e^{i\mathbf{t}'\mathbf{z}} e^{-\mathbf{z}'\mathbf{z}/2} dz$$
$$= \prod_{i=1}^p e^{-t_i^2/2}$$
$$= \exp\left[-\frac{\mathbf{t}'\mathbf{t}}{2}\right]$$

で与えられる．次に一般に $\mathbf{X} \sim N_p(\boldsymbol{\mu}, \boldsymbol{\Sigma})$ のとき変換 $\mathbf{X} = \mathbf{C}\mathbf{Z} + \boldsymbol{\mu}$ を利用するが，$p \times p$ 行列 $\boldsymbol{\Sigma}$ は $\mathbf{C}\mathbf{C}' = \boldsymbol{\Sigma}$ を満たす行列を意味する．このとき特性関数は

$$\psi(\mathbf{t}; \mathbf{X}) = \mathbf{E}[e^{i\mathbf{t}'\mathbf{X}}]$$
$$= \mathbf{E}[e^{i\mathbf{t}'(\mathbf{C}\mathbf{Z}+\boldsymbol{\mu})}]$$
$$= e^{i\boldsymbol{\mu}'\mathbf{t}} \mathbf{E}[e^{i(\mathbf{C}'\mathbf{t})'\mathbf{Z}}]$$
$$= \exp\left[i\boldsymbol{\mu}'\mathbf{t} - \frac{1}{2}\mathbf{t}'\boldsymbol{\Sigma}\mathbf{t}\right]$$

となる．ここで $\psi_Z(\mathbf{C}'\mathbf{t}) = \mathbf{E}[e^{i(\mathbf{C}'\mathbf{t})'\mathbf{Z}}] = e^{-\frac{1}{2}\mathbf{t}'\mathbf{C}\mathbf{C}'\mathbf{t}}$ および $\mathbf{C}\mathbf{C}' = \boldsymbol{\Sigma}$ を用いた．したがって再び

$$\left.\frac{\partial \psi(\mathbf{t})}{\partial t_j}\right|_{\mathbf{t}=\mathbf{0}} = i\mathbf{E}[X_j]$$

を用いると $\mathbf{E}[X_j] = \mu_j$ $(j = 1, \ldots, p)$ となることがわかる．同様に2回微分操作により $\mathbf{Cov}[X_i, X_j] = \sigma_{ij}$ となる．

次の結果はレヴィ (Levy) の反転公式 (inversion formula) と呼ばれているが，分布関数と (分布関数のフーリエ (Fourier) 変換である) 特性関数が1対1の関係であることを示している．例えば中心極限定理は特性関数を用いて示されるが，他方，確率分布より直接的に示すことはごく特殊な場合を除いて容易でない．ここで導出の概略を示しておく．

定理 2.6 (1 次元) 確率変数 X の分布関数 $F(\cdot)$, 特性関数 $\psi(t)$ とする. 任意の実数 $x_1 < x_2$ に対して

$$P(X \in (x_1, x_2)) + \frac{1}{2}P(\{x_1\}) + \frac{1}{2}P(\{x_2\})$$
$$= \lim_{T \to \infty} \frac{1}{2\pi} \int_{-T}^{T} \frac{e^{-itx_1} - e^{-itx_2}}{it} \psi(t) dt \qquad (2.57)$$

が成り立つ.

連続型確率分布の場合には 1 点をとる確率は 0, すなわち $P(\{x_1\}) = P(\{x_2\}) = 0$ である. 収束定理を用いると任意の $h > 0$ に対して

$$\frac{1}{h}[F(x+h) - F(x)] = \frac{1}{h}P(X \in (x, x+h])$$
$$= \frac{1}{2\pi} \int_{-\infty}^{\infty} e^{-itx} \left[\frac{1 - e^{-ith}}{ith}\right] \psi(t) dt$$
$$\to \frac{1}{2\pi} \int_{-\infty}^{\infty} e^{-itx} \psi(t) dt \quad (\text{as } h \to 0)$$

が得られる. $[1 - e^{ith}]/[ith] \to 1 \ (h \to 0)$ より左辺の極限は密度関数 $f(x)$ となるので, 定理 2.6 は非常に使いやすい形となる.

証明 任意の実数 $x_1 < x_2$ に対して

$$\frac{1}{2\pi} \int_{-T}^{T} \left[\frac{e^{-itx_1} - e^{-itx_2}}{it}\right] \psi(t) dt$$
$$= \frac{1}{2\pi} \int_{-T}^{T} \left[\frac{e^{-itx_1} - e^{-itx_2}}{it}\right] \left[\int_{-\infty}^{\infty} e^{itx} dF(x)\right] dt$$
$$= \frac{1}{2\pi} \int_{-\infty}^{\infty} \left[\int_{-T}^{T} \frac{e^{it(x-x_1)} - e^{it(x-x_2)}}{it} dt\right] dF(x)$$

であるが, この操作は積分の順序交換に関するフビニの定理から正当化できる. さらにカッコ内を $I(T)$ とすると cos 関数の性質 (原点について対称) より cos 関数項が消えて

$$\frac{1}{2\pi} I(T) = \frac{1}{\pi} \int_0^T \frac{\sin t(x-x_1)}{t} dt - \frac{1}{\pi} \int_0^T \frac{\sin t(x-x_2)}{t} dt \qquad (2.58)$$

である. 次に述べる補題 2.8 を利用すると $\lim_{T \to \infty} I(T) = 0 \ (x < x_1)$,

$\lim_{T\to\infty} I(T) = 1/2$ $(x = x_1)$, $\lim_{T\to\infty} I(T) = 1$ $(x_1 < x < x_2)$, $\lim_{T\to\infty} I(T) = 1/2$ $(x = x_2)$, $\lim_{T\to\infty} I(T) = 0$ $(x > x_2)$ と評価できるので結果が得られる．**Q.E.D**

系 2.7 特性関数 $\psi(t) \in L^1(-\infty, \infty)$ とする (ここで L_1 は積分が存在して有限値として定まる，可積分を意味する)．このとき確率分布関数 F は微分可能であり

$$f(x) = F'(x) = \frac{1}{2\pi}\int_{-\infty}^{\infty} e^{-ixt}\psi(t)dt \tag{2.59}$$

が成り立つ．

補題 2.8 任意の正実数 a に対して

$$\left|\int_0^a \frac{\sin x}{x}dx - \frac{\pi}{2}\right| \leq \frac{2}{a} \tag{2.60}$$

が成立する．

証明 任意の正実数 a に対して

$$\int_0^\infty \int_0^a e^{-xy}\sin x \,dx\,dy = \int_0^a \frac{\sin x}{x}dx \tag{2.61}$$

となることに注意する．次に

$$\int_0^\infty \int_0^a e^{-xy}e^{ix}dx\,dy = \int_0^\infty \int_0^a e^{(i-x)y}dx\,dy$$

$$= \int_0^\infty \left[\frac{e^{(i-y)x}}{i-y}\right]_0^a dy$$

$$= \int_0^\infty \frac{e^{-yx}}{-1-y^2}[i\cos x - \sin x + y\cos x + iy\sin x]_0^a dy$$

となる．右辺の虚数部分は

$$\frac{\pi}{2} - \cos a \int_0^\infty \frac{e^{-ay}}{1+y^2}dy - \sin a \int_0^\infty \frac{ye^{-ay}}{1+y^2}dy$$

となる．ここで $1/(1+y^2) \leq 1$ を利用すると，右辺の第 2・3 項はそれぞれ $1/a$ より小さくできる．**Q.E.D**

2.A 補論——変数変換と密度変換の公式

変数変換の公式は大学教養課程・微積分において登場するが，2次元以上の場合は教養課程の後半に登場する．その正確な証明にはかなり複雑な議論が必要となるが，ここでは応用上で必要な最小限の直観的説明にとどめる[*12]．

まず1次元の線形変換を用いた密度関数の変換を直観的にみてみよう．変換 $y = cz$ (c は定実数) では変数 z が1単位増加すると y は $c > 0$ なら c 単位増加する．形式的に $dy = |c|dz$, $\frac{dy}{dz} = |c|$ と表現できるので z より y への変換のヤコビアンは $dy = |J(z \to y)|_+ dz$, $|J|_+ = c$ となる．絶対値の記号はこの場合は不要であるが $c < 0$ の場合は必要となる．確率変数 Z が密度関数 $f_Z(z)$ を持つとすると，逆関数 $z = y/c$ $(= z^{-1}(y))$ となる．確率変数 $Y = cZ$ の密度関数を $|c|dz = dy$ および $\int f_Z(z) dz = \int f_Z(\frac{y}{c}) \frac{dy}{|c|}$ より

$$f_Y(y) = f_Z\left(\frac{y}{c}\right) \frac{1}{|c|} \tag{2.62}$$

とすれば $\int f_Y(y) dy = 1$ となるので整合的になる．ここで変換のヤコビアンは $|J(y \to z)|_+ = |1/c|$ である．確かに確率分布関数 $P(Y \leq y) = P(cZ \leq y) = P(Z \leq y/c)$ を両辺を y で微分すると Y の密度関数として同一の形が得られる．

次に定理2.3の証明で利用した2次元の変数変換において線形変換の場合を考える．2次元ベクトル $\mathbf{z} = (z_1, z_2)'$ より $\mathbf{R}^2 \to \mathbf{R}^2$ の線形変換 $\mathbf{y} = (y_1, y_2)' = \mathbf{C}(z_1, z_2)'$ により面積がどのように変化するかをみる ($\mathbf{C} = (c_{ij})$ は 2×2 行列である)．単位ベクトル $\mathbf{e}_1 = (1, 0)'$ はベクトル $\mathbf{c}_1 = (c_{11}, c_{21})'$ に移り，単位ベクトル $\mathbf{e}_2 = (0, 1)'$ はベクトル $\mathbf{c}_2 = (c_{12}, c_{22})'$ に移る．したがって，2つの単位ベクトルで作られる領域が変換される領域の面積を S とすると幾何的にみると

$$\begin{aligned} S^2 &= \|\mathbf{c}_1\|^2 \|\mathbf{c}_2\|^2 \sin^2 \theta \\ &= \|\mathbf{c}_1\|^2 \|\mathbf{c}_2\|^2 - (\mathbf{c}_1, \mathbf{c}_2)^2 \\ &= (c_{11}^2 + c_{21}^2)(c_{12}^2 + c_{22}^2) - (c_{11}c_{12} + c_{21}c_{22})^2 \\ &= (c_{11}c_{22} - c_{12}c_{21})^2 = |\mathbf{C}|^2 \end{aligned}$$

である ($(\mathbf{c}_1, \mathbf{c}_2) = \|\mathbf{c}_1\| \|\mathbf{c}_2\| \cos \theta$ は内積である)．したがって，この変換による

[*12] 詳しくは例えば杉浦光夫『解析入門 II』(東京大学出版会, 1985) VII-4 節を参照．

面積比は行列式 S で与えられる.

より一般に線形変換でない (1 対 1) 変数変換では事態はもう少し複雑となるが, 直観的には 1 次元の形 $dy = |J|_+ dz$ と同様である. 直観的には各点において局所的に線形変換とみなすことができる場合 (例えば $p = 2$ の場合) には変換 $\mathbf{y} = (y_1(\mathbf{z}), y_2(\mathbf{z}))'$ のヤコビアンは

$$|\mathbf{J}(\mathbf{z} \to \mathbf{y})|_+ = \left| \begin{array}{cc} \dfrac{\partial y_1}{\partial z_1} & \dfrac{\partial y_1}{\partial z_2} \\ \dfrac{\partial y_2}{\partial z_1} & \dfrac{\partial y_2}{\partial z_2} \end{array} \right|_+ \tag{2.63}$$

により与えられる (ここで $|\cdot|_+$ は行列式の正値を意味する). この場合には直観的には

$$dy_1 dy_2 = |\mathbf{J}(\mathbf{z} \to \mathbf{y})|_+ dz_1 dz_2 \tag{2.64}$$

と表現される. 線形変換の例では $\mathbf{z}$ より $\mathbf{y}$ の変換ヤコビアンは一定値となり $dy_1 dy_2 = |\mathbf{C}|_+ dz_1 dz_2$ である. 一般の場合の変換公式は一見すると複雑にみえるが重要なので次のようにまとめておく.

定理 2.A.1 (変数変換の公式) A, B を $\mathbf{R}^p$ の体積確定集合, 写像 c は A を含む開集合 U で定義され, $\mathbf{R}^p$ の値をとる C^1 級写像で, A から B の上への 1 対 1 写像, かつすべての点 $\mathbf{y} \in U$ において $|\mathbf{J}(\mathbf{z} \to \mathbf{y})| \neq 0$ とする ($\mathbf{y} = c(\mathbf{z})$, $\mathbf{J}(\mathbf{z} \to \mathbf{y}) = (\frac{\partial y_i}{\partial z_j})$ は $p \times p$ 行列である). このとき $B = c(A)$ 上の実数値関数 $k(\cdot)$ に対し, (i) $k(\mathbf{y})$ は B 上で広義可積分, (ii) $k(g(\mathbf{z}))|J(\mathbf{z})|$ は A 上で広義可積分, は同値であり変換公式

$$\int_B k(\mathbf{y}) d\mathbf{y} = \int_A k(c(\mathbf{z})) |\mathbf{J}(z \to y)|_+ d\mathbf{z} \tag{2.65}$$

が成り立つ.

ここで例えば定理 2.3 の証明における積分計算では $z_1 = r, z_2 = \theta$ および $y_1 = x, y_2 = y$ とすると $dy_1 dy_2 = r dz_1 dz_2$ が確認できる.

統計学ではしばしば連続型の確率分布を想定するために具体的な確率分布や確率計算には変数変換の操作が多用される. ここでは変数変換について有用な結果に言及しておくが, 上に述べた定理 2.A.1 と次に述べる定理 2.A.2 では変数変換と逆変換に現れるヤコビアンがそれぞれ $|\mathbf{J}(\mathbf{z} \to \mathbf{y})|_+$, $|\mathbf{J}(\mathbf{y} \to \mathbf{z})|_+$ であること

に注意する必要がある.公式は一見すると抽象的なので実例を参考にして検討するとよい.

定理 2.A.2 (変数変換における密度関数)　A, B を $\mathbf{R}^p$ の体積確定集合, $\mathbf{y} = h(\mathbf{z})$ の h は A を含む開集合 U で定義され, $\mathbf{R}^p$ の値をとる C^1 級写像で, A から B の上への 1 対 1 写像ですべての点 $\mathbf{z} \in U$ において $|\mathbf{J}(\mathbf{z} \to \mathbf{y})| \neq 0$ とする ($\mathbf{y} = h(\mathbf{z})$, $\mathbf{J}(\mathbf{z} \to \mathbf{y}) = (\frac{\partial y_i}{\partial z_j})$ は $p \times p$ 行列である). このとき $A = h^{-1}(B)$ 上で定義された確率変数ベクトル $\mathbf{Z}$ の連続型密度関数を $f_Z(\mathbf{z})$, $\mathbf{y}$ の連続型密度関数を $f_Y(\mathbf{y})$ とする. このとき

$$\int_A f_Z(\mathbf{z}) d\mathbf{z} = \int_B f_Z(h^{-1}(\mathbf{y})) |\mathbf{J}(\mathbf{y} \to \mathbf{z})|_+ d\mathbf{y} \tag{2.66}$$

において $|\mathbf{J}(\mathbf{y} \to \mathbf{z})|_+ = |\mathbf{J}(\mathbf{z} \to \mathbf{y})|_+^{-1}$ が成り立つ. $\mathbf{y}$ の密度関数は

$$f_Y(\mathbf{y}) = f_Z(h^{-1}(\mathbf{y})) |\mathbf{J}(\mathbf{y} \to \mathbf{z})|_+ \tag{2.67}$$

で与えられる.

なお 1 次元の密度関数の変換公式 (2.62) は一般形 (2.67) のもっとも単純な形であることが確認できる.

Chapter 3

条件付期待値と独立性

本章では事象と情報，確率測度の関係を考察し，事象の条件付けによる条件付確率，さらに統計的に情報を正確に扱う基礎として σ-加法族，確率変数の条件付けによる条件付期待値などを学ぶ．

3.1 条件付確率と情報

複数の事象 A と B があるとき，事象 B が与えられたときの事象 A の条件付確率 (conditional probability) は情報としての事象 B が与えられたときの事象 A のリスク評価値とみなすとわかりやすい．条件付確率は情報の有効な活用，情報の定義，情報の評価など様々な実際的問題の分析に欠かせない重要な概念である．まずは初等確率の例により条件付確率を考察しよう．

例 3.1 コイン投げ (表を H, 裏を T とする) 3 回の結果を基本事象として全事象を $\Omega = (\omega_i)$ とする．基本事象は $\omega_1 = \{HHH\}$ など ω_i ($i = 1,\dots,8$) の集合であり全部で 8 個あるが，不確実な事象としては集合 $A = \{$少なくとも 2 回表が出る$\}$, $B = \{$最初の結果が表$\}$, $C = \{$最初の 2 回は表・裏の順番に出る$\}$ なども考えられる．同等に確からしい基本事象の中で事象 A に含まれる数から $P(A) = 4 \times (\frac{1}{2})^3 = \frac{1}{2}$ である．ここであらかじめ情報 B が与えられたときの事象の不確実性の評価を考えよう．全事象は $\Omega' = \{HHH, HHT, HTH, HTT\}$ であるので，情報 B が得られたという条件の下では

$$P(A|B) = 3 \times \left(\frac{1}{2}\right)^2 = \frac{3}{4} \tag{3.1}$$

となる．したがって元の全事象に対して $\Omega' \subset \Omega$ とすると，事象 B が既知という

情報の下で事象 A が起きる条件付確率は

$$P(A|B) = \frac{P(A \cap B)}{P(B)} = \frac{3 \times (\frac{1}{2})^3}{4 \times (\frac{1}{2})^3} \tag{3.2}$$

と定義することが合理的となる．さらに事象 C が情報として与えられた場合は全事象は $\Omega'' = \{HTH, HTT\}$ より条件付確率は

$$P(A|C) = \frac{1}{2}$$

となる．このように条件 $P(A|C) = P(A)$, あるいは条件 $P(A \cap C) = P(A)P(C)$ が成り立つとき集合 A, C は互いに**独立** (independent) という．すなわち集合が互いに独立なときには集合 B の情報は集合 A の確率評価とは無関係となることを意味する．

こうして事象についての条件付確率と独立性を導入すると統計分析における情報の役割が明確になる．ここで情報とは標本空間 Ω の上の集合から構成される集合族の要素，集合の分割として直観的に理解できる．一般に情報という言葉の意味はかなり曖昧に使われるが，集合と σ-集合族という用語を用いると明確になり，例えば $\Omega' (\subset \Omega)$ 上の部分集合族は Ω 上の集合族より粗いという意味が理解できよう．次に条件付期待値 (conditional expectation) の概念を導入するが，マルコフ性やマルチンゲール (4.2 節参照) をはじめとして時間とともに変動する現象を統計的に解析する際には必要不可欠な基礎となる．条件付期待値は条件付確率と比較すると少し回りくどい数理的な議論が必要となるが，例 3.1 を一般化して確率空間 $(\Omega, \mathcal{F}, P)$ 上で任意の集合 C を条件とする条件付確率を定義することから始めよう．

定義 3.1 任意の集合 $A \in \mathcal{F}$ に対し集合 C が与えられたときの集合 A の条件付確率を

$$P(A|C) = \frac{P(A \cap C)}{P(C)} \quad (\text{ただし } P(C) > 0) \tag{3.3}$$

により定める．

ここで定義した条件付確率は確率測度である．次に事象による条件付けを確率変数により表現するために，確率空間 $(\Omega, \mathcal{F}, P)$ 上で確率変数

3.1 条件付確率と情報

$$X_1(\omega) \equiv \begin{cases} 1 & (\omega \in C \text{ のとき}) \\ 0 & (\omega \notin C \text{ のとき}) \end{cases}$$

を定めよう．同一の確率空間上にもう 1 つの確率変数 $X_2(\omega)$ が定義されているとき，$\mathbf{R}$ 上の任意のボレル集合 B に対して条件付確率 $P(X_2(\omega) \in B | C)$ が定まる．そこで X_2 の期待値を分解すると

$$\begin{aligned} \mathbf{E}[X_2] &= \int_\Omega X_2(\omega) P(d\omega) \\ &= \int_\Omega X_2(\omega) P(d\omega|C) P(C) + \int_\Omega X_2(\omega) P(d\omega|C^c) P(C^c) \\ &= \mathbf{E}[X_2|X_1=1] P(X_1=1) + \mathbf{E}[X_2|X_1=0] P(X_1=0) \end{aligned}$$

と書ける．ここで

$$Y(\omega) = \begin{cases} \mathbf{E}[X_2|X_1=1] & (X_1(\omega)=1 \text{ のとき}) \\ \mathbf{E}[X_2|X_1=0] & (X_1(\omega)=0 \text{ のとき}) \end{cases}$$

により確率変数 $Y(\omega)$ を定義すると，

$$\mathbf{E}[X_2] = \mathbf{E}_{X_1}[Y] = \mathbf{E}[\mathbf{E}(X_2|X_1)] \tag{3.4}$$

が成り立つ．右辺の期待値の記号 $\mathbf{E}_{X_1}[\cdot]$ は確率変数 X_1 についての期待値，$\mathbf{E}[X_2|X_1]$ は X_1 を条件とする X_2 の期待値，という意味である．この関係は期待値の繰り返し公式と呼ばれるが

$$\int_\Omega X_2(\omega) P(d\omega) = \int_\Omega Y(\omega) P(d\omega) \tag{3.5}$$

と表現してもよい．

同様に一般的に標本空間を分割して $\Omega = \bigcup_{i=1}^k C_i,\ P(C_i) > 0,\ C_i \cap C_j = \phi\ (i \neq j)$ とする．このとき期待値の分解公式

$$\mathbf{E}[X_2] = \sum_{i=1}^k \mathbf{E}[X_2|C_i] P(C_i) \tag{3.6}$$

が成立する．ここでとくに確率変数として $X_2(\omega)=1\ (\omega \in B \text{ のとき}), X_2(\omega)=0\ (\omega \notin B \text{ のとき})$ とすると確率 $P(B)$ の分解が得られる．このようにして条件付確率の定義より得られる関係はベイズ (Bayes) の定理と呼ばれているが，とくにベイズ・アプローチでは基本的な役割を演じる．次のベイズの公式では右辺と左辺における条件付けの集合が入れ替わっていることが重要である．

定理 3.1 集合 $C_i \cap C_j = \phi, \Omega = \bigcup_{i=1}^n C_i, P(C_i) > 0 \ (i \neq j; i, j = 1, \ldots, n)$ とする．任意の集合 $B \ (P(B) > 0)$ に対して

$$P(C_i|B) = \frac{P(B|C_i)P(C_i)}{\sum_{i=1}^n P(B|C_i)P(C_i)} . \tag{3.7}$$

2つの確率変数 X_1, X_2 が離散型確率分布に従う場合，同時確率分布 (joint probability distribution)

$$F(x_1, x_2) = P(\omega|X_1(\omega) \leq x_1, X_2(\omega) \leq x_2) = \sum_{z_1 \leq x_1, z_2 \leq x_2} p_{x_1, x_2}(z_1, z_2) \tag{3.8}$$

(ただし同時確率関数 $p_{x_1, x_2}(x_1, x_2) = P(\omega|X_1(\omega) = x_1, X_2(\omega) = x_2)$)，周辺確率分布 (marginal probability distribution)

$$F_i(x_i) = P(\omega|X_i(\omega) \leq x_i) = \sum_{z_i \leq x_i} p_{x_i}(z_i) \quad (i = 1, 2) , \tag{3.9}$$

(ただし周辺確率関数 $p_{x_i}(x_i) = P(\omega|X_i(\omega) = x_i) \quad (i = 1, 2)$) より条件付確率関数を

$$p_{x_2|x_1}(x_2) = P(X_2(\omega) = x_2|X_1(\omega) = x_1) \tag{3.10}$$

によって定義しておこう．確率変数が離散分布に従う場合には条件付確率から条件付確率関数を表現することが可能である．

3.2 条件付期待値

一般的に確率空間 $(\Omega, \mathcal{F}, P)$ 上の2つの確率変数 $X_1(\omega), X_2(\omega)$ に対し $\forall \mathbf{x}_1 \in \mathbf{R}$ に対して $\mathbf{E}[X_2|X_1 = x_1]$ を定めよう．連続型確率分布に従う確率変数，例えば統計学の応用でもっともよく利用される正規分布などでは1点をとる確率 $P(X_1 = x_1) = 0$ となる．したがって条件付確率より直接的に条件付期待値を定めることには難点がある他方，応用上ではしばしば多数の確率変数の変動，時間とともに変動する確率変数の相互依存性 (dependence) を分析する際には，一部分の情報 $\{\omega|X_1(\omega)\}$ が得られたという条件の下での確率変数 $X_2(\omega)$ の平均を考察する必要が生じる．

ここで応用上でよく利用される2次元分布関数が同時密度関数 $f(x_1, x_2)$，周辺

密度関数 $f_i(x_i)$ ($i=1,2$) を持つ場合を考察しよう．すなわち任意の 2 次元の点 $(x_1,x_2)' \in \mathbf{R}^2$ に対して同時分布関数が

$$P(X_1(\omega) \leq x_1, X_2(\omega) \leq x_2) = F(x_1,x_2)$$
$$= \int_{-\infty}^{x_2} \int_{-\infty}^{x_1} f(z_1,z_2) dz_1 dz_2$$

と書けるとする．他方，X_1 の周辺分布関数より

$$P(X_1(\omega) \leq x_1) = F_1(x_1)$$
$$= \int_{-\infty}^{x_1} f_1(z_1) dz_1$$

である．こうした表現と同じことであるが念のために同時分布関数と周辺分布関数の両辺をそれぞれ微分すると，同時密度関数と周辺密度関数はそれぞれ

$$f(x_1,x_2) = \frac{\partial^2 F(x_1,x_2)}{\partial x_1 \partial x_2}, \quad f_1(x_1) = \frac{\partial F_1(x_1)}{\partial x_1} \tag{3.11}$$

である．このとき同時分布より条件付分布関数と条件付密度関数を

$$F(x_2|x_1) = \begin{cases} \displaystyle\int_{-\infty}^{x_2} \frac{f(x_1,z)}{f_1(x_1)} dz & (f_1(x_1) > 0 \text{ のとき}) \\ 0 & (\text{その他}) \end{cases}$$

および

$$f(x_2|x_1) = \begin{cases} \displaystyle\frac{f(x_1,x_2)}{f_1(x_1)} & (f_1(x_1) > 0 \text{ のとき}) \\ 0 & (\text{その他}) \end{cases}$$

として $f(x_2|x_1)$ を条件付密度関数とおこう．ここで例示として 2 次元正規分布 (相関係数は 0.5) の同時密度関数と条件付密度関数を図 3.1 に例示しておくが，2 つの密度関数の形状に注意しよう．このとき

$$\mathbf{E}[X_2|X_1=x_1] = \int_{-\infty}^{\infty} x_2 dF(x_2|x_1) = \int_{-\infty}^{\infty} x_2 f(x_2|x_1) dx_2 \tag{3.12}$$

となる．また確率変数 X_1 と X_2 の密度関数を $f_1(x_1), f_2(x_2)$ (これらは周辺密度関数，その分布関数をそれぞれ $F_1(x_1), F_2(x_2)$ とする) として，条件付期待値の繰り返し公式 $\mathbf{E}[X_2] = \mathbf{E}[\mathbf{E}[X_2|X_1]]$ を書き換えると

$$\mathbf{E}[X_2] = \int_{-\infty}^{\infty} \left[\int_{-\infty}^{\infty} x_2 f(x_2|x_1) dx_2 \right] f_1(x_1) dx_1$$

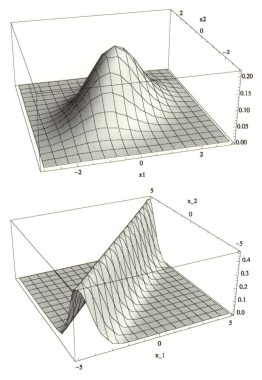

図 3.1 同時密度関数と条件付密度関数

$$= \int_{-\infty}^{\infty} x_2 \left[\int_{-\infty}^{\infty} f(x_2|x_1) f_1(x_1) dx_1 \right] dx_2$$
$$= \int_{-\infty}^{\infty} x_2 f_2(x_2) dx_2$$
$$= \int_{-\infty}^{\infty} x_2 dF_2(x_2)$$

となる.ここで周辺密度関数は条件付密度と同時密度関数より

$$\int_{-\infty}^{\infty} f(x_2|x_1) f_1(x_1) dx_1 = \int_{-\infty}^{\infty} f(x_1, x_2) dx_1 = f_2(x_2)$$

で与えられる.

一般に条件付期待値を定義するために情報集合 $\mathcal{F}$ 上に確率変数が定まるとき,この $\mathcal{F}$ より小さな情報集合である部分 σ-加法族

$$\mathcal{F} \supset \mathcal{G} \equiv \{X_1^{-1}(B) | B \in \mathbf{B}(\mathbf{R})\} \tag{3.13}$$

を導入する．写像 $X_1(\cdot)$ の逆写像により定まる集合 $A = X_1^{-1}(B)$ は $A = \{\omega | X_1(\omega) \in B\}$ を意味するので $\mathcal{G}$ は $\mathcal{F}$ 全体ではなく確率変数 $X_1(\omega)$ を決める情報全体を意味し，$\mathcal{G}$ は σ-加法族である．情報 $\mathcal{G}$ を知ることは確率変数がとる値 $X(\omega)$ を知ることと同値になるので，X_1 が連続型の確率分布に従い 1 点をとる確率は 0 であるにもかかわらず条件付確率との類推が可能となる．例えば $\Omega = \{$サイコロの目$\}$, $X_1(\omega) = 1$ (奇数の目), $X_1(\omega) = 2$ (偶数の目) とすると X_1 が含む情報は $\mathcal{F}$ の部分集合となる．ここで条件付期待値を次のように定義すればすでに述べた $Y = \mathbf{E}[X_2 | X_1]$ の一般化に対応する[*1)]．

定義 3.2 (条件付期待値, conditional expectation)　確率空間 $(\Omega, \mathcal{F}, P)$ 上の確率変数 $X(\omega)$ が $\mathbf{E}[|X|] < +\infty$ (i.e.可積分) のとき，$Y((\,\cdot\,)) : \mathcal{G}$-可測の確率変数が存在し

$$\int_A X(\omega) P(d\omega) = \int_A Y(\omega) P(d\omega) \quad (\forall A \subset \mathcal{G} \subset \mathcal{F}) \tag{3.14}$$

となるとき $Y = \mathbf{E}[X | \mathcal{G}]$ を条件付期待値と呼ぶ．

とくに確率変数 $X = X_2, X_1^{-1}(\omega) \in \mathcal{G} \subset \mathcal{F}, Y = \mathbf{E}[X_2 | X_1]$ とすると条件付期待値の繰り返し公式

$$\mathbf{E}[\mathbf{E}[X_2 | X_1]] = \mathbf{E}[X_2]$$

が成り立つことを確認できる．

3.3　条件付分布の例

以上における条件付期待値の説明は，2 つの確率変数 (X_1, X_2) の同時分布を考える際に一方の確率変数の情報 $\{\omega | X_1 = x_1\}$ が与えられたときの他方の確率変数 X_2 の確率分布に関する議論であった．より一般に p 次元の確率変数 $\mathbf{X}$ を 2 つのベクトル (p_1 次元確率ベクトル $\mathbf{X}_1$ と p_2 次元確率ベクトル $\mathbf{X}_2$ $(p = p_1 + p_2)$) に

[*1)] こうした定義が意味を持つことは数理的に保証されること (ラドン-ニコディム (Radon-Nikodym) 定理による RN 微分の存在) について HP (ホームページ) 補論で言及する．

分割した場合にも，p_2 次元確率変数ベクトル $\mathbf{X}_2$ の条件付期待値 $\mathbf{E}[\mathbf{X}_2|\mathbf{X}_1 = \mathbf{x}_1]$ について同様の議論が可能である．

例 3.2 多次元正規分布　p 次元確率変数ベクトル $\mathbf{X}$ が正規分布 $N_p[\boldsymbol{\mu}, \boldsymbol{\Sigma}]$ ($|\boldsymbol{\Sigma}| \neq 0$ を仮定[*2]) に従うとき密度関数は

$$f(\mathbf{x}) = \left(\frac{1}{\sqrt{2\pi}}\right)^p |\boldsymbol{\Sigma}|^{-1/2} \exp\left\{-\frac{1}{2}(\mathbf{x} - \boldsymbol{\mu})'\boldsymbol{\Sigma}^{-1}(\mathbf{x} - \boldsymbol{\mu})\right\} \quad (3.15)$$

で与えられる．期待値ベクトルと共分散行列は $\boldsymbol{\mu} = (\mu_i) = (\mathbf{E}(X_i))$, $\boldsymbol{\Sigma} = (\sigma_{ij}) = (\mathbf{E}[(X_i - \mu_i)(X_j - \mu_j)])$ である．

とくに $p = 2$ (2 次元正規分布) の場合に $(X_1, X_2)'$ の期待値ベクトルを $\mu = (\mu_1, \mu_2)'$, 2×2 の分散共分散行列を

$$\boldsymbol{\Sigma} = \begin{pmatrix} \sigma_{11} & \sigma_{12} \\ \sigma_{12} & \sigma_{22} \end{pmatrix}$$

とする (X_1 と X_2 の相関係数 ρ ((2.23) の ρ_{12}) を用いて $\sigma_{11} = \sigma_1^2, \sigma_{22} = \sigma_2^2, \sigma_{12} = \rho\sigma_1\sigma_2$ と表すと行列式は $|\boldsymbol{\Sigma}| = \sigma_{11}\sigma_{22} - \sigma_{12}^2 = \sigma_1^2\sigma_2^2(1-\rho^2)$)．確率変数ベクトル $\mathbf{X} = (X_1, X_2)'$ が従う密度関数は

$$\begin{aligned} f(x_1, x_2) = &\frac{1}{2\pi\sigma_1\sigma_2\sqrt{1-\rho^2}} \\ &\times \exp\Bigl[-\frac{1}{2(1-\rho^2)}\Bigl(\Bigl(\frac{x_1-\mu_1}{\sigma_1}\Bigr)^2 + \Bigl(\frac{x_2-\mu_2}{\sigma_2}\Bigr)^2 \\ &\quad - 2\rho\Bigl(\frac{x_1-\mu_1}{\sigma_1}\Bigr)\Bigl(\frac{x_2-\mu_2}{\sigma_2}\Bigr)\Bigr)\Bigr] \end{aligned}$$

と表現できる．

ここで一般に $p \times 1$ の確率変数ベクトル $\mathbf{X}$ を p_1 確率ベクトルと p_2 確率ベクトル ($p = p_1 + p_2$) を要素として $\mathbf{X} = (\mathbf{X}_1', \mathbf{X}_2')'$ と分割し，その分割に対応して $(p_1 + p_2) \times 1$ ベクトル，$(p_1 + p_2) \times (p_1 + p_2)$ 行列

$$\mathbf{x} = \begin{bmatrix} \mathbf{x}_1 \\ \mathbf{x}_2 \end{bmatrix}, \quad \boldsymbol{\mu} = \begin{bmatrix} \boldsymbol{\mu}_1 \\ \boldsymbol{\mu}_2 \end{bmatrix}, \quad \boldsymbol{\Sigma} = \begin{bmatrix} \boldsymbol{\Sigma}_{11} & \boldsymbol{\Sigma}_{12} \\ \boldsymbol{\Sigma}_{21} & \boldsymbol{\Sigma}_{22} \end{bmatrix}$$

としよう．次の補題 3.2 および $\mathbf{X}_1$ の周辺分布が $\mathbf{X}_1 \sim N_{p_1}(\boldsymbol{\mu}_1, \boldsymbol{\Sigma}_{11})$ となるこ

[*2] $\boldsymbol{\Sigma}$ は正定符号行列 (positive definite matrix) であり任意の 0 でない実ベクトル $\mathbf{a}$ に対し $\mathbf{a}'\boldsymbol{\Sigma}\mathbf{a} > 0$ を意味する．

とから，確率変数 $\mathbf{X}_2$ の条件付分布は

$$\mathbf{X}_2|\mathbf{X}_1 = \boldsymbol{x}_1 \sim N_{p_2}(\boldsymbol{\mu}_2 + \boldsymbol{\Sigma}_{21}\boldsymbol{\Sigma}_{11}^{-1}(\mathbf{x}_1 - \boldsymbol{\mu}_1), \boldsymbol{\Sigma}_{22.1}) \tag{3.16}$$

となる．ただし

$$\boldsymbol{\Sigma}_{22.1} = \boldsymbol{\Sigma}_{22} - \boldsymbol{\Sigma}_{21}\boldsymbol{\Sigma}_{11}^{-1}\boldsymbol{\Sigma}_{12} \tag{3.17}$$

は条件付分散共分散行列であり，係数 $\boldsymbol{\Sigma}_{21}\boldsymbol{\Sigma}_{11}^{-1}$ は回帰係数である．

補題 3.2 $\boldsymbol{\Sigma} > 0$ とする．このとき分割行列の逆行列は

$$\boldsymbol{\Sigma}^{-1} = \begin{bmatrix} \boldsymbol{\Sigma}_{11}^{-1} & \mathbf{O} \\ \mathbf{O} & \mathbf{O} \end{bmatrix} + \begin{bmatrix} -\boldsymbol{\Sigma}_{11}^{-1}\boldsymbol{\Sigma}_{12} \\ \mathbf{I}_{p_2} \end{bmatrix} \boldsymbol{\Sigma}_{22.1}^{-1} \begin{bmatrix} -\boldsymbol{\Sigma}_{21}\boldsymbol{\Sigma}_{11}^{-1}, \mathbf{I}_{p_2} \end{bmatrix} \tag{3.18}$$

と表現できる．

証明は逆行列の定義 $\boldsymbol{\Sigma}\boldsymbol{\Sigma}^{-1} = \boldsymbol{\Sigma}^{-1}\boldsymbol{\Sigma} = \mathbf{I}_p$ を確かめればよいが，$\mathbf{I}_p$ は $p \times p$ の単位行列 (対角要素は 1 でそれ以外は 0 の行列) を表す．そこで条件付分布 (正規分布) は次のように導出できる．$(p_1 + p_2) \times (p_1 + p_2)$ 行列

$$\mathbf{C} = \begin{bmatrix} \mathbf{I}_{p_1} & \mathbf{O} \\ -\boldsymbol{\Sigma}_{21}\boldsymbol{\Sigma}_{11}^{-1} & \mathbf{I}_{p_2} \end{bmatrix}$$

として計算すると

$$\mathbf{C}\boldsymbol{\Sigma}\mathbf{C}' = \begin{bmatrix} \boldsymbol{\Sigma}_{11} & \mathbf{O} \\ \mathbf{O} & \boldsymbol{\Sigma}_{22.1} \end{bmatrix}$$

となる[*3]．行列式は $|\mathbf{C}| = 1$ (行列 $\mathbf{C}$ は三角行列ですべての対角成分は 1) となるので

$$|\boldsymbol{\Sigma}| = |\mathbf{C}\boldsymbol{\Sigma}\mathbf{C}'| = |\boldsymbol{\Sigma}_{11}||\boldsymbol{\Sigma}_{22.1}| \tag{3.19}$$

が得られる．次に補題 3.2 を利用すると $f(\mathbf{x})$ の指数部分は

$$(\mathbf{x} - \boldsymbol{\mu})'\boldsymbol{\Sigma}^{-1}(\mathbf{x} - \boldsymbol{\mu})$$
$$= \begin{bmatrix} (\mathbf{x}_1 - \boldsymbol{\mu}_1)', (\mathbf{x}_2 - \boldsymbol{\mu}_2)' \end{bmatrix}$$
$$\times \left(\begin{bmatrix} \boldsymbol{\Sigma}_{11}^{-1} & \mathbf{O} \\ \mathbf{O} & \mathbf{O} \end{bmatrix} + \begin{bmatrix} -\boldsymbol{\Sigma}_{11}^{-1}\boldsymbol{\Sigma}_{12} \\ \mathbf{I}_{p_2} \end{bmatrix} \boldsymbol{\Sigma}_{22.1}^{-1} \begin{bmatrix} -\boldsymbol{\Sigma}_{21}\boldsymbol{\Sigma}_{11}^{-1}, \mathbf{I}_{p_2} \end{bmatrix} \right) \begin{bmatrix} \mathbf{x}_1 - \boldsymbol{\mu}_1 \\ \mathbf{x}_2 - \boldsymbol{\mu}_2 \end{bmatrix}$$

[*3] ここで利用した線形変換 $\mathbf{C}$ は統計的には重要な意味がある．例えば $p = 2, p_1 = p_2 = 1$ のとき係数 $\boldsymbol{\Sigma}_{21}\boldsymbol{\Sigma}_{11}^{-1}$ (回帰係数) は線形回帰モデル (第 10 章) の解釈に関係する．

$$= (\mathbf{x}_1 - \boldsymbol{\mu}_1)' \boldsymbol{\Sigma}_{11}^{-1} (\mathbf{x}_1 - \boldsymbol{\mu}_1)$$
$$+ \left[(\mathbf{x}_2 - \boldsymbol{\mu}_2) - \boldsymbol{\Sigma}_{21} \boldsymbol{\Sigma}_{11}^{-1} (\mathbf{x}_1 - \boldsymbol{\mu}_1)\right]'$$
$$\times \boldsymbol{\Sigma}_{22.1}^{-1} \left[(\mathbf{x}_2 - \boldsymbol{\mu}_2) - \boldsymbol{\Sigma}_{21} \boldsymbol{\Sigma}_{11}^{-1} (\mathbf{x}_1 - \boldsymbol{\mu}_1)\right]$$

となる．したがって $\mathbf{X}_1$ の周辺分布 $N_{p_1}(\boldsymbol{\mu}_1, \boldsymbol{\Sigma}_{11})$ の密度関数を $f_1(\mathbf{x}_1)$ とすると，密度関数の比 $f(\mathbf{x})/f_1(\mathbf{x}_1)$ は

$$\left(\frac{1}{\sqrt{2\pi}}\right)^{p_2} |\boldsymbol{\Sigma}_{22.1}|^{-1/2} \exp\left\{-\frac{1}{2}\left[\mathbf{x}_2 - \left(\boldsymbol{\mu}_2 + \boldsymbol{\Sigma}_{21}\boldsymbol{\Sigma}_{11}^{-1}(\mathbf{x}_1 - \boldsymbol{\mu}_1)\right)\right]' \boldsymbol{\Sigma}_{22.1}^{-1} \right.$$
$$\left. \times \left[\mathbf{x}_2 - \left(\boldsymbol{\mu}_2 + \boldsymbol{\Sigma}_{21}\boldsymbol{\Sigma}_{11}^{-1}(\mathbf{x}_1 - \boldsymbol{\mu}_1)\right)\right]\right\}$$

となる．すなわち確率変数の値 $\mathbf{X}_1 = \mathbf{x}_1$ を所与とするときの確率変数 $\mathbf{X}_2$ の条件付分布は正規分布なのである．

正規分布の拡張

とくに平均ベクトル $\mathbf{0}$，共分散行列 $\boldsymbol{\Sigma} = \mathbf{I}_p$ のとき，任意の直交行列 $\mathbf{U}$ に対して

$$\mathbf{UX} \stackrel{d}{=} \mathbf{X} \quad (分布が等しい) \tag{3.20}$$

のとき球面分布 (spherical distribution) と呼ぶ．ここで直交行列とは条件 $\mathbf{U}'\mathbf{U} = \mathbf{UU}' = \mathbf{I}_p$ を満足する $p \times p$ 行列を意味するが，$p = 2$ のとき変換の幾何学的意味を考えるとわかりやすい．

また確率変数 $v \sim G$ に対して $\mathbf{X} \sim N_p(\mathbf{0}, (1/v)\boldsymbol{\Sigma})$ のとき $\mathbf{X}$ の従う分布を正規混合 (normal mixture) 分布と呼ぶ．とくに正整数 m に対して $mv \sim \chi^2(m)$ とすると自由度 m の t 分布が得られる．自由度が 1 ならコーシー分布である．あるいは確率 π $(0 < \pi < 1)$ と $1 - \pi$ で共分散の異なる (正定数 a は例えば 3^2 などとする) 正規分布の混合である正規混合分布の密度関数は

$$f(\mathbf{x}) = \pi n_p(\mathbf{0}, \boldsymbol{\Sigma}) + (1 - \pi) n_p(\mathbf{0}, a\boldsymbol{\Sigma}) \tag{3.21}$$

で与えられる (ここで $n_p(\boldsymbol{\mu}, \boldsymbol{\Sigma})$ は多次元正規分布 $N_p(\boldsymbol{\mu}, \boldsymbol{\Sigma})$ の密度関数を表すものとする)．この分布は正規分布よりも裾が厚い楕円分布 (elliptically contoured distribution, EC) の例となる．ここで楕円分布とは等高線 $(\mathbf{x} - \boldsymbol{\mu})' \boldsymbol{\Sigma}^{-1} (\mathbf{x} - \boldsymbol{\mu}) = c$ (定数) が楕円となることにより定義される．楕円分布については例えば一部分

の変数を条件としたとき，条件付分布も楕円分布になる．

こうした確率分布は正規分布の簡単な拡張であるが，正規分布より裾が厚くなる確率分布を比較的簡単に表現できるので実際に応用されることもある．例えば $\epsilon = 1 - \pi$ を非常に小さくとると (例えば 0.01)，正常な正規分布のデータの中にごくわずかなはずれ値 (あるいは異常値) が混在している統計モデルが考えられる．

条件付期待値と回帰関数

2つの確率変数 $X_1(\omega), X_2(\omega)$ に対し条件付期待値 $\mathbf{E}[X_2|X_1=x_1]$ は変数 x_1 の関数である．これを X_2 の X_1 への回帰関数と呼ぶ．確率変数 X_2 を X_1 の任意の関数 $g(X_1)$ で推定 (あるいは予測) するとき，回帰関数は平均2乗誤差を最小にする関数 g に一致する．ここで

$$\begin{aligned}
\mathbf{E}[(X_2-g(X_1))^2] &= \mathbf{E}[(X_2-\mathbf{E}[X_2|X_1]) + (\mathbf{E}[X_2|X_1]-g(X_1))]^2 \\
&= \mathbf{E}[(X_2-\mathbf{E}[X_2|X_1])^2] \\
&\quad + 2\mathbf{E}[\mathbf{E}[(X_2-\mathbf{E}[X_2|X_1])|X_1](\mathbf{E}[X_2|X_1]-g(X_1))] \\
&\quad + \mathbf{E}[(\mathbf{E}[X_2|X_1]-g(X_1))]^2 \\
&= \mathbf{E}[(X_2-\mathbf{E}[X_2|X_1])^2] + \mathbf{E}[(\mathbf{E}[X_2|X_1]-g(X_1))]^2
\end{aligned}$$

である．したがって，最小値は第2項が0となるときに達成される．ここでの最小値に対応する $\mathbf{E}[(X_2-\mathbf{E}[X_2|X_1])^2|X_1=x_1]$ は条件 $X_1=x_1$ の下での条件付分散である．正規分布の場合には回帰関数は線形関数となり係数 (行列) は回帰係数と呼ばれる．

なお以上の議論は一般の次元 $p\ (=p_1+p_2, p_1 \geq 1, p_2 \geq 1)$ の確率変数ベクトルについても成立する．

3.4 独 立 性

ここで独立性 (independence) を導入する．古典的な確率論や数理統計学の議論は独立性の場合を扱うことより発展したが，独立性は独立でない確率的な意味での従属性 (dependence) を分析する上でも重要な役割を果たす．

定義 3.3 確率空間 $(\Omega, \mathcal{F}, P)$ 上の事象 $A_i\ (i=1,\ldots,N)$ が独立とは任意の $n\ (1 \leq n \leq N), 1 \leq i_1 \leq \cdots \leq i_n \leq N$ に対して

$$P(A_{i_1} \cap \cdots \cap A_{i_n}) = \prod_{j=1}^{n} P(A_{i_j}) \tag{3.22}$$

が成り立つことである．

2つの事象の独立性 ($N=2$) は確率が正の事象 $P(A_2) > 0$ のとき，条件付確率に関する条件

$$P(A_1|A_2) = P(A_1) \tag{3.23}$$

と同一である．定義 3.3 では $P(A_1) = 0$ あるいは $P(A_2) = 0$ の場合も含んでいるが，独立性の解釈は条件付確率の方が直観的理解に沿っている．応用上の必要性より条件付期待値に関連して述べたように，連続型の確率分布に従う確率変数の独立性まで定義しておく．

定義 3.4 確率変数族 $\{X_\lambda\}_{\lambda \in \Lambda}$ の独立性は $\{X_\lambda\}$ が生成する σ-集合体 (field) の族 $\{\sigma(X_\lambda)\}_{\lambda \in \Lambda}$ が独立であることで定義する．この条件は任意の $\lambda_1, \ldots, \lambda_N \in \Lambda$ (Λ は添字集合)，任意の $A_i \in \mathcal{F}_{\lambda_i} (i = 1, \ldots, n; 1 \leq n \leq N)$ に対して

$$P\left(\bigcap_{i=1}^{n} A_i\right) = \prod_{i=1}^{n} P(A_i) \tag{3.24}$$

が成り立つことを意味する．ただし $\sigma(X_\lambda)$ は X_λ から生成される最小の σ-加法族である．

例 3.3 2つの確率変数 $X_1(\cdot)$ と $X_2(\cdot)$ に対して周辺分布 (marginal distribution) 関数を $F_1(x_1) = P(X_1(\omega) \leq x_1)$, $F_2(x_2) = P(X_2(\omega) \leq x_2)$，同時分布 (joint distribution) 関数を $F(x_1, x_2) = P(X_1(\omega) \leq x_1, X_2(\omega) \leq x_2)$ とする．このとき確率変数 $X_1(\omega)$ と $X_2(\omega)$ が独立とは，条件

$$F(x_1, x_2) = F_1(x_1) F_2(x_2) \tag{3.25}$$

で与えられる．同時密度関数 $f(x_1, x_2)$ を持つ場合には X_1, X_2 の周辺密度関数をそれぞれ $f_1(x_1), f_2(x_2)$ とすると，確率変数の独立性は条件

$$f(x_1, x_2) = \frac{\partial^2 F(x_1, x_2)}{\partial x_1 \partial x_2} = f_1(x_1) f_2(x_2) \tag{3.26}$$

となる．

例 3.4 2個以上の事象の独立性については注意が必要である. 例えば全事象 $\Omega = \{0,1,2,3\}$, 事象 $A_i = \{0,i\}$ $(i=1,2,3)$ に対して $1 > P(\{0\}) = p > 0$, $1 > P(\{A_i\}) = q > 0$ とする. このとき2つの事象の独立性の条件 $P(A_i \cap A_j) = P(A_i)P(A_j)$ $(i \neq j)$ は $p = q^2$ を意味するが $P(A_1 \cap A_2 \cap A_3) = P(A_1)P(A_2)P(A_3)$ は成立しない.

例 3.5 確率ベクトル $\mathbf{X} = (X_i)$ が p 次元正規分布 $N_p(\boldsymbol{\mu}, \boldsymbol{\Sigma})$ (ただし $p \geq 2, \boldsymbol{\Sigma} = (\sigma_{ij})$) に従うとき, 任意の i,j について $\sigma_{ij} = 0$ $(i \neq j)$ ならば p 個の確率変数は互いに独立となる.

定理 3.3 1次元確率変数 X_1, X_2 が独立とする.

(i) $\mathbf{E}[X_j^2] < \infty$ $(j=1,2)$ のとき $\mathbf{E}[X_1 X_2] = \mathbf{E}[X_1]\mathbf{E}[X_2]$, $\mathbf{Cov}(X_1, X_2) = 0$ である.

(ii) $h_1(x_1), h_2(x_2)$ を可測関数とすると $h_1(X_1)$ と $h_2(X_2)$ は独立となる.

証明 独立性より

$$\mathbf{E}[X_1 X_2] = \int_{-\infty}^{\infty} \int_{-\infty}^{\infty} x_1 x_2 dF(x_1, x_2)$$
$$= \int_{-\infty}^{\infty} \int_{-\infty}^{\infty} x_1 x_2 dF(x_1) dF(x_2)$$
$$= \int_{-\infty}^{\infty} x_1 dF(x_1) \int_{-\infty}^{\infty} x_2 dF(x_2) = \mathbf{E}[X_1]\mathbf{E}[X_2]$$

である. また

$$\mathbf{Cov}(X_1, X_2) = \mathbf{E}[(X_1 - \mathbf{E}(X_1))(X_2 - \mathbf{E}(X_2))]$$
$$= \mathbf{E}[X_1 X_2 - X_1 \mathbf{E}(X_2) - X_2 \mathbf{E}(X_1) + \mathbf{E}(X_1)\mathbf{E}(X_2)]$$
$$= \mathbf{E}[X_1 X_2] - \mathbf{E}(X_1)\mathbf{E}(X_2)$$

より (i) が得られる. (ii) は独立性の定義より導ける. **Q.E.D**

例 3.6 確率変数 $X_i \sim N(0,1)$ $(i=1,2)$ のとき相関係数 $\rho(X_1, X_2) = 0$ ならば X_i は互いに独立な確率変数, $X_j^2 \sim \chi^2(1)$ $(j=1,2)$ かつ $X_1^2 + X_2^2 \sim \chi^2(2)$ となる. ここで $\chi^2(2)$ は自由度1の χ^2 分布であるが, $Gamma(1,2)$ 分布である.

同様に $X_i \sim N(0,1)$ $(i=1,\ldots,n)$ のとき $\sum_{i=1}^n X_i^2 \sim \chi^2(n)$ となる. これはガンマ分布 $Gamma(\frac{n}{2},2)$ に対応する.

例 3.7 確率変数 X_i $(i=1,2)$ の同時密度関数が

$$f(x_1,x_2) = \frac{1}{2} \quad (-1 \leq x_1, x_2 \leq 0, 0 \leq x_1, x_2 \leq 1) \tag{3.27}$$

で与えられているとする. このとき確率変数 X_1^2 と X_2^2 は独立であるが, 確率変数 X_1 と X_2 は独立でない. この例が定理 3.3 (ii) と矛盾しないことは $Y_j = X_j^2$ $(j=1,2)$ とすると $(X_1, X_2) = (\sqrt{Y_1}, \sqrt{Y_2})$ (確率 $1/2$); $(X_1, X_2) = (-\sqrt{Y_1}, -\sqrt{Y_2})$ (確率 $1/2$) よりわかる.

定理 3.4 1次元確率変数 X_1, X_2 が独立とする. X_i $(i=1,2)$ の (周辺) 確率分布 $F_i(x_i)$, (周辺) 密度関数 $f_i(x_i)$ とする.
(i) 和 $Y = X_1 + X_2$ の分布関数は

$$G(y) = \int_{-\infty}^{\infty} F_1(y-z_2) dF_2(z_2) \tag{3.28}$$

で与えられる. とくに X_1, X_2 が密度関数を持つときには Y の密度関数は

$$g(y) = \int_{-\infty}^{\infty} f_1(y-z_2) f_2(z_2) dz_2 \tag{3.29}$$

で与えられる.
(ii) 和 $Y = X_1 + X_2$ の特性関数は

$$\psi(t; X_1+X_2) = \psi(t; X_1)\psi(t; X_2) \tag{3.30}$$

で与えられる.

証明 和の分布関数は条件付分布により表現すると

$$G(y) = \int_{-\infty}^{\infty} P(X_1+X_2 \leq y | X_2 = z_2) dF_2(z_2)$$
$$= \int_{-\infty}^{\infty} F_1(y-z_2) dF_2(z_2)$$

より得られる. さらに

3.4 独立性

$$G(y) = \int_{-\infty}^{\infty} \left[\int_{-\infty}^{y} f_1(z_1 - z_2) dz_1 \right] f_2(z_2) dz_2$$
$$= \int_{-\infty}^{y} \left[\int_{-\infty}^{\infty} f_1(z_1 - z_2) f_2(z_2) dz_2 \right] dz_1$$

という表現が得られる．両辺を y で微分すると密度関数の表現が得られる．(ii) は定理 3.3 (ii) より期待値を計算すると得られる． **Q.E.D**

例 3.8 正規分布とポワソン分布の例　互いに独立な確率変数 $X_j \sim N(\mu_j, \sigma_j^2)$ $(j = 1, 2)$ とする．特性関数は $\psi(t; X_j) = \exp[it\mu_j - (1/2)t^2\sigma_j^2]$ であるから，和 $Y = X_1 + X_2$ の特性関数は $\psi(t; X_1 + X_2) = \exp[it(\mu_1 + \mu_2) - (1/2)t^2(\sigma_1^2 + \sigma_2^2)]$ である．したがって $Y \sim N(\mu_1 + \mu_2, \sigma_1^2 + \sigma_2^2)$ となる．独立和の分布が元の分布型に一致するとき，再生性を持つという．ポワソン分布の例では $X_j \sim P_o(\lambda_j)$ $(j = 1, 2)$ とする．特性関数は $\psi(t; X_j) = \exp[\lambda_j(e^{it} - 1)]$ であるから，和の特性関数は $\psi(t; X_1 + X_2) = \exp[(\lambda_1 + \lambda_2)(e^{it} - 1)]$ より $Y \sim P_o(\lambda_1 + \lambda_2)$ となる．

こうした例の特色は特性関数の形が指数関数系に属することによる．一般には分布が再生性を持つとは限らないので，定理 3.4 として述べた畳込み (convolution) を用いて積分を評価する必要がある．

例 3.9 無相関と独立性　2 つの確率変数 X, Y が独立であれば無相関であるが，逆は必ずしも成立しない．確率変数 X が原点に対称な密度関数 $f(x)$ を持つとき，確率変数 $Y = I(|X| \leq 1)$ とすると無相関になる．しかし明らかに X, Y は独立でない．

統計的分析ではしばしば独立な確率変数列の和の挙動を調べたいことが生じる．例えばクロスセクション・データをランダム標本の実現値とみなしてデータの平均により確率分布 (母集団) の期待値を推定する問題が典型である．

独立性からの逸脱：2 つの拡張方向

ここで独立な確率変数列を X_j $(j = 1, \ldots, n)$ とする．$n = 2$ の場合の議論より一般に有限個の独立な確率変数の和の分布，あるいは確率変数がベクトルの場合にも同様の結果を得ることが可能である．例えば上の定理より n 個の独立な確

率変数 X_i $(i=1,\ldots,n)$ に対し期待値, 分散, 特性関数はそれぞれ

$$\mathbf{E}\left[\sum_{i=1}^{n} X_i\right] = \sum_{i=1}^{n} \mathbf{E}[X_i], \tag{3.31}$$

$$\mathbf{V}\left[\sum_{i=1}^{n} X_i\right] = \sum_{i=1}^{n} \mathbf{V}[X_i], \tag{3.32}$$

$$\psi\left(t; \sum_{j=1}^{n} X_j\right) = \prod_{j=1}^{n} \psi(t; X_j) \tag{3.33}$$

が成り立つ.

ここで各確率変数の分布があらかじめ正規分布やポワソン分布となることがわかっている場合には確率変数の和の挙動の分析は比較的容易であるが,確率分布がわかっていない場合も実際の応用ではしばしば起きる.そこで独立な確率変数列 X_j $(j=1,\ldots,n)$ より作られた和

$$M_n = \sum_{j=1}^{n} X_j \tag{3.34}$$

が $n \to \infty$ となるときの挙動を調べる必要が生じる. 歴史的には大数の法則や中心極限定理は応用上での必要性から得られた. また時間的経過の中で得られる確率的現象, データの解析上では独立性の仮定が現実的でないことがある.

ここで独立性を緩める方向として2つの可能性がある.ここで議論の簡単化のために確率変数の期待値 $\mathbf{E}[X_j] = 0$ $(j=1,\ldots,n)$ としよう. 第1の方向では独立和が $M_n = M_{n-1} + X_n$ と表現できるので $\mathbf{E}[M_n|M_{n-1}] = M_{n-1} + \mathbf{E}[X_n]$ より条件

$$\mathbf{E}[M_n|M_{n-1}, M_{n-2}, \ldots, M_1] = M_{n-1} \tag{3.35}$$

を満足することに注目する.この性質を満足する確率変数の系列 (確率過程と呼ぶ) はマルチンゲール (martingale) と呼ばれているが,独立和の拡張としての1つの確率過程である.古典的な独立性の下での結果は,より本質的にはマルチンゲールについて成り立つ.

第2の方向は確率変数列 $\{X_j\}$ 自体に従属性のモデル分析を行うことである.例えば条件付期待値より $j=1,\ldots,n$ に対して

$$\mathbf{E}[X_j|X_{j-1},\ldots,X_1] = aX_{j-1} \quad (|a|<1) \tag{3.36}$$

が成り立つとすると，一種の予測誤差として互いに無相関で $N(0,\sigma^2)$ に従う確率変数列 $Z_j = X_j - \mathbf{E}[X_j|X_{j-1}]$ を構成できる．添字 j を時間とすると X_j の $j-1$ 時点での条件付期待値は X_{j-1} にのみ依存しているのでマルコフ型と呼ばれている．この時系列モデルは例 4.2 で説明するが，この場合に $S_n = \sum_{j=1}^n X_j$ とすると，大数の法則や中心極限定理は成り立つが，$\mathbf{Cov}[X_j X_{j-k}] = a^{|k|}$ となるので分散の和公式は成立しない．こうした確率変数列 $\{X_j\}$ は一般に時系列モデル，あるいは確率過程と呼ばれるが，時間的従属性のある現象の統計分析に応用できる．時間的従属性のある時系列データの統計的分析は統計的時系列解析や確率過程の解析と呼ばれている．統計学の重要なテーマである．

Chapter 4
確率変数の和とマルチンゲール

統計学の 1 つの源流として生命表 (life table) と生命保険の展開がある. 個々人が死亡する事象は関係者にとっては重大事であるが一見すると予測可能でない. しかしながら大量に観察してデータの平均をとると,「保険加入者が非常に多ければ」データから推定した死亡率は生命保険業を営むことが可能なほどの精度で実現する. こうした経験法則を合理的に説明する理論として互いに独立な確率変数列の和に関する大数の法則や中心極限定理が考察され, 古典的な確率論における中心的内容となった. 本章では互いに独立な確率変数和の挙動をやや現代的なマルチンゲールを巡る視点より説明する.

4.1 大数の弱法則

確率変数列 X_j $(j = 1, \ldots, n)$ より作り出す確率変数和 $S_n = \sum_{j=1}^n X_j$ について n が大きいときにその漸近挙動を考察する. 期待値 $\mathbf{E}[S_n] = \mu(n)$, 分散 $\mathbf{V}[S_n] = \sigma^2(n)$ としてマルコフの不等式 (あるいはチェビシェフの不等式) を適用すると次の結果が得られる.

定理 4.1 $n \to \infty$ のとき $\sigma^2(n)/n^2 \to 0$ とする. 任意の正実数 $\epsilon > 0$ に対し $n \to \infty$ のとき

$$P\left(\left|\frac{S_n}{n} - \frac{\mu(n)}{n}\right| > \epsilon\right) \leq \frac{1}{\epsilon^2}\mathbf{V}\left(\frac{S_n}{n}\right) = \frac{1}{\epsilon^2}\frac{\sigma^2(n)}{n^2} \to 0 \qquad (4.1)$$

となる.

この結果を

$$\frac{S_n}{n} - \frac{\mu(n)}{n} \xrightarrow{p} 0 \qquad (4.2)$$

と表すが,これは左辺が0に確率的に収束するという確率収束の意味である.確率変数の収束には実数列の収束とは異なり収束の意味からいくつかの収束概念があるが,定理4.1は**大数の弱法則** (weak law of large numbers) と呼ばれている.ここで「n が大きいときに確率変数列が確率収束する」をより正確に次のように定義する.

定義 4.1 (確率収束) 任意の正数 ϵ に対し $n \to \infty$ のとき

$$\lim_{n \to \infty} P(\omega||Y_n(\omega) - Y(\omega)| > \epsilon) = 0 \tag{4.3}$$

となるとき確率変数列 Y_n は確率変数 Y に**確率収束** (convergence in probability) するといい,$Y_n \xrightarrow{p} Y$,あるいは $Y_n - Y \xrightarrow{p} 0$ と表現する.

例 4.1 互いに独立な確率変数列 X_j $(j = 1, \ldots, n)$ の期待値 $\mathbf{E}[X_j] = \mu$ (一定),分散 $\mathbf{V}[X_j] = \sigma^2$ (一定) とする.このとき $\sigma^2(n) = n\sigma^2$ より

$$\frac{S_n}{n} \xrightarrow{p} \mu \tag{4.4}$$

となる.ここで期待値を最初から引いて確率変数列 $X_j^* = X_j - \mathbf{E}[X_j]$ $(j = 1, \ldots, n)$ の和を M_n とすると,$n \to \infty$ のとき

$$\frac{M_n}{n} \xrightarrow{p} 0 \tag{4.5}$$

である.

応用上では互いに相関のある確率変数列となる時系列や確率過程も重要である.互いに相関がある確率変数の和についても,相関があまり強くなければ大数の法則が成り立つ.ここでは相関がある確率変数列の典型例を挙げておく.

例 4.2 互いに独立な確率変数列 $\{Z_j\}$,定数 a (ただし $|a| < 1$) を用いて確率差分方程式

$$X_j = aX_{j-1} + Z_j \quad (j = 1, \ldots, n) \tag{4.6}$$

を満たす確率変数列 $\{X_j\}$ を考える.時点 j においてすでに定まっている aX_{j-1} にノイズ U_j が加わり,X_j が次々に定まることを意味する.こうした確率変数列を確率過程と呼ぶと,マルコフ型の1次自己回帰モデルである.例えば $\{Z_i\}$ が

互いに独立に分散 σ^2 の確率分布 $N(0,\sigma^2)$ に従い，初期条件 $X_0 = 0$ とする (1 次自己回帰モデル)．係数条件 $|a| < 1$ が満たされれば X_j は $Cov(X_i, X_j) \sim a^{|i-j|}$ となるので大数の法則は成立する．

ここで n を時間として互いに独立とは限らない確率変数列 $\{X_n\}$ の定常性 (stationarity) を次のように定義する．

定義 4.2 (弱定常過程)　確率変数列 $\{X_n\}$ ($n = 0, \pm 1, \pm 2, \ldots$) が 1 次・2 次の積率を持ち条件
  (i)　任意の n に対して $\mathbf{E}(X_n) = \mu$，
  (ii)　任意の m, n に対して共分散 $\mathbf{Cov}(X_m, X_n) = \gamma(|n - m|)$
を満足するとき，弱定常過程 (weakly stationary process) と呼ぶ．関数 $\gamma(k)$ ($k = 1, 2, \ldots$) を自己共分散関数 (autocovariance function) と呼ぶ．

例 4.2 の続き　初期値を固定せずに X_j ($j = 0, \pm 1, \pm 2, \ldots$) を扱う．確率変数列 $\{X_j\}$ が弱定常であれば両辺の期待値をとれば $\mathbf{E}(X_j) = a\mathbf{E}(X_{j-1})$ より 0 となる．係数について条件 $-1 < a < 1$ が満たされれば両辺の 2 乗の期待値より

$$\mathbf{E}(X_j^2) = a^2 \mathbf{E}(X_{j-1}^2) + \sigma^2 \tag{4.7}$$

となるが，定常性から $\gamma(0) = \mathbf{E}(X_j) = \mathbf{E}(X_{j-1}^2) = \sigma^2/(1-a^2)$ となる．共分散関数は $\gamma(k) = \mathbf{E}(X_j X_{j-k}) = a^k \gamma(0)$ となるので自己相関関数は $\rho(k) = a^k$ で与えられる．$|a| < 1$ であれば定理 4.1 の条件を満足する．

実数列 y_n が与えられたとき y_n が y に収束するとは，「任意の $\epsilon > 0$ に対し n_0 が存在して $n \geq n_0$ であれば $|y_n - y| < \epsilon$」と定められる．確率変数列 $Y_n(\omega)$ について確率の意味での収束 (convergence) には定義 4.1 のほかにいくつかの異なる概念があるが，期待値の意味での収束は評価しやすいので応用上では役に立つ．

定義 4.3 (平均 2 乗収束)　確率変数列の分散が存在し

$$\lim_{n \to \infty} \mathbf{E}[(Y_n(\omega) - Y(\omega))^2] = 0 \tag{4.8}$$

となるとき確率変数列 Y_n は確率変数 Y へ平均 2 乗収束 (convergence in mean) するといい，$l.i.m. \, Y_n \to Y$ あるいは ($\xrightarrow{L^2}$) と記す．同様に p 次平均収束 ($p = 1, 2, \ldots$) $\lim_{n \to \infty} \mathbf{E}[|Y_n - Y|^p] = 0$ も定義する．

例 4.3
独立な確率変数列 X_i $(i = 1, \ldots)$ の期待値 $\mathbf{E}[X_i] = \mu$, 分散 $\mathbf{V}[X_i] = \sigma^2$ とする. 標本 (不偏) 分散

$$s_n^2 = \frac{1}{n-1} \sum_{i=1}^{n} (X_i - \bar{X}_n)^2 \xrightarrow{p} \sigma^2 \quad (4.9)$$

となることが期待される. ここで標本平均 $\bar{X}_n = (1/n) \sum_{i=1}^{n} X_i$ である. すでに大数の弱法則より $\bar{X}_n \xrightarrow{p} \mu$ であるので

$$\frac{1}{n-1} \sum_{i=1}^{n} (X_i - \mu)^2 \xrightarrow{p} \sigma^2 \quad (4.10)$$

となる必要があるが, $\sum_{i=1}^{n}(X_i - \bar{X}_n)^2 = \sum_{i=1}^{n}(X_i - \mu)^2 - n(\bar{X}_n - \mu)^2$ という関係を利用すればよい. なお $Y_i = (X_i - \mu)^2 - \sigma^2$ とすると, マルコフの不等式を利用すると大数の弱法則が成り立つ十分条件としては, (少し強い条件であるが) 例えば $\mathbf{E}[X_i^4] < \infty$ がある.

ここで定理 4.1 の証明より確率変数列 Y_n が Y に平均 2 乗収束すれば確率収束することがわかる. しかしながら, 逆に確率収束するからといって平均 2 乗収束することにはならない. 収束に関連していくつかの例を挙げておく.

例 4.4
確率変数列 $\{Y_n\}$ を $Y_n(\omega) = n^2$ (確率 n^{-1}), $Y_n(\omega) = 0$ (確率 $1 - n^{-1}$) とする. このとき確率収束の定義より $Y_n \xrightarrow{p} 0$ である. 期待値は $\mathbf{E}(Y_n) = n^2 \times n^{-1} + 0 \times (1 - n^{-1}) = n \to \infty$ となり 0 に収束しない. $n \to \infty$ のとき $\mathbf{E}(Y_n^2)$ は発散する.

例 4.5
ルーレットの針が角度 $[0, 2\pi)$ 上のどこかに落ちる現象をイメージする. 標本空間 $\Omega = [0, 2\pi)$, 確率は弧の相対的な長さをとる. 確率変数列を $X_1(\omega) = 1$ $(0 \leq \omega \leq 2\pi)$; $X_2(\omega) = 1$ $(0 \leq \omega \leq 2\pi \cdot \frac{1}{2})$, 0 (その他); $X_3(\omega) = 1$ $(2\pi \cdot \frac{1}{2} \leq \omega \leq 2\pi \cdot (\frac{1}{2} + \frac{1}{3}))$, 0 (その他); として各 n に対して $X_n(\omega)$ が 1 をとる定義域が $[0, 2\pi)$ を超えるときには ω より 2π (正整数) を引き定義域を 0 からの区間とする (各 $X_n(\omega) = 1$ となる弧の 2π に対する相対的長さは $1/n$ となる). このとき $0 < \epsilon < 1$ に対し

$$P(\omega||X_n(\omega)| > \epsilon) = \frac{1}{n} \quad (4.11)$$

より $X_n \xrightarrow{p} 0$ だから確率変数列は 0 に確率収束する．ところが数列 $s_n = 2\pi(1 + \frac{1}{2} + \frac{1}{3} + \cdots + \frac{1}{n})$ は発散し，任意の ω に対して $\{\omega|X_j(\omega) = 1\}$ となる $j > m$ (m は任意) が存在するので $P(\omega|\lim_{n\to\infty} X_n(\omega) = 0) = 1$ となることはない．すなわち確率収束，平均 2 乗収束は確率 1 の収束 (以下の定義 4.6 で述べる概念) とは異なる．

4.2 マルチンゲール

独立な確率変数の和を一般化し，時間の流れを $n = 1, 2, \ldots, N$，情報が時間とともに変化する状況を考える．統計的分析では実際に時間とともに得られるデータを互いに独立な確率変数列の実現値，とみなすことは非現実的である場合が少なくないが，ここで説明するマルチンゲール理論は 1 つの分析手段を与えてくれる[*1]．

例えばここで期待値 $\mathbf{E}[X_i] = 0$ の互いに独立な確率変数列 $\{X_i\}$ に対し独立な確率変数の和を $M_n = \sum_{i=1}^{n} X_i$，確率変数列 M_n より作られる σ-加法族を $\{M_n\}$，$\mathcal{F}_n = \mathcal{F}(\{M_1, \ldots, M_n\})$ としよう．$\mathcal{F}_n$ は時点 n において利用可能な情報を意味するが，$M_n = M_{n-1} + X_n$ なので確率変数 M_{n-1} の情報も含むことから $\mathcal{F}_{n-1} \subset \mathcal{F}_n$ という増大列になる．条件 $\mathbf{E}[X_{n+1}|\mathcal{F}_n] = 0$ より

$$\mathbf{E}[M_{n+1}|\mathcal{F}_n] = \mathbf{E}\left[\sum_{i=1}^{n+1} X_i \Big| \mathcal{F}_n\right] = \sum_{i=1}^{n} X_i + \mathbf{E}[X_{n+1}|\mathcal{F}_n] = M_n \quad \text{(a.s.)}$$

となる．ここで a.s. (almost surely) とは確率 1 の事象を意味するがしばしば省略され，条件付期待値の条件は $\mathbf{E}[M_{n+1}|\mathcal{F}_n] = \mathbf{E}[M_{n+1}|M_n, M_{n-1}, \ldots, M_1]$ を意味する．

一般に時点 0 では情報がないので $\mathcal{F}_0 = \{\phi, \Omega\}$ とする．時点 1 では新たに情報が入り確率変数 M_1 が観察できるので，情報 $\mathcal{F}_1$ には時点 0 では未知の情報も含まれ $\mathcal{F}_0 \subset \mathcal{F}_1$ である．この操作を繰り返して元の σ-加法族 $\mathcal{F}$ の部分 σ-加法族 (sub σ-field) の増大列 $\mathcal{F}_0 \subset \mathcal{F}_1 \subset \cdots \subset \mathcal{F}$ が構成される．ここで任意の n に対して $\mathcal{F}_n \subset \mathcal{F}_{n+1}$，および $\mathcal{F}_\infty = \sigma(\bigcup_{n \geq 0} \mathcal{F}_n) \subset \mathcal{F}$ となる部分 σ-加法族の列を考

[*1] マルチンゲールの理論と応用は本シリーズ『確率過程とその応用』で説明される予定である．

察する.確率空間 $(\Omega, \mathcal{F}, P)$ 上に σ-加法族の列 $\{\mathcal{F}_n\}_{n \in \mathbf{N}}$ を加えた4つ組をフィルター付確率空間と呼ぶとこの $(\Omega, \mathcal{F}, P, \{\mathcal{F}_n\}_{n \in N})$ が考察の対象となる.直観的な解釈としては $\mathcal{F}_m = \sigma(M_0, M_1, \ldots, M_m)$ は確率変数列 $\{M_n\}$ の M_m までの情報 (information) を表している.

定義 4.4 (マルチンゲール) 任意の $n \geq 0$ について $\mathcal{F}_n$ で測れる (可測な) 確率変数 M_n を $\mathcal{F}_n$-適合的 (adapted) という.確率変数列 $\{M_n\}$ が $\mathcal{F}_n$-適合的かつ可積分とするときマルチンゲール (martingale) とは

$$\mathbf{E}[M_n|\mathcal{F}_{n-1}] = M_{n-1} \quad \text{(a.s.)} \tag{4.12}$$

を満足する確率変数列である.

この定義では条件付期待値を用いていることが重要である.(無条件) 期待値をとると $\mathbf{E}[\mathbf{E}[M_n|\mathcal{F}_{n-1}]] = \mathbf{E}[M_n] = \mathbf{E}[M_{n-1}]$ が得られるのでマルチンゲールの期待値は一定である.同様に優マルチンゲール (劣マルチンゲール) を $\mathbf{E}[M_n|\mathcal{F}_{n-1}] \leq M_{n-1}$ (a.s.) ($\mathbf{E}[M_n|\mathcal{F}_{n-1}] \geq M_{n-1}$ (a.s.)) を満足する確率変数列と定めると,確率系列の意味で減少列 (増大列) に対応する.ここで身近な例によりマルチンゲールの意味を示す.

例 4.6 コイン投げ コインを n 回投げるときの情報を σ-加法族の列 $\mathcal{F}_n \subset \mathcal{F}_{n+1}$ とする.表なら $X_n(\omega) = 1$,裏なら $X_n(\omega) = -1$ とすると,情報に歪みがないならば確率変数の和 $M_n = \sum_{i=1}^n X_i$ はマルチンゲールとなる.

例 4.7 公平なゲーム (fair game) 何回も繰り返される公平なゲーム (あるいは価格変動を伴う不確実な資産を売買する市場) を考える.n 時点における価格を M_n ($n = 1, \ldots, N$) として M_n は n 時点においてはじめて公示される ($\mathcal{F}_n$-適合的) とする.$n-1$ 時点から n 時点におけるゲームから予想される価格変化 $X_n = M_n - M_{n-1}$ とすると,確率変数列 $\{M_n\}$ を対象とするゲームにおいて「ある戦略を立てたとき利得が得られるか否かの問題」と解釈できる.このとき

$$\mathbf{E}[M_n - M_{n-1}|\mathcal{F}_{n-1}] = 0 \iff \text{公平なゲーム (fair game)} \tag{4.13}$$

を意味する.

例 4.8 (ランダム・ウォーク) しばしば(古典的)確率論では互いに独立なベルヌイ試行(2値をとる確率変数列) $X_j(\omega) = 1$ (確率 $1/2$); $X_j(\omega) = -1$ (確率 $1/2$) ($j = 1, \ldots, n$) の和

$$M_n = X_0 + \sum_{j=1}^{n} X_j$$

を考える．この確率過程 M_n はランダム・ウォーク(random walk, 酔歩)と呼ばれるが，$M_0 = X_0$ を初期値とするマルチンゲールである．

確率変数列 $\{M_n\}$ から作り出される確率変数列 $X_n = M_n - M_{n-1}$ はマルチンゲール差分(martingale difference)と呼ばれるが，$\mathbf{E}[X_n|\mathcal{F}_{n-1}] = 0$ である．なお一般に確率変数 $\{X_n\}$ は互いに無相関であっても独立な確率変数列とは限らない．また M_n の出発点を M_0 とするとマルチンゲール差分系列 $\{X_j\}$ により

$$M_n = M_0 + \sum_{j=1}^{n} X_j \tag{4.14}$$

と表現できる．

定義 4.5 (マルチンゲール変換) マルチンゲール $\{M_n\}$ が $\mathcal{F}_n$-適合的，$\{C_n\}$ は $\mathcal{F}_{n-1}$-適合的 ($n \geq 1$) とする．このときマルチンゲール変換は $Y_n = \sum_{i=1}^{n} C_i(M_i - M_{i-1})$ ($n \geq 1$) で与えられる．ただし $M_0 = Y_0 = 0$ としておく．

初期値が 0 でなければ $Y_0 = M_0$ とする．ここでマルチンゲール M_n で資産価格が表現される公平なゲームでは，時点 $i-1$ において C_i ($i = 1, \ldots, n$) という戦略をとったときに時点 i で実現される利得 C_i ($M_i - M_{i-1}$) と解釈できる．時点 $i-1$ で時点 i におけるゲームの結果をみないであらかじめ戦略を立てるように制限しないとゲームでは「ずる」「まった」(将来の結果をみてから自分の態度を決める)という戦略が可能となる．

ここで $\forall m$ に対して $\{C_m\}$ が $\mathcal{F}_{m-1}$ 可測，$C_m(M_m - M_{m-1})$ が可積分としよう．条件付期待値は

$$\mathbf{E}[Y_n|\mathcal{F}_{n-1}] = \sum_{i=1}^{n-1} C_i(M_i - M_{i-1}) + C_n\{\mathbf{E}[M_n|\mathcal{F}_{n-1}] - M_{n-1}\} = Y_{n-1}$$

となる．したがってマルチンゲール変換により得られる確率変数列 Y_n は可積分性が成り立てば再びマルチンゲールとなる[*2]．

次にマルチンゲール系列 $\{M_n\}$ が与えられたとき，十分に n が大きいときにこの確率変数列が収束する，すなわち (条件) $M_n \to M$ (a.s.) が成り立つ状況を考察する．ここではマルチンゲール変換を利用して (経済的に意味のある) 簡単な戦略を作ることにより問題に接近するが，これは仮定と結果の意味は明快と思われるからである．時間とともに変化するある資産価格がマルチンゲールに従うときの個人が，次のように対応することを考えよう．

[戦略] 時点 k における公示される価格 M_k ($k = 1, \ldots, n$), 2 つの実数を $a < b$ に対して次の条件を満たす戦略 $\{C_k\}$ を定める．[条件 (i)] 次に a 以下になるまで $C_k = 0$, [条件 (ii)] a 以下になると b 以上になるまで $C_k = 1$ とする．この戦略を式で表現すると (i) $C_1 = I_{\{M_0 < a\}}$, (ii) $\forall k \geq 2$, $C_k = I_{\{C_{k-1}=1\}}I_{\{M_{k-1} \leq b\}} + I_{\{C_{k-1}=0\}}I_{\{M_{k-1} < a\}}$ である (ここで $I(A) = 1$ (A が真), $I(A) = 0$ (A が偽) という指標関数を意味する)．この戦略 $\{C_k\}$ からマルチンゲール変換 $Y_0 = 0, Y_n = \sum_{k=1}^{n} C_k(M_k - M_{k-1})$ を構成する．こうした戦略から得られる帰結は横軸に n, 縦軸に $\{M_n, n \geq 1\}$ と 2 つの平行線 a, b をひいた

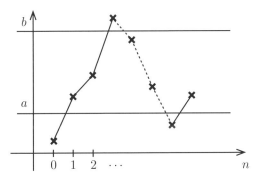

図 **4.1** Buy at Low and Sell at High

[*2] 時間間隔を例えば $[0,1]$ を n 等分して $t_{i-1} = (i-1)/n$ 時点に決定する (t_i 時点までとる) 戦略を C_{t_i}, マルチンゲール差分 $\Delta M_i = M_{t_i} - M_{t_{i-1}}$, $Y_n = \sum_{i=1}^{n} C_{t_i} \Delta M_i$ とする．$n \to \infty$ として得られるマルチンゲール変換は一定の仮定の下で伊藤積分 (Ito's integral) と呼ばれる表現 $Y_t = \int_0^t C_u dM_u$ に対応する．適当な条件下でマルチンゲール変換がマルチンゲールとなることが，伊藤理論がファイナンスで利用される 1 つの理由である．

図 4.1 をみることにより直観的に理解できる．M_n を時点 n の資産価格とすると「価格が a を下回れば購入，b を上回れば売却」を繰り返すとき，Y_N は N 時点の損益となる．

この戦略下では

$$U_N[a,b](\omega) = \{\forall n \leq N : M_n \text{下から上へ} [a,b] \text{を上方に向かって渡る回数}\}$$

とすると不等式

$$Y_N(\omega) \geq (b-a)U_N[a,b](\omega) - [M_N(\omega) - a]^- \tag{4.15}$$

が成り立つ．ここで不等式の最後の項は最後の買いの期間の損益に対応するが，確率変数 Z^- は $Z = Z^+ - Z^-$ $(Z^+ \geq 0, Z^- \geq 0)$ と分解した第 2 項である．さらに不等式の両辺の期待値をとると $\{Y_n\}$ がマルチンゲールであるので

$$0 \geq (b-a)\mathbf{E}[U_N[a,b](\omega)] - \mathbf{E}[(M_N(\omega) - a)^-] \tag{4.16}$$

よりドゥーブ (Doob) の不等式が得られる．

補題 4.2 (ドゥーブの上渡回数定理) 確率変数列 $\{M_n\}$ を $\mathcal{F}_n$-マルチンゲールとする．このとき不等式

$$\mathbf{E}[(M_N - a)^-] \geq (b-a)\mathbf{E}[U_N[a,b]] \tag{4.17}$$

が成り立つ．

この補題は重要である．ここで確率変数列 $\{M_n\}$ が定義される事象の収束に関して

$$\{\omega : M_N(\omega) \text{ が収束}\} = \bigcup_{c \in \mathbf{R}} \{\omega : \lim_N M_N(\omega) = c\}$$
$$= \bigcup_{c \in \mathbf{R}} \bigcap_{a < c < b} \{U_N[a,b] < +\infty\}$$
$$= \bigcap_{\forall a < b} \{U_N[a,b] < +\infty\}$$

となる関係に注目する．$N \to \infty$ のとき $\mathbf{E}[U_N[a,b]] < \infty$ であれば $P(U_N[a,b] = \infty) = 0$ である (すなわち N が大きくなっても区間をまたがる階数 $U_N[a,b]$ は有限なので，どのような ω に対してもいつかは下から上に $[a,b]$ を横切ることがないことを意味する)．したがって次のマルチンゲール収束定理が得られるが，マルチンゲールの重要な帰結である．

定理 4.3 (収束定理) 確率変数列 $\{M_n\}$ は $\mathcal{F}_n$-マルチンゲールであり, 期待値についての条件

$$\sup_n \mathbf{E}[|M_n|] < +\infty \tag{4.18}$$

を仮定する. このとき可積分な確率変数 M が存在して

$$\lim_{n\to\infty} M_n(\omega) = M \quad \text{(a.s.)} \tag{4.19}$$

となる.

なお例 4.5 やここで用いる収束は確率論でもっとも強い収束概念であり次のように定義する.

定義 4.6 (概収束) 確率空間 $(\Omega, \mathcal{F}, P)$ において

$$P(\omega | \lim_{n\to\infty} Y_n(\omega) = Y(\omega)) = 1 \tag{4.20}$$

となるとき確率変数列 Y_n は確率変数 Y に概収束 (almost sure convergence) するといい, $Y_n \to Y$ (a.s.) と表す.

4.3 大数の強法則

ここで互いに独立な確率変数列 X_i $(i=1,\ldots,n)$ を規準化して $\mathbf{E}[X_i] = 0$ とする. 確率変数列

$$M_n = \sum_{i=1}^{n} \left(\frac{1}{i}\right) X_i \tag{4.21}$$

により構成すると M_n はマルチンゲールになる. ここで例えば分散が有界であれば定理 4.3 の条件は満たされる. なお独立な確率変数和については分散についての条件は不要である. 一般に大数の法則が成立する十分条件をさらに弱めることができるが, 不等式 $(\mathbf{E}[M_n])^2 \leq \mathbf{E}[M_n^2]$ および以下の補題 4.6 より次の結果が得られる.

定理 4.4 $\{X_i\}$ を互いに独立な確率変数列であり $\mathbf{E}(X_i) = 0$, $\mathbf{E}(X_i^2) = \sigma_i^2$ $(i=1,\ldots,n)$ とする. 分散についての条件

$$\sum_{i=1}^{\infty} \frac{1}{i^2} \sigma_i^2 < +\infty \tag{4.22}$$

が成り立てばマルチンゲール $n \to \infty$ のとき $M_n = \sum_{i=1}^{n}(\frac{1}{i})X_i$ は収束する.したがって $n \to \infty$ のとき

$$\frac{1}{n}\sum_{k=1}^{n} X_k \to 0 \quad \text{(a.s.)} \tag{4.23}$$

となる.

系 4.5 (大数の強法則) 確率変数列 $\{X_i\}$ が互いに独立であって,期待値 $\mathbf{E}[X_i] = \mu$, 分散 $\mathbf{V}[X_i] = \mathbf{E}[(X_i - \mu)^2] = \sigma^2 \ (i = 1, \ldots, n)$ とする. $n \to \infty$ のとき

$$\frac{1}{n}\sum_{i=1}^{n} X_i \to \mu \quad \text{(a.s.)}$$

となる.

この定理 4.3, 4.4 および系 4.5 では収束において強い収束概念を用いていることが重要である.例えば,概収束すれば自動的に確率収束するが,逆は必ずしも成立しない.マルチンゲールの収束定理から得られたこの結果は大数の強法則 (strong law of large number) と呼ばれるが,古典的な説明はかなり複雑になる.本節の最後に大数の法則の証明に必要なクロネッカー (Kronecker) の**補題**を挙げておく.

補題 4.6 (クロネッカーの補題) $\{b_n\}$ を $\uparrow +\infty \ (n \uparrow +\infty)$ となる正実数の増大列,和 $s_n = \sum_{i=1}^{n} x_i$ とする.

$$\sum_{k=1}^{\infty} \frac{x_k}{b_k} \text{ が収束} \Rightarrow \frac{s_n}{b_n} \to 0 \tag{4.24}$$

となる.

証明 部分和 $\{u_n\}$ を $u_n = \sum_{k=1}^{n} \frac{x_k}{b_k}$ とすると仮定から $u_n \to u_\infty$ となる.ここで $u_n - u_{n-1} = x_n/b_n$ であるから ($u_0 = 0$ とする) $n \to \infty$ のとき

$$\frac{s_n}{b_n} = \frac{1}{b_n} \sum_{k=1}^{n} b_k(u_k - u_{k-1})$$
$$= u_n - \frac{1}{b_n} \sum_{k=2}^{n} (b_k - b_{k-1})u_{k-1} \to u_\infty - u_\infty = 0$$

より結論を得る．ただし導出の過程で $\frac{1}{b_n} \sum_{k=2}^{n} (b_k - b_{k-1})u_{k-1} \to u_\infty \ (n \to \infty)$ となることを用いた．N が大きければ $n \geq N$ に対して

$$\frac{1}{b_n} \sum_{k=1}^{n} u_{k-1}(b_k - b_{k-1}) = \frac{1}{b_n} \sum_{k=1}^{N} u_{k-1}(b_k - b_{k-1}) + \frac{1}{b_n} \sum_{k=N+1}^{n} u_{k-1}(b_k - b_{k-1})$$

と分解すると，右辺の第 1 項は $b_n \uparrow +\infty$ のとき 0 に収束し，第 2 項は u_∞ に収束するからである．このことは $k \geq N$ のとき $u_k > u_\infty - \epsilon \ (\epsilon > 0)$ とすると

$$\frac{1}{b_n} \sum_{k=N+1}^{n} u_{k-1}(b_k - b_{k-1}) \geq (u_\infty - \epsilon) \frac{1}{b_n} \sum_{k=N+1}^{n} (b_k - b_{k-1})$$
$$= (u_\infty - \epsilon) \frac{[b_n - b_N]}{b_n} \to u_\infty - \epsilon \,,$$

また $k \geq N$ のとき $u_k < u_\infty + \epsilon \ (\epsilon > 0)$ とすればよい． **Q.E.D**

Chapter 5
分布収束と中心極限定理

本章では古典的な中心極限定理をマルチンゲールの観点から考察し，不変原理，拡張された中心極限定理，無限分解可能分布など近年の統計分析で有用である確率論の発展的事項を学ぶ．

5.1 確率分布の収束の例

実数の収束とは異なり確率の意味での収束 (convergence) にはいくつかの異なる概念がある．すでに大数の弱法則は確率収束，大数の強法則は概収束に対応することを説明した．歴史的には大数の法則をより精緻化して，未知の確率分布をよく知られた分布 (例えば正規分布など) により近似する方法の正当化より分布収束が考えられた．

例 5.1 2項分布 $B(n,p)$ に従う確率変数 X_n とし，X_n を $[0,1]$ 上の短い区間 $[\frac{i-1}{n}, \frac{i}{n}]$ $(i=1,\ldots,n)$ 上で 1 または 0 をとる独立なベルヌイ試行列 Z_j の和 $X_n = \sum_{j=1}^{n} Z_{n,j}$ と表現する．短い区間において事象が起きる確率 p_n が小さく $n \times p_n \to \lambda \, (>0)$ となる状況を考える．確率変数列 $Z_{n,j}$ が互いに独立であるから確率変数 X_n の特性関数は

$$\psi_n(t; X_n) = \mathbf{E}[e^{itX_n}] = \prod_{j=1}^{n} \mathbf{E}[e^{itZ_{n,j}}] = [p_n e^{it} + (1-p_n)]^n$$

で与えられる．n が大きいときには $p_n \sim \lambda/n$ より対数をとり評価すると

$$\log[\psi_n(t; X_n)] = n\log[1 + p_n(e^{it} - 1)]$$
$$\sim np_n(e^{it} - 1) \to \lambda(e^{it} - 1)$$

となる．したがって X_n の特性関数は $\psi_n(t; X_n) \to \psi(t)$ よりポワソン分布 $(P_o(\lambda))$

の特性関数 $\psi(t)$ に収束する.

2 項分布の確率評価を, n が大きく $np_n\,(=\lambda_n)$ が一定の場合にポワソン分布によりよく近似できること, またまれに起きる事象についての事象が生じる回数の分布としてポワソン分布で近似できることが古くから知られている. 例 5.1 はこの経験則の根拠を与えるので**小数の法則** (law of small numbers) と呼ばれる.

例 5.2 2 項分布において確率 p が一定のとき, n が大きいときにはド・モアブル (De Moivre) は確率変数 X_n の確率分布がある意味で正規分布で近似できることを見いだした. X_n の期待値は np, 分散は $np(1-p)$ であるから確率変数

$$Y_n = \frac{X_n - np}{\sqrt{np(1-p)}} \tag{5.1}$$

と規準化すると, 確率変数 Y_n の期待値 0, 分散 1 となる. このとき Y_n の確率分布の挙動は特性関数により評価すると

$$\begin{aligned}\psi_n(t;Y_n) &= \mathbf{E}\left[e^{it\frac{X_n}{\sqrt{np(1-p)}} - it\frac{np}{\sqrt{np(1-p)}}}\right]\\ &= e^{-it\frac{np}{\sqrt{np(1-p)}}}\left[pe^{it\frac{1}{\sqrt{np(1-p)}}} + (1-p)\right]^n\end{aligned}$$

となる. ここで対数をとると

$$\log\psi_n(t;Y_n) = -it\frac{np}{\sqrt{np(1-p)}} + n\log\left[1 + p\left(e^{it\frac{1}{\sqrt{np(1-p)}}} - 1\right)\right]$$

であるから, 第 2 項は n が大きいとき

$$\begin{aligned}&n\log\left[1 + p\left(e^{it\frac{1}{\sqrt{np(1-p)}}} - 1\right)\right]\\ &\sim n\left[p\left(e^{it\frac{1}{\sqrt{np(1-p)}}} - 1\right) - \frac{1}{2}p^2\left(e^{it\frac{1}{\sqrt{np(1-p)}}} - 1\right)^2\right]\\ &\sim n\left[pit\frac{1}{\sqrt{np(1-p)}} + \frac{1}{2}p\left(it\frac{1}{\sqrt{np(1-p)}}\right)^2 - \frac{1}{2}p^2\left(it\frac{1}{\sqrt{np(1-p)}}\right)^2\right]\end{aligned}$$

と評価できる. さらに第 1 項と第 2 項をあわせると, $n \to \infty$ のとき任意の t に対して

$$\psi_n(t;Y_n) \to \psi(t) = e^{-\frac{1}{2}t^2} \tag{5.2}$$

となる. この $\psi(t)$ は標準正規分布の特性関数である.

定義 5.1 (分布収束) 確率分布関数 F, F_n をそれぞれ確率変数 Y, Y_n の分布関数とする．F の任意の連続点 x において

$$F_n(x) \to F(x) \quad (n \to \infty) \tag{5.3}$$

となるとき，Y_n は Y に**分布収束** (convergence in distribution) するといい，$Y_n \xrightarrow{d} Y$ (あるいは $Y_n \xrightarrow{\mathcal{L}} Y$) と記す．

例 5.3 実数 x に対し $X_n(\omega) \to x$ のとき，1点をとる確率変数列 $P(\omega|X_n(\omega) = x_n) = 1$ とすると $F(x)$ は不連続点になる．

例 5.4 確率変数 X, Y は互いに独立な確率変数で 2 点 1,0 を確率 1/2 でとり，分布関数 F とする．$X_n = Y$ (X_n の分布関数 F_n) とすると $X_n \xrightarrow{d} Y$ ($F_n \to F$) であるが $P(\omega||X_n(\omega) - X(\omega)| = 1) = 1/2$ なので $X_n \xrightarrow{p} X$ ではない．確率変数列の確率収束は分布収束を意味するが，確率変数列が分布収束しても確率収束するとは限らない．

分布関数の収束は，確率の収束として概収束や確率収束に比べて弱い条件を課している．$n \to +\infty$ につれて確率分布の意味で収束する，すなわち確率変数 X_n に対する確率分布 Q_n が確率変数 X に対する確率分布 Q に**弱収束** (weak convergence) するといい，$Y_n(t) \xRightarrow{w} Y(t)$ あるいは $Q_n \xRightarrow{w} Q$ と表す．

確率分布の収束を直接に調べるのは簡単でない場合が多い．そこで確率分布と特性関数は 1 対 1 対応していることに注目する．統計学ではしばしば確率変数列の特性関数を求め，その収束先を調べることにより確率分布の収束を調べられる．ここで特性関数の収束先が分布関数の特性関数となるのが自明でなければ条件が必要となる．

補題 5.1 F_n を分布関数列，ψ_n を対応する特性関数列とする．
(i) 任意の実数 t に対して $\psi_n(t) \to \psi(t)$，
(ii) $\psi(\cdot) : t = 0$ で連続 (あるいは (ii)$'$ $\psi(t)$ は特性関数) となる．
このとき $F_n \xrightarrow{\mathcal{L}} F$ であって $\varphi(t)$ は F の特性関数となる．

補題 5.1 を用いると例 5.1 と例 5.2 における特性関数の評価より確率分布のポワソン分布や正規分布への収束が正当化できる．前者は小数の法則，後者は中心

極限定理 (CLT) に対応している.

5.2 中心極限定理

独立な確率変数列については古くから中心極限定理 (central limit theorem, CLT) として研究され，統計分析では広範に利用されている．ここで互いに独立に同一の確率分布に従う確率変数列 X_j $(j=1,\ldots,n)$ の期待値 $\mathbf{E}[X_j]=\mu$，分散 $\mathbf{V}[X_j]=\sigma^2$ のとき，規準化した標本平均

$$Y_n = \sum_{j=1}^n \left[\frac{X_j-\mu}{\sigma\sqrt{n}}\right] = \frac{\sqrt{n}}{\sigma}\left[\bar{X}_n-\mu\right] \tag{5.4}$$

とおく．確率変数 $X-\mu$ の特性関数を $\psi(t)$，Y_n の特性関数を $\psi_n(t;Y_n)$ として

$$\psi\left(\frac{t}{\sigma\sqrt{n}}\right) = \mathbf{E}\left[\exp\left(\frac{(X-\mu)it}{\sigma\sqrt{n}}\right)\right] \tag{5.5}$$

の中の指数関数を展開 (テーラー (Taylor) 展開) すると，ある θ $(|\theta|\leq 1)$ が存在して

$$\begin{aligned}\psi_n(t;Y_n) &= \left[\psi\left(\frac{t}{\sigma\sqrt{n}}\right)\right]^n \\ &= \bigg\{\mathbf{E}\bigg[1+\frac{1}{1!}\frac{it}{\sigma\sqrt{n}}(X-\mu)+\frac{1}{2!}\frac{(it)^2}{\sigma^2 n}(X-\mu)^2 \\ &\quad +\theta\frac{1}{3!}\left(\frac{it}{\sigma\sqrt{n}}\right)^3(X-\mu)^3\bigg]\bigg\}^n \\ &= \left[1-\frac{1}{2}\frac{t^2}{n}+o\left(\frac{1}{n}\right)\right]^n\end{aligned}$$

となる．ここで $o(\,\cdot\,)$ は小さいオーダーを意味し，$A_n=o(1/n)$ とは $A_n/(1/n)\to 0$ $(n\to\infty)$ である．簡単にこの条件を保証するには，最後の項が有界と仮定すれば両辺を対数変換して $n\to\infty$ とすると次の結果が得られる．

定理 5.2 互いに独立で同一の確率分布に従う有界な確率変数列 X_j $(j=1,\ldots,n)$ の期待値 $\mathbf{E}[X_j]=\mu$，分散 $\mathbf{V}[X_j]=\sigma^2$ (一定) とする．規準化した標本平均 $Y_n = n^{-1/2}\sum_{j=1}^n (X_j-\mu)$ は $n\to\infty$ のとき

$$Y_n \xrightarrow{\mathcal{L}} N(0, \sigma^2) \tag{5.6}$$

となる.

この結果は

$$\frac{1}{\sqrt{n}} \sum_{j=1}^{n} (X_j - \mu) \xrightarrow{\mathcal{L}} N(0, \sigma^2) \tag{5.7}$$

であるから確率計算は正規分布を用いて $\sum_{j=1}^{n} X_j \stackrel{a}{\sim} N(n\mu, n\sigma^2)$ と近似すればよいことを意味している (ここで $\stackrel{a}{\sim}$ は n が大きいときに漸近的に近似できる意味である). なお中心極限定理は極限の挙動についての理論であるが,ここで n が有限ならより正確な近似を考えることも可能である. 標準正規分布の密度関数 $\phi(y)$, 適当に定数 c_2 を選び例えば $o(1/\sqrt{n})$ まで

$$P(Y_n \le y) \sim \Phi(y) + \frac{1}{\sqrt{n}} [c_2(y^2 - 1)] \phi(y) \tag{5.8}$$

とするエッジワース (Edgeworth) 展開が知られている. ここで i.i.d. (互いに独立に同一分布に従う) 確率変数列 X_i より基準化して $Y_n = \sum_{i=1}^{n} (X_i - \mu)/[\sigma \sqrt{n}]$ のとき γ_3 を $\{X_i\}$ の 3 次のキュムラントとすると $c_2 = (1/6)[-\gamma_3/\sigma^3]$, 2 次エルミート (Hermite) 多項式 $h_2(y) = y^2 - 1$ により表現できる[*1].

例 5.5 互いに独立に期待値 $\mathbf{E}[X_j] = \mu$, 分散 $\mathbf{V}[X_j] = \sigma^2$ の確率変数列の平均について定理 5.2 より

$$\frac{1}{\sqrt{n}} \left[\sum_{j=1}^{n} \left(\frac{X_j - \mu}{\sigma} \right) \right] \tag{5.9}$$

は近似的に $N(0, 1)$ となる. 標本分散

$$s_n^2 = \frac{1}{n} \sum_{i=1}^{n} (X_i - \bar{X}_n)^2 \xrightarrow{p} \sigma^2 \tag{5.10}$$

の挙動を考察すると,

$$\sqrt{n} \left[\frac{1}{n} \sum_{i=1}^{n} (X_i - \bar{X}_n)^2 - \sigma^2 \right] \xrightarrow{d} N(0, (2 + \kappa_4)\sigma^4) \tag{5.11}$$

[*1] 例えば竹内啓『確率分布の近似』(教育出版, 1975) 第 4 章に詳しい.

となるが，ここで $\kappa_4 = \mathbf{E}[(X_i - \mu)^4/\sigma^4] - 3$ は尖度 (kurtosis) である[*2)]．同様に歪度 (skewness) は $\kappa_3 = \mathbf{E}[(X_i - \mu)^3/\sigma^3]$ で定義される．とくに正規分布の場合には $\kappa_3 = \kappa_4 = 0$ である．上の漸近分布を示すにはまず大数の弱法則より $\bar{X}_n \xrightarrow{p} \mu$ に注目する．さらに分散の評価より

$$\sqrt{n}(\bar{X}_n - \mu)^2 \xrightarrow{p} 0 \tag{5.12}$$

であるので $\sqrt{n}[(1/n)\sum_{i=1}^{n}(X_i - \bar{X}_n)^2 - \sigma^2] = \sqrt{n}[(1/n)\sum_{i=1}^{n}(X_i - \mu)^2 - \sigma^2] - \sqrt{n}(\bar{X}_n - \mu)^2$ の右辺の第 2 項は 0 に確率収束する．そこで右辺の第 1 項に対して中心極限定理を用いると

$$\frac{1}{\sqrt{n}} \sum_{i=1}^{n} \left[(X_i - \mu)^2 - \sigma^2 \right] \xrightarrow{d} N(0, V[(X_i - \mu)^2])$$

となる．ここで右辺の分散は $V[(X_i - \mu)^2] = \mathbf{E}[(X_i - \mu)^4] - \sigma^4 = (2 + \kappa_4)\sigma^4$ で与えられる．

応用上の必要性から独立・同一分布に関する中心極限定理は様々な方向に拡張されている．例えば，独立変数列はマルチンゲール差分系列なので，何らかの条件の下でマルチンゲールに対して中心極限定理が成り立ち，正規分布による近似が意味を持つことが期待できる．ここで正規近似が成り立たない例を示しておこう．

例 5.6 互いに独立な確率変数列 $\{X_i, i = 1, \ldots, n\}$ を

$$X_i(\omega) = \begin{cases} 1 & (\text{確率 } \frac{1}{2}) \\ -1 & (\text{確率 } \frac{1}{2}) \end{cases}$$

として，$\{X_i\}$ より確率変数列 $\{S_n\}$ を $S_n = \sum_{i=2}^{n} X_i$ により構成する．さらに確率変数列 $\{W_i\}$ を $W_1 = 0, \forall n \geq 2$ に対して

$$W_n(\omega) = \begin{cases} 1 & (X_1 = 1 \text{ のとき}) \\ 2 & (X_1 = -1 \text{ のとき}) \end{cases}$$

とおく．ここで $n \to +\infty$ とすると中心極限定理より

$$\frac{S_n}{\sqrt{n}} \xrightarrow{\mathcal{L}} N(0, 1) \tag{5.13}$$

[*2)] 尖度は $\kappa_4 + 3$ で定義されることがある．

となる．他方，確率変数列 $\{Y_n\}$ を $Y_n = \sum_{i=1}^{n} W_i X_i$ により構成すると

$$\frac{Y_n}{\sqrt{n}} = \frac{1}{\sqrt{n}} \sum_{i=1}^{n} W_i X_i \xrightarrow{\mathcal{L}} \frac{1}{2} N(0,1) + \frac{1}{2} N(0, 2^2) \tag{5.14}$$

となる．ここで右辺は確率 $1/2$ で 2 つの確率分布 $N(0,1), N(0,2^2)$ に従う，すなわち混合分布 (mixture distribution) に従うことを意味する．

次に応用上で有用な中心極限定理について述べておく．いままでの基準化を変更して改めて各 n に依存する独立な三角型の確率変数列 $\{X_{n,k}\}$ ($1 \leq k \leq n, n \geq 1$) および独立和の確率変数列 $\{Y_{n,k}\}$ ($1 \leq k \leq n, n \geq 1$) を $X_{n,k} = Y_{n,k} - Y_{n,k-1}$ ($k = 1, \ldots, n$) により構成する ($Y_{n,0} = 0$ とする)．各 $X_{n,k}$ の分散を $\sigma_{n,k}^2 = \mathbf{E}[X_{n,k}^2]$ として任意の $\epsilon\, (>0)$ について条件

(I) $\sum_{k=1}^{n} \sigma_{n,k}^2 \to \sigma^2 > 0$ (一定値)

(II) $\sum_{k=1}^{n} \mathbf{E}[X_{n,k}^2 I_{\{|X_{n,k}| \geq \epsilon\}}] \to 0$

を仮定する．後者の条件はリンドバーグ (Lindeberg) 条件と呼ばれ，個々の確率変数が分散の意味で全体への影響が小さく

$$\max_{1 \leq k \leq n} \sigma_{n,k}^2 \to 0 \tag{5.15}$$

を意味する．また条件 (II) よりもより強い条件として，任意の $\delta > 0$ に対して

(II$'$) $\sum_{k=1}^{n} \mathbf{E}[|X_{n,k}|^{2+\delta}] \to 0$

が十分条件である．とくに $\delta = 1$ のときリヤプノフ (Lyapunov) 条件と呼ばれている．こうした条件の下で (II) において中心極限定理を得るが次の定理の証明は補論 5.A で述べておく．

定理 5.3 独立な確率変数の和について，分散 $\sigma_{n,k}^2$ について条件 (I) とリンドバーグ条件 (II) を仮定する．$n \to \infty$ のとき

$$\sum_{k=1}^{n} X_{n,k} \xrightarrow{\mathcal{L}} N(0, \sigma^2) \tag{5.16}$$

となる．

5.3 不変原理

独立な確率変数の和に関する中心極限定理は数理統計学や応用問題においては様々な形で利用されている．中心極限定理は確率変数の和の分布が正規分布で近似できる根拠を与えている．近年では時間間隔が短い状況での分析，例えば金融市場の統計分析なども盛んに行われるようになった．中心極限定理の拡張としての次に述べる**不変原理** (invariance principle) では，連続時間の確率過程として知られているブラウン運動が中心極限定理から自然に導かれることを意味している．

定理 5.4 区間 $[0,1]$ 上を n 等分して各 i/n 時点で確率変数 Z_i の期待値 $\mathbf{E}[Z_i] = 0, \mathbf{V}[Z_j] = \sigma^2/n$ とする (微少な区間での確率変数の区間当たりの分散を $\sigma^2 \times (1/n)$ である)．$k(n)$ を n に依存させて各時刻 $(k(n)/n) = t(k_n) \in [0,1]$ 上の $k(n)$ 個の確率和 $X_n(t(k_n)) = (\frac{1}{\sigma})\sum_{i=1}^{k(n)} Z_i$ とする ($[a]$ は a を超えない最大の整数を表す)．さらに $[0,1]$ 上の任意の時刻 t において補間により $X_n(t)$ が連続経路をとるようする．$n \to \infty$ のとき $t(k_n) \to t \in [0,1]$ に対して

$$X_n(t(k_n)) \xrightarrow{d} X(t), \tag{5.17}$$

ただし $X(t) \sim N(0,t)$ となる確率過程であり，任意の $0 \leq s < t \leq 1$ に対し $X(s)$ と $X(t) - X(s)$ は独立な確率変数である．

この確率変数 $X(t)$ ($t \in [0,1]$) は**ブラウン運動** (Brownian motion) と呼ばれているが時間軸上の経路は不規則な変動を示す．任意の t に対して正規分布 $N(0,t)$ に従い，t について連続な経路をとる確率変数列 $X(t)$ が存在するが，このブラウン運動は任意の ω に対して非有界変動，2 乗変動は有界となる[*3)]．

[*3)] 関連する問題についての重要事項は本シリーズ『確率過程とその応用』で議論する予定である．連続時間のブラウン運動上での数理は伊藤 (Ito) 解析と呼ばれているが，生物学や物理学における利用に加えて近年では経済学・ファイナンス・保険などの研究分野で株価や資産価格の表現に用いられることも多い．非負値をとる変数には指数変換をとった ($Y(t) = e^{B(t)}$) 幾何ブラウン運動が利用される．

5.4 正規分布と無限分解可能分布

中心極限定理は，独立確率変数の和の分布が正規分布にある意味で収束することを主張するものである．期待値 0，分散 1 の独立な確率変数列 $\{X_j\}$ に対して

$$Y_n = \frac{1}{\sqrt{n}}[X_1 + \cdots + X_n] \xrightarrow{L} Y \tag{5.18}$$

とすると，$Y \sim N(0,1)$ となる．同様にして

$$Y_{2n} = \frac{1}{\sqrt{2n}}[X_1 + \cdots + X_n + X_{n+1} + \cdots + X_{2n}] \xrightarrow{L} \frac{1}{\sqrt{2}}Y^{(1)} + \frac{1}{\sqrt{2}}Y^{(2)} \tag{5.19}$$

ただし $Y^{(j)} \sim N(0,1)$ $(j=1,2)$ は互いに独立な確率変数列である．ここで両辺の確率分布は等しいはずであるので特性関数は

$$\psi(t; Y_{2n}) = \psi\left(\frac{t}{\sqrt{2}}; Y_n\right)\psi\left(\frac{t}{\sqrt{2}}; Y_n\right) \tag{5.20}$$

を満たすはずである．すなわち和の確率変数列がある確率分布に収束するためには極限分布はこのような特殊な条件を満たす確率分布である必要がある．それではほかの確率分布は極限分布として存在しえないであろうか？　例えば X_j がコーシー分布に従っている場合には

$$Y_n = \frac{1}{n}[X_1 + \cdots + X_n] \xrightarrow{L} Y \tag{5.21}$$

とすると特性関数が $\psi(t) = e^{-|t|}$ となるので Y は再びコーシー分布に従う．

正規分布やコーシー分布などを含む確率分布のクラスとして無限分解可能分布や安定分布などが知られているが，これらの確率分布は連続時間の確率過程モデルと関連している．

定義 5.2 確率変数 X の確率分布が，任意の n に対して独立・同一分布に従う確率変数 $X_{n,j}$ により (X の分布) $= (X_{n,1} + \cdots + X_{n,n}$ の分布) と分解できるとき，X は**無限分解可能分布** (infinitely divisible distribution) に従うという．

正規分布，ガンマ分布，コーシー分布など無限分解可能な分布は多いが必ずしも確率分布が明示的に表現できるとは限らない．さらに「ある正定数 a_n と定数 b_n が存在して $(a_n X + b_n \text{の分布}) = (X_1 + \cdots + X_n \text{の分布})$ を満たす X_j $(j=1,\ldots,n)$ が互いに独立・同一分布に従うようにできる確率分布」は安定分布 (stable distribution) と呼ばれている[*4]．ここで指数 α $(0 < \alpha \le 2)$ の安定分布とは特性関数が

$$\psi(t) = \exp\left[itc - d|t|^{\alpha}\left(1 + i\theta \frac{t}{|t|}\tan\frac{\pi}{2}\alpha\right)\right] \quad (0 < \alpha < 1, 1 < \alpha < 2) \tag{5.22}$$

あるいは $\alpha = 1$ のとき

$$\psi(t) = \exp\left[itc - d|t|\left(1 + i\theta \frac{t}{|t|}\log|t|\right)\right] \tag{5.23}$$

により表現される．ただし c は実定数，d は実正定数，θ $(|\theta| \le 1)$ は実定数である．なお，正規分布は $\alpha = 2$，コーシー分布は $\alpha = 1$ の安定分布であるが正規分布を除く安定分布は一般に2次の積率を持たない．こうした無限分解可能分布や安定分布は中心極限定理のある方向での拡張と考えられる．とくに正規分布を除く安定分布は分散が存在しないので利用できないなどの制約があり，ファイナンス分野など実際の統計分析での有用性について意見は分かれる．

5.A 数理的補論

ここでは分布収束に関する応用上で重要な追加事項について言及しておく．中心極限定理の証明，マルチンゲールの中心極限定理，時系列における中心極限定理などである．

定理 5.3 の証明の概略 確率変数 $X_{n,k}$ の特性関数 $\psi_{n,k}(t)$ を領域 $\{|X_{n,k}| < \epsilon\}$ と $\{|X_{n,k}| \ge \epsilon\}$ に分けて評価する．特性関数 $\mathbf{E}[e^{itX_{n,k}}]$ の指数関数を展開 $(e^z = 1 + \frac{z}{1!} + \frac{z^2}{2!} + \cdots)$ すると正確に評価が可能である．ここで任意の実数 x に対し不等式 $|e^{ix} - (1+ix)| \le \min\{x^2/2, 2|x|\}$ および $|e^{ix} - (1+ix-x^2/2)| \le \min\{|x|^3/6, x^2\}$

[*4] 例えば L. Breiman "*Probability*" (Addison, 1968) や佐藤健一『加法過程』(紀伊国屋, 1990) を参照．

である.次に適当に θ_i $(i=1,2)$ を選べば

$$\psi_{n,k}(t) - 1 = \mathbf{E}\left[1 + itX_{n,k} - \frac{1}{2}t^2 X_{n,k}^2 + \frac{1}{6}\theta_1(it)^3 X_{n,k}^3 ||X_{n,k}| < \epsilon\right]$$
$$+ \mathbf{E}\left[1 + itX_{n,k} + \frac{1}{2}\theta_2 t^2 X_{n,k}^2 ||X_{n,k}| \geq \epsilon\right] - 1$$
$$= it\mathbf{E}[X_{n,k}] - \frac{t^2}{2}\mathbf{E}[X_{n,k}^2] + R_{n,k}$$

と表現される.ここで残差 $R_{n,k}$ を評価する必要があるが,$\mathbf{E}[X_{n,k}] = 0$ であるから条件の下で $n \to \infty$ のとき

$$\sum_{k=1}^{n} [\psi_{n,k}(t) - 1] \to -\frac{\sigma^2}{2}t^2 \tag{5.24}$$

となることを導ける.したがって,さらに独立性を用いると確率変数 $Y_n = \sum_{k=1}^{n} X_{n,k}$ の特性関数は $\psi_n(t) = \prod_{k=1}^{n} \psi_{n,k}(t)$ となるので,対数変換を利用すると $\psi_{n,k}(t) - 1 \to 0$ より

$$\log \psi_n(t) = \sum_{k=1}^{n} \log\left[(\psi_{n,k}(t) - 1) + 1\right] \sim \sum_{k=1}^{n} [\psi_{n,k}(t) - 1] \tag{5.25}$$

となることがわかる.**Q.E.D**

マルチンゲールの中心極限定理

次にマルチンゲール系列への中心極限定理に言及しておこう.任意の n に対して確率変数列 $M_{n,1}, M_{n,2}, \ldots, M_{n,n}$ を σ-加法族の列 $\mathcal{F}_{n,1} \subset \mathcal{F}_{n,2} \subset \cdots \subset \mathcal{F}_{n,n}$ に対するマルチンゲールとしよう.ただし $\mathcal{F}_{n0} = \{\phi, \Omega\}$ である.確率変数列 $X_{n,k} = M_{n,k} - M_{n,k-1}$ $(k=1,\ldots,n)$ をマルチンゲール差分系列,各項の条件付分散 $\sigma_{n,k}^2 = \mathbf{E}[X_{n,k}^2 | \mathcal{F}_{n,k-1}]$ とする.条件付分散の条件およびリンドバーグ型の条件

(I)* $\sum_{k=1}^{n} \sigma_{n,k}^2 \xrightarrow{\mathcal{P}} \sigma^2 > 0$ (一定値)

(II)* $\sum_{k=1}^{n} \mathbf{E}[X_{n,k}^2 I_{\{|X_{n,k}| \geq \epsilon\}} | \mathcal{F}_{n,k-1}] \to 0$

を仮定する.このときマルチンゲールに関する中心極限定理が得られる.

定理 5.A.1 マルチンゲール差分系列 $\{X_{n,k}; 1 \leq k \leq n, n \in \mathbf{N}\}$ が条件 (I) とリンドバーグ条件 (II) を満たすとする.$n \to +\infty$ のとき

$$\sum_{k=1}^{n} X_{n,k} \xrightarrow{\mathcal{L}} N(0, \sigma^2) \qquad (5.26)$$

となる.ただし σ は正の一定値である.

なお定理 5.A.1 は定理 5.2 と定理 5.3 を含んでいるのでかなり一般的内容を含んでいる.独立確率変数和やマルチンゲールについての中心極限定理は数理統計学やその他の分野における近年の応用において様々な形で利用されている.

時系列の中心極限定理

ここではすでに述べたごく簡単な 1 次自己回帰モデルを例示として用いて説明する.分散公式もより明示的に表現することが可能であるがここでは研究課題としておこう.

定理 5.A.2 確率変数列 $X_1, X_2, \ldots, X_n$ は例 4.2 のように 1 次自己回帰過程 ($X_j = aX_{j-1} + Z_j, |a| < 1$ に従い,$\{Z_j\}$ は互いに独立に同一分布 (i.i.d.) $N(0, \sigma^2)$ の確率変数列) に従う確率変数列とする.$n \to +\infty$ のとき

$$\frac{1}{\sqrt{n}} \sum_{k=1}^{n} X_k \xrightarrow{\mathcal{L}} N(0, \omega^2) \qquad (5.27)$$

となる.ただし ω^2 は正の有限値であり

$$\omega^2 = \lim_{n \to \infty} \mathbf{V}\left[\frac{1}{\sqrt{n}} \sum_{k=1}^{n} X_k\right] \qquad (5.28)$$

である[*5].

[*5] 例えば T.W. Anderson "*The Statistical Analysis of Time Series*" (Wiley, 1971) 7.7 節に時系列における中心極限定理の説明がある.

Part 2

数理統計の基礎

Chapter 6

統計量と標本分布

本章では母集団,標本,標本抽出,統計量,標本分布といった統計的分析の基礎事項,標本分布論を支える変数変換という基礎数学事項,最近の統計分析につながる順序統計量と極値分布などを学ぶ.

6.1 母集団・標本・統計的推測

統計学では分析対象を母集団,母集団からランダムに抽出された標本を確率変数,統計データを確率変数の実現値とみなすことにより確率論を利用している. こうした設定は例えば政府統計として総務省統計局などをはじめとして各統計部局が実施している標本調査,新聞やテレビ局などが行っている世論調査などを例にするとわかりやすい. マスメディアによる世論調査の多くでは **RDD** (random digit dialing) と呼ばれる統計的方法を利用している. この方法では登録された電話番号を母集団リストとして,乱数 (random number) をリストの記載番号に次々に割り付け,割り付けた数値に基づき標本を抽出する (サンプリング) という **無作為標本抽出法** が利用されている[*1]. こうした世論調査では,分析対象の母集団 (population) から無作為抽出 (ランダム・サンプリング, random sampling) によって得られたデータをランダム (無作為) 標本の実現値とみなせる十分な根拠がある.

世論調査で典型的に質問されるのは「ある事柄を支持するか否か」であるのでこれらの事象を 1 と 0 で表そう. 調査の目的は母集団 $x_j \, (= 0, 1 \, ; j = 1, \ldots, N)$

[*1] 例えば日本経済新聞社の調査 (日経世論調査) では $U_n^* = 10000 U_n$ (U_n は $(0,1)$ 上で一様分布に従う一様乱数) を発生させ 0~9999 の数値を電話番号の割り付けに利用している. 民間の世論調査については実施している各社の HP に説明がある.

における比率 $p = (1/N)\sum_{j=1}^{N} x_j$ (母平均) をデータより推定する問題と解釈できる．これは標本調査におけるランダムな操作により得られる大きさ n の標本 (確率変数) X_i ($i = 1, \ldots, n$) の平均 (標本平均) であるが $\bar{X}_n = (1/n)\sum_{i=1}^{n} X_i$ を $\hat{p}$ とすると，標本平均より母平均を推定することと解釈できる (ベルヌイ試行より $\mathbf{E}[X_i] = p$, $\mathbf{V}(X_i) = \mathbf{E}[(X - \mathbf{E}(X_i))^2] = p(1-p)$ となる)．標本調査ではある標本が調査で一度選ばれると再び調査されない，すなわち非復元抽出で行われるとする．このときには標本から計算される標本平均を $\hat{p}_n$ で表すと次に説明する標本調査の議論より $\mathbf{V}[\hat{p}_n] = ((N-n)/(N-1))[p(1-p)/n]$ となるが，項 $(N-n)/(N-1)$ は N が大きければほぼ 1 となる．また調査で得られる標本の大きさ n がある程度大きければ，正規分布で近似すると正規分布表より

$$\mathbf{P}\left(\omega\|\hat{p}_n - p| \leq 1.96\sqrt{\frac{p(1-p)}{n}}\right) \sim 0.95 \tag{6.1}$$

となる．ここで標本数 n (例えば 1000) とすると確率評価の右辺に現れる p は未知なのでデータより計算可能な $\hat{p}$ を利用すると右辺は $1.96\sqrt{\hat{p}(1-\hat{p})/n}$ とすることが合理化でき，ほぼ信頼度 95% 程度の支持率評価が得られる．なおこの推定誤差の評価はあくまで一種の理想的状況下での確率計算であり，近年の標本調査論では回答拒否と質問内容の関係，電話による調査の仕組み，電話により得られる有権者層と真の有権者の相違などの非標本誤差という計量しにくい要素も考慮する必要がある．

社会や経済において重要かつ基本的な統計データとしては政府統計・経済統計が挙げられる．例えば総務省統計局が毎月実施している家計調査など，各部局が調査を実施している政府統計の多くでは全体の母集団数 N に比べて標本調査数 n はかなり小さいことが一般的である．家計調査では調査世帯数は約 9000 であるが，本来知りたい母集団 4000 万世帯 の情報として意味があるのだろうか？　ここで適切に設計された無作為抽出法に基づく標本調査を実施することで迅速性や調査コストの節約とともに数値の客観性と精度を保証してくれる[*2]．

有限母集団と無限母集団

数理統計学では標準的には無限母集団を想定することが多いが，まずは世論調

[*2] 無作為抽出の方法については例えば国友直人『現代統計学 (上・下)』(日本経済新聞社, 1992, 1994) に説明がある．

査や政府統計における標本調査などで広く活用されている有限母集団の議論に言及しておこう．標本調査の母集団 $x_j\ (=1,0\ ;j=1,\ldots,N)$ における母平均 $\mu=(1/N)\sum_{i=1}^{N}x_i$ とする．この母集団からランダム (互いに独立) に抽出した大きさ $n\ (<N)$ の標本 $X_i(\omega)$ から標本平均 $\bar{X}_n\ (=(1/n)\sum_{i=1}^{n}X_i)$ の期待値を考える．N 個の母集団から n 個の標本を選ぶ組み合わせは $\binom{N}{n}\ (={}_NC_n)$ 通りであり，それぞれの組が選ばれる確率は $1/\binom{N}{n}\ (=1/{}_NC_n)$ なので「標本平均の期待値 (平均値) は母平均」となる結果

$$\mathbf{E}[\bar{X}_n]=\mu \tag{6.2}$$

が得られる．また標本 X_1 と標本 X_2 の共分散 $\mathbf{E}[(X_1-\mu)(X_2-\mu)]=\mathbf{E}[X_1X_2]-\mu^2$ は組み合わせ確率 (N 個から 1 個を選ぶ確率 $1/N$, 残りの N 個から 1 個を選ぶ確率 $1/(N-1)$) より

$$\frac{1}{N}\frac{1}{N-1}\sum_{i\neq j}x_ix_j - \mu^2 = \frac{1}{N}\frac{1}{N-1}\left[\sum_{i,j=1}^{N}x_ix_j - \sum_{i=1}^{N}x_i^2\right]-\mu^2$$
$$= -\frac{1}{N-1}\left[\frac{1}{N}\sum_{i=1}^{N}(x_i-\mu)^2\right]$$

と変形できる．ここで母分散を $\sigma^2=(1/N)\sum_{i=1}^{N}(x_i-\mu)^2$ とおくと，標本平均の分散 $\mathbf{V}(\bar{X}_n)=\mathbf{E}[(\bar{X}_n-\mu)^2]$ は

$$\mathbf{V}(\bar{X}_n) = \left(\frac{1}{n}\right)^2\mathbf{E}\left[\sum_{i=1}^{n}(X_i-\mu)^2 + \sum_{i\neq j}(X_i-\mu)(X_j-\mu)\right]$$

となる．右辺の各項の期待値を評価すると，第 1 項は $(1/n)^2\times(n\sigma^2)$ であり，第 2 項は $(1/n)^2\times n(n-1)(-1)(1/(N-1))\sigma^2$ であるので，整理すると

$$\mathbf{V}(\bar{X}_n)=\frac{\sigma^2}{n}\left[1-\frac{n-1}{N-1}\right] \tag{6.3}$$

となる．ここで第 2 項は $N\to\infty$ のとき 0 に収束するので有限母集団による効果，母集団補正項と呼ばれている．

社会や経済における標本調査では対象とする母集団の大きさが有限である．こうした有限標本という側面を明示的に考慮する統計的分析は標本抽出論，経済統計学などの研究分野である．これに対して母集団の大きさが大きければ無限母集

団とみなして分析を行う統計的方法も有力であり，数理統計学ではこの設定をむしろより一般的に利用している．

　母集団の大きさを無限とすると有限母集団からの標本の分析から生じる組み合わせ論的な煩雑さがなくなり，数理統計の分析が明解となることが多い．また分析対象である母集団の大きさが確定できない場合もあるので $N = \infty$ として分析する意味は小さくない．ここで無限母集団から標本を1つ選ぶと残された母集団の大きさはやはり無限であるから次に独立に標本を選ぶことが自然となる．こうしたいくつかの理由から数理統計学の多くの議論では母集団の大きさは無限とみなし，母集団を確率分布で表現することが一般的に行われている．次に述べる母集団としてある正規分布を想定し，そこからランダムな標本を抽出する例が典型であるが，実データに基づく統計分析では有限母集団と無限母集団の差 (現実社会と統計理論で想定する理想化された状況の差異) を意識することも大切である．

　また統計分析ではパラメトリック・アプローチ，ノンパラメトリック・アプローチ，ベイズ・アプローチなどの分析方法を理解しておくことも重要である．無限母集団を確率分布で表現すると問題が明瞭になるが，さらに確率分布を少数の母数 (パラメータ) により表現し，その母数を標本より推測する，という定式化はパラメトリック・アプローチと呼ばれる．例えば1次元正規分布は期待値と分散で特徴付けられるのでこの母数を未知として統計的推測を行うことが考えられる．他方，こうしたパラメトリック・アプローチと現実に観察されるデータとの差を意識すると特定の確率分布を想定しない統計的方法も発展してきている．こうした方法はノンパラメトリック・アプローチと呼ばれる．またパラメトリック・アプローチでは母数は未知ではあるが真値が存在する，と考える．これに対して母数についての確率分布を事前分布として定式化し，事前分布，標本より母数の事後分布を分析するアプローチも有力である．これはベイズ統計学と呼ばれる方法である．ベイズ・アプローチについては第9章で議論する．

6.2　標本空間・統計量

　統計的推論を行う際に実験や観察から得られる情報集合の全体を**標本空間** (sample space) と呼ぶ．標本空間の上に σ-加法族および確率測度 P を導入する．さらに母数 θ を導入し母数が動きうる空間を母数空間 $\theta \in \Theta$ として，母数に依存する

標本空間 Ω 上の確率測度を $P(\cdot|\theta)$ とする．ここで母数 $\theta \neq \theta'$ なら 2 つの確率分布 $F(\cdot|\theta)$ と $F(\cdot|\theta')$ が異なることを仮定するが，この条件を識別条件 (identification condition) と呼んでいる．

標本空間 Ω が与えられるとき実験や観察により得られるデータの組 $\mathbf{x} = (x_1, \ldots, x_n)'$ を確率変数の組 $\mathbf{X} = (X_1, X_2, \ldots, X_n)'$ の実現値とみなす．ここで $\mathbf{x}$ は縦ベクトル，$\mathbf{x}'$ は縦ベクトルを横ベクトルに変換，転置する操作を意味する．また説明の便宜上で多くの場合には x_j $(j = 1, \ldots, n)$ をスカラーとして扱うがベクトルや行列でもよい．標本 (sample) と呼ばれる確率変数列 $(X_1, X_2, \ldots, X_n)$ の関数として定まる確率変数を統計量 (statistic) といい，標本数 (sample size) n に対し例えば $T(X_1, \ldots, X_n)$ と記す．

例 6.1 観察で得られる n 次元データ $\mathbf{x} = (x_1, \ldots, x_n)'$ が確率変数 $\mathbf{X} = (X_1, \ldots, X_n)'$ の実現値で，各確率変数は互いに独立に $N(\mu, \sigma^2)$ に従うとする．このとき母数 $\boldsymbol{\theta} = (\mu, \sigma^2)'$，母数空間 $\boldsymbol{\Theta} = \{-\infty < \mu < \infty, 0 < \sigma < \infty\}$ である．また，統計量として $T_1 = (1/n)\sum_{i=1}^{n} X_i$ $(= \bar{X}_n)$, $T_2 = (1/(n-1))\sum_{i=1}^{n}(X_i - \bar{X}_n)^2$ (しばしば s_n^2 と表記) などが挙げられる．ここで T_1, T_2 はそれぞれ標本平均，標本 (不偏) 分散である．

例 6.2 **t 検定の例** 数理統計学はゴセット (W. Gosset) がスチューデント (Student) の t 分布を正確に導いた頃から発展したと説明されることがある．これはビール会社ギネスの技師であったゴセットがスチューデントというペンネームで書いた論文で t 分布が導入されたことに由来する逸話である．統計的品質管理の問題では，ある母集団から独立に抽出された標本 X_i $(i = 1, \ldots, n)$ より期待値で表現される品質が変化しているか否かを評価する必要が生じる．母集団の確率分布を $N(\mu_0, \sigma^2)$ とすると標本平均 $\bar{X}_n$ は $N(\mu_0, \sigma^2/n)$ に従うので σ^2 の推定量 $s_n^2 = (1/(n-1))\sum_{i=1}^{n}(X_i - \bar{X}_n)^2$ を用いて標準的な品質 μ_0 からの乖離 (ばらつき) を制御することが考えられる[*3)]．ゴセットは経験的に得られた数値と正規分布表の数値が整合的でないことに気が付き，母数 μ_0 を既知とした統計量

[*3)] 品質管理 (quality control) では，正常な状態での期待値 μ_0 に対し標準正規分布表より 2σ (シグマ) や 3σ を管理限界におき，ランダムな抜き取り検査により事前に設定した管理限界を超えれば品質に異常が起きたと判断する．

6.2 標本空間・統計量

$$T = \frac{\sqrt{n}(\bar{X}_n - \mu_0)}{\sqrt{\sum_{i=1}^n (X_i - \bar{X}_n)^2/(n-1)}} \tag{6.4}$$

は正規分布ではない未知の分布に従うことを示し,分布を正確に導いた (自由度 $n-1 (= m)$ の t 分布) のである.ここで自由度 m の t 分布を密度関数

$$f_m(t) = c_m \left[1 + \frac{t^2}{m}\right]^{-(m+1)/2} \tag{6.5}$$

により定義しよう (c_m は $\int_{-\infty}^{\infty} f_n(t)dt = 1$ となる m に依存する定数である).次に示すように t 分布は互いに独立な確率変数 $N(0,1)$ と $\chi^2(m)$ 分布により

$$T = \frac{N(0,1)}{\sqrt{\chi^2(m)/m}} \tag{6.6}$$

と表現されるが,ここで $\chi^2(m)$ は自由度 m の χ^2 分布を意味する.χ^2 分布は $Gamma(m/2, 2)$ 分布であり,期待値は m,分散は $2m$ となる.ここでとくに $m \to \infty$ のときには c を定数として

$$f_m(t) \sim c\, e^{-t^2/2} \tag{6.7}$$

となるので正規分布に収束する.有限の自由度 m に対しては正規分布より少し裾が厚い確率分布であるので,リスク管理において正規分布を用いていたとすると評価が甘い基準となることが重要な意味を持っていたのである.

なおゴセットが実際に扱ったのは 2 組の 10 個からなるデータ・セットの平均値の比較,すなわち 2 標本問題である.ここでは独立な確率変数の組 $X_i \sim N(\mu_0^{(1)}, \sigma^2)$, $Y_i \sim N(\mu_0^{(2)}, \sigma^2)$ ($i = 1, \ldots, n$) とすると興味がある仮説は $H_0: \mu = \mu_0^{(1)} - \mu_0^{(2)} = 0$ が妥当か否か,である.2 つの確率変数の差 $Z_i = X_i - Y_i$ ($i = 1, \ldots, n$) とするとゴセットの分析で用いたデータは非常に少ない標本 (データ数 $n = 10$) であり,Z_i に対し適用した統計量 T が従う分布が正規分布ではなく t 分布を利用すると正確に評価できることには大きな意味があった.小標本データを扱う場合には標本分布の正確な数理的議論,小標本理論 (small sample theory) の必要性が認識されたのである.

他方,自然界をはじめ社会や経済において遭遇するデータの中にはデータ数が非常に大きい場合が少なくない.T 統計量の場合には $\sqrt{n}(\bar{X}_n - \mu_0) \xrightarrow{d} N(0, \sigma^2)$, $\sum_{i=1}^n (X_i - \bar{X}_n)^2/(n-1) \xrightarrow{p} \sigma^2$ より $n \to \infty$ のとき $T \xrightarrow{d} N(0,1)$ となる.

すなわち大数の法則や中心極限定理など大標本理論 (large sample theory), 漸近理論 (asymptotic theory) の適用が有効な場合も多い.

例 6.3 観察で得られる n 個の p 次元データ $(\mathbf{x}_1, \ldots, \mathbf{x}_n)$ が p 次元確率変数 $(\mathbf{X}_1, \ldots, \mathbf{X}_n)$ の実現値. 各確率変数は互いに独立に $N_p(\boldsymbol{\mu}_0, \boldsymbol{\Sigma})$ に従うとする. このとき統計量として例えば

$$\bar{\mathbf{X}}_n = \frac{1}{n} \sum_{i=1}^{n} \mathbf{X}_i, \tag{6.8}$$

$$\mathbf{S}_n = \frac{1}{n-1} \sum_{i=1}^{n} (\mathbf{X}_i - \bar{\mathbf{X}}_n)(\mathbf{X}_i - \bar{\mathbf{X}}_n)' \tag{6.9}$$

が 1 次元データから類推できる. 標本平均 $\bar{\mathbf{X}}_n$ は p 次元確率変数, 標本共分散行列 $\mathbf{S}_n = (s_{ij})$ は $p \times p$ 行列の対称行列でありその第 (j,k) 要素は $s_{jk} = \frac{1}{n-1} \sum_{i=1}^{n} (X_{ji} - \bar{X}_j)(X_{ki} - \bar{X}_k)$ である. 母平均ベクトル $\boldsymbol{\mu}_0$ が既知のときに t 統計量の拡張としてホテリング (Hotelling) の T^2 統計量

$$T^2 = n(\bar{\mathbf{X}}_n - \boldsymbol{\mu}_0)' \mathbf{S}_n^{-1} (\bar{\mathbf{X}}_n - \boldsymbol{\mu}_0) \tag{6.10}$$

が有用である. 例えば $p \times 1$ の母数ベクトル $\boldsymbol{\mu}_0 = (\mu_{0i})$ により複数の母平均を分析する際には基本的な役割を演じる.

6.3　t 統計量と F 統計量

正規分布 $N(\mu_0, \sigma^2)$ (μ_0 は既知とする) より独立に標本 X_j $(j = 1, \ldots, n)$ が得られるとき統計量の標本分布を考察しよう. 互いに独立な確率変数列 X_j について標本平均 $\bar{X}_n$ は正規分布 $N(\mu_0, \sigma^2/n)$ に従う. 次に標本 X_j $(j = 1, \ldots, n)$ を変換し, $Z_j = (X_j - \mu_0)/\sigma$, $\bar{Z}_n = (1/n) \sum_{i=1}^{n} Z_j$ とおくと $Z_j \sim N(0,1)$ となる. このとき T (t 統計量) は

$$T' = \frac{\sqrt{n} \bar{Z}_n}{\sqrt{\sum_{i=1}^{n} (Z_i - \bar{Z}_n)^2 / (n-1)}} \tag{6.11}$$

の分布と同一である. ここで標本分布の典型としてこの標本分布の導出をやや詳しくみよう.

(i) 分子の $\sqrt{n}\bar{Z}_n \sim N(0,1)$ である.

(ii) 分母と分子は統計的に独立となる. これは
$$\mathbf{Cov}(\bar{Z}_n, Z_j - \bar{Z}_n) = 0 \quad (j = 1,\ldots,n)$$
であり, $Z_j - \bar{Z}_n$ が正規分布に従うことより確認できる.

(iii) $n \times 1$ (縦) ベクトル $\mathbf{Z} = (Z_1,\ldots,Z_n)'$, $\mathbf{1}_n = (1,\ldots,1)'$ とおくと
$$\bar{Z}_n = \frac{\mathbf{1}_n'}{\mathbf{1}_n'\mathbf{1}_n}\mathbf{Z} \tag{6.12}$$
と表現できる. ここで (6.11) の分母の各要素は
$$\mathbf{Z} - (\mathbf{1}_n'\mathbf{1}_n)^{-1}\mathbf{1}_n\mathbf{1}_n'\mathbf{Z} = \left[\mathbf{I}_n - \mathbf{1}_n(\mathbf{1}_n'\mathbf{1}_n)^{-1}\mathbf{1}_n'\right]\mathbf{Z} \tag{6.13}$$
により表現できる. $\mathbf{1}_n'\mathbf{1}_n = \sum_{j=1}^n 1^2 = n$ であるが, 一般に 2 乗和 $\sum_{i=1}^n (x_i - c)^2$ を c について最小化すると $c^* = \bar{x}_n$ となり, 残差 $x_i - c^*$ が c^* に直交する. この操作は n 次元ベクトル $\mathbf{x}$ の $c\mathbf{1}$ への射影 (projection) と解釈され, $\mathbf{P}_n$ は線形代数では射影子 (projection operator) と呼ばれる (補論 6.B を参照). ここで $n \times n$ 行列
$$\mathbf{P}_n = \mathbf{I}_n - \mathbf{1}_n(\mathbf{1}_n'\mathbf{1}_n)_n^{-1}\mathbf{1}_n' \tag{6.14}$$
とおくと, 対称行列 $\mathbf{P}_n$ は $\mathbf{P}_n^2 = \mathbf{P}_n$, すなわちベキ等行列である. この行列の固有値は 1,0 であり, 固有値 1 となる数は $\text{tr}(\mathbf{P}_n) = n-1$, 行列 $\mathbf{J}_n = \mathbf{1}_n(\mathbf{1}_n'\mathbf{1}_n)^{-1}\mathbf{1}_n'$ もベキ等行列で階数は 1, $\mathbf{P}_n + \mathbf{J}_n = \mathbf{I}_n$, $\mathbf{P}_n\mathbf{J}_n = \mathbf{O}$ である. $r \times r$ 対称行列 $\mathbf{A} = (a_{ij})$ に対してトレースは $\text{tr}(\mathbf{A}) = \sum_{i=1}^r a_{ii}$ で定義される. ここで必要となる固有値と固有ベクトルについては補論 6.C を参照. 行列 $\mathbf{J}_n = \mathbf{1}_n(\mathbf{1}_n'\mathbf{1}_n)^{-1}\mathbf{1}_n'$ もベキ等行列で階数は 1, $\mathbf{P}_n + \mathbf{J}_n = \mathbf{I}_n$, $\mathbf{P}_n\mathbf{J}_n = \mathbf{O}$ である. したがって, $n \times n$ の直交行列 $\mathbf{Q}$ がとれて $\mathbf{Z}^* = (Z_i^*) = \mathbf{Q}\mathbf{Z} \sim N_n(\mathbf{0}, \mathbf{I}_n)$,
$$\sum_{i=1}^n (Z_i - \bar{Z}_n)^2 = \sum_{i=1}^{n-1} Z_i^{*2}, \ Z_i^* \sim N(0,1) \quad (i = 1,\ldots,n-1) \tag{6.15}$$
となる.

(iv) $Y_i = Z_i^{*2}$ とする (ここで確率変数 Z と確率変数 Y の対応は 1 対 1 でないことに注意する. 正規分布に従う Z は正値と非負値をとりうるが Y は非負値のみとりうるので注意が必要である). 変換 $v = u^2$ とすると $dv = 2udu = 2v^{1/2}du$

となることを考慮すると $P(Y \leq y) = P(Z^2 \leq y)$ は

$$\int_{-\sqrt{y}}^{\sqrt{y}} \frac{e^{-u^2/2}}{\sqrt{2\pi}} du = 2 \int_0^{\sqrt{y}} \frac{e^{-u^2/2}}{\sqrt{2\pi}} du$$

$$= \frac{2}{\sqrt{2\pi}} \int_0^y e^{-v/2} \frac{1}{2\sqrt{v}} dv$$

$$= \frac{1}{\sqrt{2\pi}} \int_0^y v^{1/2-1} e^{-v/2} dv$$

となる.すなわち互いに独立な確率変数 Y_i の確率分布は $Y_i \sim Gamma(1/2, 2)$ となる.ここでガンマ分布の特性関数の表現 $\psi(t) = [1 - it\beta]^{-\alpha}$ より再生性を持つので $\sum_{i=1}^{n-1} Y_i \sim Gamma((n-1)/2, 2)$ となる.

(v) 最後に変数変換 (補論 6.A を参照) を利用する.変換 $U \sim N(0,1)$, $V = \sum_{i=1}^m Y_i \sim \chi^2(m)$ $(m = n - 1)$ とすると変換 $(U, V) \to (T, V)$ (ここで $T = U/\sqrt{V/m}$) のヤコビアンは

$$|J|_+ = \left| \begin{bmatrix} \left[\dfrac{v}{m}\right]^{1/2} & \dfrac{t}{[2\sqrt{mv}]} \\ 0 & 1 \end{bmatrix} \right|_+ = v^{1/2} m^{-1/2} \qquad (6.16)$$

である.(u, v) の同時密度関数は $g(u, v) = a_m e^{-u^2/2} v^{m/2-1} e^{-v/2}$, a_m は定数であるから,ヤコビアンを乗じた (t, v) の同時密度関数は

$$f(t, v) = g\left(t\sqrt{\frac{v}{m}}, v\right) \sqrt{\frac{v}{m}} \qquad (6.17)$$

で与えられる.したがって同時密度関数から T の周辺密度関数を求めるには (6.17) を変数 v で積分すればよいので

$$f(t) = \int_0^\infty f(t, v) dv = c_m \left[1 + \frac{t^2}{m}\right]^{-(m+1)/2} \qquad (6.18)$$

となる.定数を評価すると $c_m = \Gamma((m+1)/2)/[\sqrt{\pi m}\Gamma(m/2)]$ となる.

定理 6.1 $U \sim N(0,1), V \sim \chi^2(m)$ が互いに独立のとき $T = U/\sqrt{V/m}$ の密度関数は $f(t)$ で与えられる (自由度 m の t 分布).$0 < r < m$ に対し $\mathbf{E}[T^r]$ は存在し,とくに $r = 1, 2$ のとき $\mathbf{E}[T] = 0$, $\mathbf{E}[T^2] = m/(m-2)$ となる.

この定理より統計量 T の分布は自由度 $n - 1 (= m)$ の t 分布に従うことが導け

た．次にホテリング T^2 統計量については導出なしに結果のみを述べておく[*4]．とくに $p=1$ のとき $T^2 \sim F(1, n-1)$ と書けるが $F(n_1, n_2)$ は自由度 n_1, n_2 の F 分布を意味し，その密度関数は定理 6.3 で与えられる．ここでは次の F 分布との関係を述べておく．

定理 6.2 $\mathbf{X}_i \sim N_p(\boldsymbol{\mu}_0, \boldsymbol{\Sigma})$ のとき $\mathbf{Y} = \sqrt{n}(\bar{X}_n - \boldsymbol{\mu}_0)$, $T^2 = \mathbf{Y}' \mathbf{S}_n^{-1} \mathbf{Y}$ とする．$[T^2/(n-1)][(n-p)/p] \sim F(p, n-p)$ となる．

F 分布と実験計画・分散分析入門

数理統計学の 1 つの源流はロザムステッド農事試験場である．フィッシャー (R.A. Fisher) は農事試験場で得られる限られた実験データを科学的に解釈するために様々な工夫を行ったが，現在では実験データの解析法は医学・薬学ではもちろん経済学における政策評価 (policy evaluation) 問題においてすら重要である．ここでは典型的な事例として薬物の効果についての実験データの解析をイメージして考察すると現実性が感じられるだろう．薬物の効果を測定するために実験の対象を 2 つに分け，薬物を投与して数値を計測した群を**処理群** (treatment group)，そうでない (薬物を投与しないで数値を計測した) 群を**対照群** (controlled group) と呼び，2 つの群で得られるデータを比較して有意性を調べる 2 標本問題の統計分析が基本である．こうした 2 群データの比較，より一般化された 2 群以上のデータ分析のために**分散分析** (analysis of variance) と呼ばれる統計手法が有用なのである．

ここで 1 元配置の統計的モデル

$$X_{ij} = \mu + \mu_i + \epsilon_{ij} \quad (i = 1, \ldots, m; j = 1, \ldots, n_i) \tag{6.19}$$

と表現してみよう．標本数 $n = \sum_{i=1}^{m} n_i$, $X_{ij} \sim N(\mu + \mu_i, \sigma^2)$ とすると仮説 $H_0 : \mu_i = 0$ の条件下で i 群変動和

$$S_A = \sum_{i=1}^{m} n_i (\bar{X}_{i\cdot} - \bar{\bar{X}})^2, \tag{6.20}$$

誤差変動和

[*4] 例えば T.W. Anderson "*The Statistical Analysis of Time Series*" (Wiley, 2003) の系 5.2.1 などを参照．

$$S_E = \sum_{i=1}^{m}\sum_{j=1}^{n_i}(X_{ij} - \bar{X}_{i\cdot})^2, \qquad (6.21)$$

とする．データの全変動和は

$$S = \sum_{i=1}^{m}\sum_{j=1}^{n_i}(X_{ij} - \bar{\bar{X}})^2$$

であるが，

$$S = S_A + S_E \qquad (6.22)$$

が成立する．ただし全平均 $\bar{\bar{X}} = (1/n)\sum_{i=1}^{m}\sum_{j=1}^{n_j} X_{ij}$，群平均 $\bar{X}_{i\cdot} = (1/n_i)\sum_{j=1}^{n_i} X_{ij}$ である．このとき F 比は

$$F = \frac{[S_A/(m-1)]}{[S_E/(n-m)]} \qquad (6.23)$$

により定義できる．ここで

$$\mathbf{Cov}[X_{ij} - \bar{X}_{i\cdot}, \bar{X}_{i\cdot} - \bar{\bar{X}}] = 0$$

となるので F 比の分母と分子は独立となる (ここでの説明は n 次元空間における 2 つのベクトルの直交性から導けるが詳しくは補論 6.B を参照)．$n \times 1$ ベクトル

$$\mathbf{x} = \begin{bmatrix} x_{11} \\ x_{12} \\ \vdots \\ x_{1n_1} \\ x_{21} \\ \vdots \\ x_{mn_m} \end{bmatrix} \qquad (6.24)$$

および $n \times m$ 行列

$$\mathbf{K} = \begin{bmatrix} \mathbf{1}_{n_1} & & \mathbf{0} \\ \mathbf{0} & \vdots & \mathbf{0} \\ \mathbf{0} & \cdots & \mathbf{1}_{n_m} \end{bmatrix}$$

さらに $\mathbf{J_n} = \mathbf{1}_n(\mathbf{1}_n'\mathbf{1}_n)^{-1}\mathbf{1}_n'$ $(=(任意の\,(i,j)\,要素が\,n^{-1}))$ と定めると，全変動 $\mathbf{x}'[\mathbf{I}_n - \mathbf{J_n}]\mathbf{x}$ は

$$\mathbf{x}'[\mathbf{K}(\mathbf{K}'\mathbf{K})^{-1}\mathbf{K}' - \mathbf{J_n}]\mathbf{x} + \mathbf{x}'[\mathbf{I}_n - \mathbf{K}(\mathbf{K}'\mathbf{K})^{-1}\mathbf{K}']\mathbf{x} \tag{6.25}$$

と分解される．とくに $\mathbf{P}_n = \mathbf{I}_n - \mathbf{J_n}$, $\mathbf{P}_{n1} = \mathbf{K}(\mathbf{K}'\mathbf{K})^{-1}\mathbf{K}' - \mathbf{J_n}$, $\mathbf{P}_{n2} = \mathbf{I}_n - \mathbf{K}(\mathbf{K}'\mathbf{K})^{-1}\mathbf{K}'$ とすると，前の議論と同様に $\mathbf{P}_n^2 = \mathbf{P}_n$, $\mathbf{P}_{n1}^2 = \mathbf{P}_{n1}$, $\mathbf{P}_{n2}^2 = \mathbf{P}_{n2}$, $\mathbf{P}_{n1}\mathbf{P}_{n2} = \mathbf{O}$, $\mathrm{tr}(\mathbf{P}_n) = n-1$, $\mathrm{tr}(\mathbf{P}_{n1}) = m-1$, $\mathrm{tr}(\mathbf{P}_{n2}) = n-m$ となる．したがって条件 (第8章で説明する帰無仮説) $\mu_i = 0$ $(i = 1, \ldots, m)$ の下では $S_A/\sigma^2 \sim \chi^2(m-1)$, $S_E/\sigma^2 \sim \chi^2(n-m)$ で互いに独立となる．

一般の F 比について有用な結果を次にまとめておく．その導出では t 比の分布の導出と同様に (U, V) の同時分布 ($\chi^2(l), \chi^2(m)$ 密度の積) を用いるが，標準的には補論 6.A で説明しているように変数変換 (F, V) を利用して求める．

定理 6.3 $U \sim \chi^2(l), V \sim \chi^2(m)$ が互いに独立であるとき，非負の確率変数 $F = [U/l]/[V/m]$ が従う密度関数は

$$f(x) = c(l,m) x^{(l/2)-1} \left[1 + x\frac{l}{m}\right]^{-((l+m)/2)} \tag{6.26}$$

で与えられる (自由度 (l, m) の F 分布)．ここで定数は $B(\cdot, \cdot)$ をベータ関数として

$$c(l,m) = \left[\frac{l}{m}\right]^{l/2} \left[\frac{1}{B(l/2, m/2)}\right]$$

である．

ここでとくに分母の自由度 m が大きいときには $V/m \xrightarrow{p} 1$ となることに注意する．しばしば応用では $m \to \infty$ のとき $lF \sim \chi^2(l)$ と近似できることが利用される．

1元配置の統計モデルは2元配置の統計モデル

$$X_{ij} = \mu + \alpha_i + \beta_j + \epsilon_{ij} \quad (i = 1, \ldots, m; j = 1, \ldots, l) \tag{6.27}$$

などに拡張されるが，因子数 (ここでは α と β なので 2) が増加すると表現が複雑になるほか，2因子 (α_i, β_j) がそれぞれ直接にもたらす効果 (主効果) のほかに相互に関連して生じる効果 (交互作用) などをモデル化する必要が生じる．こうした議論を系統的に議論する研究分野は**実験計画法** (design of experiments) と呼ばれている．

6.4 経験分布・順序統計量・極値分布

確率分布 $F(x)$ に従う確率変数列 $X_1, X_2, \ldots, X_n$ が互いに独立なとき実現値 (縦) ベクトル $\mathbf{x} = (x_1, x_2, \ldots, x_n)'$ が得られる状況を想定しよう．任意の実数 x に対して統計量

$$F_n(x) = \frac{1}{n}\sum_{i=1}^n I(X_i \leq x) \tag{6.28}$$

を**経験分布関数** (empirical distribution function) と呼ぶが，指標関数は $I(\omega) = 1$ (ω が成立), $I(\omega) = 0$ (ω が成立しない) により定義する．事前に統計分析にとり適切な確率分布 $F(x)$ がわからないとき経験分布関数を用いて推測することが考えられる．1,0 をとるベルヌイ試行からなる標本平均，確率 $p = F(x)$ とみると大数の法則と中心極限定理を用いれば n が大きいとき (任意の x に対して)

$$\sqrt{n}[F_n(x) - F(x)] \xrightarrow{d} N[0, F(x)(1-F(x))] \tag{6.29}$$

となる．

確率変数列 $X_1, X_2, \ldots, X_n$ が互いに独立な確率変数とするとき，大きさの順番に並べ替えた確率変数列 $X_{(1)} \leq X_{(2)} \leq \cdots \leq X_{(n)}$ を**順序統計量** (ordered statistics) という．ここで確率分布 $F(x)$ に従う互いに独立な確率変数列の実現値 (縦) ベクトル $\mathbf{x} = (x_1, x_2, \ldots, x_n)'$ の順番を並び替えて $\mathbf{x}^*_{(n)} = (x_{(1)}, x_{(2)}, \ldots, x_{(n)})'$ が得られれば経験分布に変換できる．

統計分析ではしばしば想定する連続型の確率分布 $F(x)$ (例えば正規分布) が妥当か否かを検討する必要が生じるが，ここで $F(x)$ がこのデータに妥当な分布であれば Q-Q プロットの利用が第一歩である．ここで Q-Q プロットとは 2 次元グラフ

$$\left(F^{-1}\left(\frac{i-0.5}{n}\right), x_{(i)}\right) \quad (i = 1, \ldots, n)$$

で定義する．なおここで F が連続型であることを仮定したので F^{-1} は逆関数，分位点を意味するが n 個のデータの i 番目を $(i-0.5)/n$ と補正している．とくに正規分布の逆関数 $F^{-1}(x) = \Phi^{-1}(x)$ をとる場合を正規 Q-Q プロットと呼ぶが，正規分布が妥当であればグラフ上ではデータには直線的な関係があるはずな

ので正規分布の統計的検証法として利用できる．

ここで真の確率分布 $F_0(x)$ としてその妥当性を与えられたデータから調べることを考えよう．例えば真の確率分布が正規分布であるとすると，分布関数 $F_0(x)$ は x に依存しているので x に依存しないようなノンパラメトリック統計量が必要である．仮説検定については第 8 章で説明するが，確率分布の仮説検定問題ではしばしばコルモゴロフ–スミルノフ (Kolmogorov–Smirnov) 統計量が利用される．この統計量は経験分布 F_n と F_0 の差を基準化して

$$KS_n = \sup_x \sqrt{n} |F_n(x) - F_0(x)| \tag{6.30}$$

により与えられる．例えば F_0 として正規分布をとれば正規性の検定で F_0 が正しいという仮説 (帰無仮説) の下でその標本分布が必要となる．標本数 n が大きいとき KS_n の確率分布は

$$P(KS_n \leq y) = 1 + 2\sum_{k=1}^{\infty} (-1)^k e^{-2k^2 y^2} \quad (y > 0) \tag{6.31}$$

となる[*5)]．

次に順序統計量 $X_{(1)} = \min X_i, \ldots, X_{(k)}, \ldots, X_{(n)} = \max X_i$ の分布を考えよう．最大値の分布は

$$P\left(X_{(n)} \leq x\right) = \prod_{i=1}^{n} P\left(X_i \leq x\right) = F(x)^n \tag{6.32}$$

で与えられる．$X_{(k)}$ の分布は事象 $\{X_{(k)} \leq x\}$ の確率が互いに独立な n 個の確率変数 X_i の中で少なくとも k 個が x を超えない確率であるので

$$P\left(X_{(k)} \leq x\right) = \sum_{i=k}^{n} {}_nC_i [F(x)]^i [1 - F(x)]^{n-i} \tag{6.33}$$

となる．分布関数を微分すれば X_i $(i = 1, \ldots, n)$ の密度関数 $f(x)$ により $X_{(k)}$ の密度関数は

[*5)] 統計量の KS_n の極限は不変原理 (定理 5.4) で説明した $[0,1]$ 上の標準ブラウン運動 $X(t)$ の関数である．ブラウン橋 $W^o(t) = X(t) - tX(1)$ により $KS = \sup_{0 \leq t \leq 1} |W^o(t)|$ と表現できることを利用して導く (例えば Billingsley "*Convergence in Probability Measures*" (Wiley, 1968) 103 頁を参照)．関連する問題や経験分布に基づくアンダーソン–ダーリン (Anderson–Darling) 統計量などについての事項は本シリーズ『確率過程とその応用』で議論する予定である．

$f_k(x)$
$$= \sum_{h=k}^{n} {}_nC_h f(x)\{h[F(x)]^{h-1}[1-F(x)]^{n-h} - (n-h)[F(x)]^h[1-F(x)]^{n-h-1}\}$$
$$= \sum_{h'=k-1}^{n-1} nf(x)_{n-1}C_{h'}[F(x)]^{h'}[1-F(x)]^{n'-k-1}$$
$$\quad - \sum_{h=k}^{n} nf(x)_{n-1}C_h[F(x)]^h[1-F(x)]^{n-h-1}$$
$$= nf(x)_{n-1}C_{k-1}[F(x)]^{k-1}[1-F(x)]^{n-k}$$
$$= \frac{1}{B(k, n-k+1)} f(x)[F(x)]^{k-1}[1-F(x)]^{n-k}$$

となり密度関数が得られる.

例えば元の確率分布が一様分布であれば $F(x) = x, f(x) = 1\ (0 \le x \le 1)$ よりベータ関数の性質を用いると簡単な表現が得られ,順序統計量の期待値と2次積率は

$$\mathbf{E}(X_{(k)}) = \frac{k}{n+1}, \quad \mathbf{E}(X_{(k)}^2) = \frac{k(k+1)}{(n+1)(n+2)} \quad (6.34)$$

となる.また同様の考察により $X_{(k)}, X_{(h)}\ (k<h)$ の同時分布なども $X_{(h)}$ を条件とする条件付分布を利用することにより導くことができる.

ここで近年における統計分析の応用として損害保険や自然災害など,滅多には遭遇しない極端な現象のリスク解析で重要となりつつある極値分布について言及しておこう. 極端な事象は標本の大きさを示す順序統計量の中で最大値 $X_{(n)}$ が従う確率分布と関連するので $M_n = X_{(n)}$ に対して実数列 a_n, b_n をとり $M_n^* = (M_n - b_n)/a_n$ と基準化して挙動を考察しよう. 代表的な例としては元の確率変数が指数分布に従う場合 $a_n = 1, b_n = \log n$ とすると $P(M_n^* \le z) = P(M_n \le a_n z + b_n)$ は $n \to \infty$ のとき

$$F^n(z + \log n) = [1 - \exp[-z - \log n]]^n$$
$$= \left[1 - n^{-1}\exp(-z)\right]^n$$
$$\to \exp[-e^{-z}]$$

となる.右辺の確率分布はグンベル (Gumbel) 分布 (ガンベル分布,あるいは

Type-I の極値分布) と呼ばれている．次に元の確率変数がコーシー分布に従う場合には

$$F^n(nz) = \left[1 - \frac{1}{nz} \times nz(1 - F(nz))\right]^n$$

$$\sim \left[1 - \frac{1}{n\pi z}\right]^n$$

$$\to \exp\left[-\frac{1}{\pi z}\right]$$

となるが，右辺の確率分布は Type-II の極値分布と呼ばれている．最後に元の確率分布が一様分布に従う場合は $a_n = 1/n, b_n = 1$ とおけば

$$F^n(n^{-1}z + 1) = \left[1 + \frac{z}{n}\right]^n$$

$$\to \exp[z]$$

となり，右辺の確率分布は Type-III の極値分布と呼ばれる．

ここで述べた 3 種類の確率分布は極値分布と呼ばれているが，こうした例を一般化することが**統計的極値論** (statistical extreme value theory) の入り口である．標本数 n が大きいとき順序統計量の分布について次のような結果が成立する．

定理 6.4 互いに独立で同一分布に従う確率変数列 $X_1, X_2, \ldots, X_n$ に対して $M_n = \max(X_1, \ldots, X_n)$ とする．このとき適当な実数列 a_n, b_n $(a_n > 0)$ が存在して

$$P\left(\frac{M_n - b_n}{a_n} \leq z\right) = F^n(a_n z + b_n) \tag{6.35}$$

が分布関数 $G(z)$ に収束するとする．このとき $G(z)$ は基準化のための定数を除き次の 3 種類に限られる．

(I) グンベル (Gumbel) 分布

$$G(z) = \exp\left(-e^{-z}\right) \quad (-\infty < z < \infty), \tag{6.36}$$

(II) フレッシェ (Fréchet) 分布

$$G(z) = \exp\left(-z^{-\alpha}\right) \quad (0 < z < \infty, \alpha > 0), \quad G(z) = 0 \quad (z \leq 0), \tag{6.37}$$

(III) ワイブル (Weibull) 分布

$$G(z) = \exp\{-(-z)^\alpha\} \quad (z \leq 0, \alpha > 0), \quad G(z) = 1 \quad (z \geq 0). \tag{6.38}$$

ここで $F^n(a_n z + b_n)$ が $G(z)$ に収束するときには任意の実数 $t \ (\in (0,1])$ に対して $F^{[nt]}(a_{[nt]} z + b_{[nt]}) \to G(z)$ となることに注目しよう.

$$F^{[nt]}(a_n z + b_n) = [F^n(a_n z + b_n)]^{[nt]/n} \to G^t(z) \tag{6.39}$$

であるから実数列 $a_n/a_{[nt]} \to \alpha(t), [b_n - b_{[nt]}]/a_{[nt]} \to \beta(t)$ をとれば極限分布は方程式

$$G^t(z) = G(\alpha(t) z + \beta(t)) \tag{6.40}$$

を満たす. したがって $G^{st}(z) = G(\alpha(st) z + \beta(st)) = [G^s(z)]^t$ である. これより任意の実数 s, t について

$$\alpha(st) = \alpha(s)\alpha(t), \quad \beta(st) = \alpha(s)\beta(t) + \beta(s) = \alpha(t)\beta(s) + \beta(t) \tag{6.41}$$

となる関係が得られる. 最初の式より実数 θ を用いて $\alpha(t) = t^{-\theta}$ となる必要があるので (i) $\theta = 0$, (ii) $\theta > 0$, (iii) $\theta < 0$ という 3 つの場合分けが必要となる. 例えば (i) の場合を例にとると $\beta(st) = \beta(s) + \beta(t)$ となるので, その解はある実数 c を用いて $\beta(t) = -c \log t \ (t > 0)$ と表せば $[G(0)]^t = G(-c \log t)$ という表現が得られる. $u = -c \log t \ (c \neq 0)$ とおくと正実数 p を用いて $G(u) = [\exp(-p \exp(-u/c))]$ という形が導け, 確率分布の性質よりグンベル分布の形が得られる.

ここで説明した極値統計量の漸近分布についての結果は, はじめて考察した 2 人

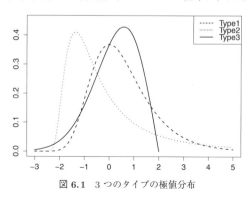

図 6.1 3 つのタイプの極値分布

の名前よりフィッシャー–ティペット (Fisher–Tippet) の定理*6)と呼ばれている.なお定理 6.4 に現れる確率分布族は**一般化極値分布** (generalized extreme value distribution) と呼ばれ,確率分布の位置・スケール・形状を表す母数 $\mu, \sigma \, (> 0), \xi$ を用いて

$$G(z) = \exp\left(-\left[1 + \xi\left(\frac{z-\mu}{\sigma}\right)\right]^{-1/\xi}\right) \tag{6.42}$$

と表現することができる.ここでグンベル分布は $\xi \, (= 1/m) \to 0 \, (m \to \infty)$ の極限とみなすことができ,とくに $\mu = 0, \sigma = 1$ としたのが標準グンベル分布である.ここで念のために極限分布の形状を (変数軸はみやすいように調整した) 図 6.1 に示しておく.

6.A 補論――変数変換の公式 (再び)

数理統計学では変数変換は統計量の連続型分布を調べるための基本的な分析手段である.すでに補論 2.A において変数変換と応用について言及したが,標本分布論の基礎として重要なので,再び変数変換および統計量の従う確率分布の導出について言及しておく.p 次元確率変数 $\mathbf{X} = (X_i)$ の同時分布関数 $F(\mathbf{x})$ を所与とするが,本章では $p = 2$ の場合を利用した.写像 $h(\cdot)$ により p 次元確率変数ベクトル $\mathbf{Y} = (Y_i) = h(\mathbf{X})$,$\mathbf{Y}$ の確率分布 $G(\mathbf{y})$ としよう (p 次元の議論がわかりにくければ $p = 2$ の場合を考えればよい).このとき

$$\begin{aligned}G(\mathbf{y}) &= P(\omega | \mathbf{Y} \leq \mathbf{y}) \\ &= P(\omega | h(\mathbf{X}) \leq \mathbf{y}) \\ &= P(\mathbf{X} \in h^{-1}((-\infty, y_1] \times \cdots \times (-\infty, y_p))\end{aligned}$$

と表現される (ここで $h^{-1}(\cdot)$ は逆写像である).逆写像が単調なら右辺は $F(h^{-1}(\mathbf{y}))$ となる.したがって定理 2.A.2 より $G(\mathbf{y})$ の密度関数は

$$g(\mathbf{y}) = f(h^{-1}(\mathbf{y})) \left|\frac{\partial h^{-1}(\mathbf{y})}{\partial \mathbf{y}}\right|_+ \quad (\mathbf{y} \in \mathbf{R}^p) \tag{6.43}$$

---

*6) 統計的極値理論については本書の第 11 章,あるいは国友直人・山本拓監修『21 世紀の統計科学』Vol-II (東京大学出版会, 2012) に収録の渋谷政昭・高橋倫也「極値理論・信頼性・リスク管理」HP 版 (http://www.cirje.e.u-tokyo.ac.jp/research/reports/R15ab.html) を参照.

となり，変換 $h^{-1}(\cdot)$ のヤコビアンは

$$\mathbf{J} = \left| \left(\frac{\partial h^i(\mathbf{y})}{\partial y_j} \right)_{ij} \right|_+ \tag{6.44}$$

である ($h^i(\cdot)$ は $h^{-1}(\cdot)$ の第 i 要素を意味する).

例 6.4 t 統計量についての変換を再びまとめると，確率変数 $X_1 = U, X_2 = V$ および確率変数 $Y_1 = h_1(X_1, X_2) = T, Y_2 = h_2(X_1, X_2) = V$ とすると，$X_1 = Y_1\sqrt{Y_2/m}, X_2 = Y_2$ と書き直せる．このとき

$$|\mathbf{J}|_+ = \left| \begin{array}{cc} \frac{\partial x_1}{\partial y_1} & \frac{\partial x_1}{\partial y_2} \\ \frac{\partial x_2}{\partial y_1} & \frac{\partial x_2}{\partial y_2} \end{array} \right|_+ = \left| \begin{array}{cc} \sqrt{\frac{y_2}{m}} & \frac{(1/2)y_1}{[y_2 m]^{1/2}} \\ 0 & 1 \end{array} \right|_+ = \sqrt{\frac{y_2}{m}}$$

である．

例 6.5 F 統計量についての変換を取り上げよう．確率変数 $X_1 = U \sim \chi^2(l), X_2 = V \sim \chi^2(m)$ として，確率変数 $Y_1 = [U/l]/[V/m], Y_2 = V$ とすると，$X_1 = Y_1 Y_2(l/m), X_2 = Y_2$ と書き直せる．したがって変換のヤコビアンは

$$|J|_+ = \left| \begin{array}{cc} \frac{l}{m} Y_2 & \frac{l}{m} Y_1 \\ 0 & 1 \end{array} \right|_+ = \frac{l}{m} Y_2 \tag{6.45}$$

となる．U と V の同時分布 $g_l(u)g_m(v)$ より $f(y_1, y_2) = g_l(y_1 y_2(l/m))g_m(y_2)(l/m)y_2$ として y_2 について区間 $[0, \infty)$ の範囲で積分すると，F 分布の密度関数 (6.26) が導ける．

6.B 補論——射影と最小 2 乗法

簡単な例により射影 (projection) の幾何的意味を説明する．ここで説明する内容は $n = 2, 3$ とした 2 次元・3 次元空間で考えればより直観的に理解できるが，より一般の n 次元ユークリッド空間で成立する．n 次元 (縦) ベクトル $\mathbf{x} = (x_1, \ldots, x_n)'$ から n 次元 (縦) ベクトル $\mathbf{1}_n = (1, \ldots, 1)'$ へ垂線を下ろす操作は距離 $\|\mathbf{x} - c\mathbf{1}_n\|^2 = (\mathbf{x} - c\mathbf{1}_n)'(\mathbf{x} - c\mathbf{1}_n) = \sum_{i=1}^n (x_i - c)^2$ の変数 c につい

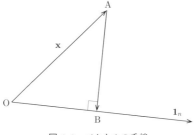

図 6.2 ベクトルの垂線

ての最小化に対応する.

この最小化問題の解は $c^* = (\mathbf{1}_n'\mathbf{1}_n)^{-1}\mathbf{1}_n'\mathbf{x}$ であるから, 残差(縦)ベクトル

$$\mathbf{e} = \mathbf{x} - c^*\mathbf{1}_n = \left[\mathbf{I}_n - \mathbf{1}_n(\mathbf{1}_n'\mathbf{1}_n)^{-1}\mathbf{1}_n'\right]\mathbf{x} \tag{6.46}$$

とすると n 次元 (縦) ベクトル $\mathbf{e} = (e_i)$ とベクトル $\mathbf{1}_n$ は直交して

$$\mathbf{e}'\mathbf{1}_n = \sum_{i=1}^n e_i = 0 \tag{6.47}$$

となる. ここで $\mathbf{J}_n = \mathbf{1}_n(\mathbf{1}_n'\mathbf{1}_n)^{-1}\mathbf{1}_n'$, $\mathbf{P}_n = \mathbf{I}_n - \mathbf{J}_n$ とすると

$$\mathbf{x} = \mathbf{J}_n\mathbf{x} + \mathbf{P}_n\mathbf{x}$$
$$= \mathbf{x}_1 + \mathbf{x}_2$$

と分解される. したがって関係 $\sum_{i=1}^n x_i^2 = \sum_{i=1}^n [x_i - \bar{x}_n]^2 + n[\bar{x}]^2$ の両辺を単にベクトル $\mathbf{x} = (x_1, \ldots, x_n)'$ の 2 次形式で書き直すと,

$$\mathbf{x}'\mathbf{x} = \mathbf{x}'\mathbf{J}_n\mathbf{x} + \mathbf{x}'\mathbf{P}_n\mathbf{x} \tag{6.48}$$

は直角三角形に関するピタゴラスの定理を意味している. ただし $n \times n$ 行列 $\mathbf{J}_n, \mathbf{P}_n$ は条件 (i) $\mathbf{P}_n' = \mathbf{P}_n, \mathbf{J}_n' = \mathbf{J}_n$(対称行列), (ii) $\mathbf{P}_n^2 = \mathbf{P}_n, \mathbf{J}_n^2 = \mathbf{J}_n$(ベキ等行列) を満たしている. これらの条件を満たす行列は一般に射影行列 (projection matrix) と呼ばれている. $n \times n$ ベキ等行列 $\mathbf{A}$ の固有値を λ とすると, $\mathbf{z} \neq \mathbf{0}$ に対して $\mathbf{A}\mathbf{z} = \lambda\mathbf{z} = \mathbf{A}^2\mathbf{z} = \lambda^2\mathbf{z}$ より $(\lambda - \lambda^2)\mathbf{z} = \mathbf{0}$, つまり $\lambda = 0, 1$ となる. 固有値の中で 1 となる固有値の数は $\mathbf{A} = (a_{ij})$ とすると $\mathrm{tr}(\mathbf{A}) = \sum_{i=1}^n a_{ii}$ である.

ここで一般に n 次元ベクトル $\mathbf{x}$ を r 個 $(1 \leq r \leq n)$ の線形独立な n 次元ベクトル $\mathbf{z}_j$ $(j = 1, \ldots, r)$ の線形和 $\sum_{j=1}^r c_j\mathbf{z}_j$ へ垂線を下ろす問題を考えよう. (縦)

ベクトル $\mathbf{c} = (c_1, \ldots, c_r)'$, $n \times r$ 行列 $\mathbf{Z} = (\mathbf{z}_1, \ldots, \mathbf{z}_r)$ として[*7]

$$\left\| \mathbf{x} - \sum_{j=1}^{r} c_j \mathbf{z}_j \right\|^2 = \left\| \mathbf{x} - (\mathbf{z}_1, \ldots, \mathbf{z}_r) \begin{pmatrix} c_1 \\ \vdots \\ c_r \end{pmatrix} \right\|^2 \quad (6.49)$$

の最小化問題を考える．ベクトル $\mathbf{c}$ について最小化して，例えば評価関数 $L(c_1, \ldots, c_r) = \sum_{i=1}^{n}[x_i - \sum_{j=1}^{r} c_j z_{ji}]^2$ を変数 c_j $(j = 1, \ldots, r)$ について偏微分すれば正規方程式

$$\mathbf{Z}'\mathbf{Z}\mathbf{c}^* = \mathbf{Z}'\mathbf{x} \quad (6.50)$$

および

$$\mathbf{c}^* = (\mathbf{Z}'\mathbf{Z})^{-1}\mathbf{Z}'\mathbf{x} \quad (6.51)$$

が得られる．したがって垂線ベクトルは $\mathbf{Z}\mathbf{c}^* = \mathbf{Z}(\mathbf{Z}'\mathbf{Z})^{-1}\mathbf{Z}'\mathbf{x}$, $[\mathbf{I}_n - \mathbf{Z}(\mathbf{Z}'\mathbf{Z})^{-1}\mathbf{Z}']\mathbf{x}$ により表現できるが，$\mathbf{J}_n = \mathbf{Z}(\mathbf{Z}'\mathbf{Z})^{-1}\mathbf{Z}'$, $\mathbf{P}_n = \mathbf{I}_n - \mathbf{J}_n = \mathbf{I}_n - \mathbf{Z}(\mathbf{Z}'\mathbf{Z})^{-1}\mathbf{Z}'$ とすると $\mathbf{J}_n, \mathbf{P}_n$ は射影行列である．あるいは

$$\mathbf{I}_n = \mathbf{J}_n + \mathbf{P}_n \quad (6.52)$$

という単位行列の分解と理解できる．ここで 1 となる固有値は

$$\mathrm{rank}(\mathbf{J}_n) = \mathrm{rank}[\mathbf{Z}(\mathbf{Z}'\mathbf{Z})^{-1}\mathbf{Z}'] = \mathrm{rank}[(\mathbf{Z}'\mathbf{Z})^{-1}\mathbf{Z}'\mathbf{Z}] = r \quad (6.53)$$

である．なおここでは行列 $\mathbf{A}, \mathbf{B}$ の積が定義できれば $\mathrm{rank}(\mathbf{AB}) = \mathrm{rank}(\mathbf{BA})$ を利用した．同様に $\mathrm{rank}(\mathbf{P}_n) = n - r$ となる．こうした解を求める問題は**最小 2 乗法** (least squares method) と呼ばれ統計学では広く用いられている．

射影行列を巡る一般的な議論は次のようにまとめることができる．証明などは例えば竹内啓『線形数学』(培風館, 1966) を参照されたい．

定理 6.A.1 n 次元実ベクトル空間の任意の元 $\mathbf{x} \in \mathbf{R}^n$ とする．

(i) n 次元空間の部分空間 M，直交補空間 $M^\perp$ とすると，n 次元ベクトル $\mathbf{x}$ は $\mathbf{x} = \mathbf{y} + \mathbf{z}$ $(\mathbf{y} \in M, \mathbf{z} \in \mathbf{M}^\perp)$ と一意に分解される．

(ii) $n \times n$ 行列 $\mathbf{\Pi}$ が $\mathbf{\Pi}^2 = \mathbf{\Pi}, \mathbf{\Pi}' = \mathbf{\Pi}$ ($\mathbf{\Pi}'$ は転置行列) ならばベクトル $\mathbf{y} = \mathbf{\Pi}\mathbf{x}, \mathbf{z} = (\mathbf{I}_n - \mathbf{\Pi})\mathbf{x}$, は射影となる．

(iii) $\mathbf{M}$ への任意の射影は適当な $n \times m$ $(1 \leq m < n)$ 行列 $\mathbf{A}$ により $\mathbf{\Pi} = \mathbf{A}(\mathbf{A}'\mathbf{A})^{-1}\mathbf{A}'$ $(|\mathbf{A}'\mathbf{A}| \neq 0)$ と表現できる．

[*7] 第 6 章と第 10 章では行列 $\mathbf{Z}$ の第 (i, j) 要素を z_{ji} としていることに注意しておく．

6.C 補論——固有値問題について

確率論や数理統計学では線形代数の基礎的な議論を多用する．数理統計学でとくに有用なのは対称行列の場合の固有値問題なので一般の場合ほど複雑ではないが，応用上で重要な役割を果たすことが多いので基本事項に言及しておく．証明などは述べないが文献を挙げておく．n 次 ($n \times n$) 実正方行列 $\mathbf{A}$ の固有値 (characteristic roots, latent roots) λ (スカラー) と固有ベクトル (characteristic vectors, latent vectors) $\mathbf{x}$ ($\mathbf{x} \neq \mathbf{0}$) は方程式

$$\mathbf{A}\mathbf{x} = \lambda \mathbf{x} \tag{6.54}$$

の解として定義される．このとき $(\mathbf{A} - \lambda \mathbf{I}_n)\mathbf{x} = \mathbf{0}$ ($\mathbf{x} \neq \mathbf{0}$) より行列 $\mathbf{A} - \lambda \mathbf{I}_n$ は特異 (singular) なので方程式

$$\lambda(\mathbf{A}) = |\mathbf{A} - \lambda \mathbf{I}_n| = 0 \tag{6.55}$$

を満足する．この固有方程式は λ について n 次多項式なので $\lambda(\mathbf{A}) = (-1)^n \prod_{j=1}^{n}(\lambda - \lambda_j)$ と表せる．

定理 6.A.2 n 次実正方行列 $\mathbf{A} = (a_{ij})$ が対称行列 ($a_{ij} = a_{ji}$ $\forall i,j$) とする．

(i) すべての固有値は実数である．

(ii) すべての相異なる固有値 $\lambda_i \neq \lambda_j$ に対応する固有ベクトルを $\mathbf{x}_i$ ($i = 1,\ldots,p; p \leq n$) とすると，$\mathbf{x}_i'\mathbf{x}_j = 0$ ($i \neq j$) となる (すなわち固有ベクトルは直交する)．

(iii) 適当に直交行列 $\mathbf{P}$ (ただし直交行列は $\mathbf{PP}' = \mathbf{P}'\mathbf{P} = \mathbf{I}_n$ を満足する) がとれて

$$\mathbf{PAP}' = \begin{bmatrix} \lambda_1 & 0 & \cdots & \\ 0 & \lambda_2 & 0 & \cdots \\ \vdots & & & \vdots \\ 0 & \cdots & & \lambda_n \end{bmatrix} = \mathbf{\Lambda} \tag{6.56}$$

となる．

固有ベクトルは大きさは任意であるので (i.e. 定数倍してもよい) すべての固有値が互いに異なれば，固有値 λ_j $(j = 1, \ldots, n)$ に対応する固有ベクトル $\mathbf{x}_j$ $(j = 1, \ldots, n)$ を用いて $(\|\mathbf{x}_i\| = 1, \mathbf{x}_i'\mathbf{x}_j = 0 \ (i \neq j)$ とする) $n \times n$ 行列 $\mathbf{P} = (\mathbf{x}_1, \mathbf{x}_2, \ldots, \mathbf{x}_n)$ とすると $\mathbf{AP} = \mathbf{P\Lambda}$ が得られる．したがって行列 $\mathbf{A}$ は

$$\mathbf{A} = \sum_{j=1}^{n} \lambda_j \mathbf{x}_j \mathbf{x}_j' \tag{6.57}$$

と表現できる．とくに対称行列の場合には固有値に重根があってもこのような表現が得られる．なお，この表現は行列 $\mathbf{A}$ のスペクトル分解と呼ばれるが，この名前が示すように固有値問題とは行列で表現される線形写像の性質の一般的分析とほぼ同一である．

多次元の確率変数ベクトル $\mathbf{X} = (X_j)$ の分散共分散行列 $\mathbf{\Sigma} = (\sigma_{ij})$ は任意のベクトル $\mathbf{a} = (a_j)$ に対して $\mathbf{a}'\mathbf{\Sigma a} = \sum_{j,k=1}^{n} a_j a_k \sigma_{jk} = \mathbf{V}[\sum_{j=1}^{n} a_j X_j] \geq 0$ より非負定符号行列であるが，等号は $\sum_{j=1}^{n} a_j X_j = 0$ のときにのみ成立する．等号が成り立つとき確率変数は (確率 1 で) 退化しているという．しばしば通常の統計分析では確率変数は退化しない (non-degenerate) ことが仮定される．一般に $p \times p$ 正定符号 (実対称) 行列 $\mathbf{A}$ の固有値 $(\lambda_i \ (i = 1, \ldots, p)$ とする) は正である．この固有値を並べた対角行列 $\mathbf{\Lambda} = (\mathrm{diag}(\lambda_i))$ とすると，行列 $\mathbf{A}$ は直交行列 $\mathbf{P}$ により $\mathbf{A} = \mathbf{P\Lambda P}'$ と分解できる．したがって，$\mathbf{\Lambda}^{1/2} = (\mathrm{diag}\sqrt{\lambda_i})$ とすると

$$\mathbf{A} = \mathbf{P\Lambda}^{1/2}\mathbf{P}'\mathbf{P\Lambda}^{1/2}\mathbf{P}' \tag{6.58}$$

となる．すなわち $\mathbf{A}^{1/2} = \mathbf{P\Lambda}^{1/2}\mathbf{P}'$ とおけばよい．

■文献紹介

線型代数の教科書としては齋藤正彦『線型代数入門』(東京大学出版会, 1966) が定番であったが，固有値問題の説明はかなり複雑である．竹内啓『線形数学』(培風館, 1966), 志賀浩二『固有値問題 30 講』(朝倉書店, 1991) などは個性的であり固有値問題の説明はより理解しやすいと思われる．むろん大学初級の講義のための教科書の多くで説明があるはずである．

Chapter 7

統計的推定論

本章では母集団から得られる標本に基づく統計的推定論という数理統計学での標準的内容,数理統計学の方法を様々な方向に展開するための基礎事項を学ぶ.

7.1 統計量・推定量・推定値

数理統計学における理論はそれぞれ応用上の問題を解決することからまずその枠組みが考えられ,その後に数理的に一般化,抽象化されたものが多い.したがって多くの場合には抽象的な理論から学び始めるよりも,まずは歴史的展開を踏まえて理論と応用を学ぶ方がその間の事情や理論の意味を理解しやすい.

実験データ,観察データとして得られた n 個の実数を小文字を使って (横) ベクトル $(x_1, x_2, \ldots, x_n)$ とする.さらに統計データそのものでなく,母集団から標本抽出により得られる n 個の独立標本を確率変数と解釈するときには大文字の記号を使って (横) ベクトル $(X_1, X_2, \ldots, X_n)$ と表現する.これを標本 $(X_1, X_2, \ldots, X_n)$ として,標本の関数を**統計量** (statistic) と呼ぶ.標本の関数である統計量を使って母集団を表現している未知母数を推測するとき,統計量を**推定量** (estimator),推定量を使って標本として実際に観測値より得られるデータを代入した統計量の値を**推定値** (estimate) と呼び区別する.

統計的推測の理論とは統計量の確率的性質についての議論が多いが,実際に得られる1組のデータは様々な偶然変動の結果としてある数値として観察される.むろん1回限りの観察ではただ特定の数値が観察されただけなので,例えば確率変数 $X \sim B(n,p)$ としたときのある観察値より求めた統計量が,真の確率 p に一致することは期待できない.しかしこうした観察が仮に繰り返される状況では平均的に (確率変数としての) 統計量の挙動を分析できる.統計量が従う確率分布の

性質を調べることは，偶然変動の結果として「データがどのような確率法則により発生しているか」を科学的に分析することを意味する．

点 推 定

ここで母集団として確率分布を想定しよう．多くの応用上の問題では母集団としての確率分布についてはある程度の情報があるので，分布型についてはほぼわかっているとみなすことが自然な状況もある．ここでは母集団としての確率分布 (母集団分布) はその形を完全にはわからずに確率分布の母数は未知であることを想定するが，こうして設定された統計的モデルはパラメトリック・モデルと呼ばれる[*1)]．ここで未知母数を θ (ギリシャ文字のシータ) で表し，この母数について母集団から独立な標本抽出により得られる標本 $(X_1, X_2, \ldots, X_n)$ から推測を行う．大きさ n の標本の関数

$$\hat{\theta}_n(X_1, X_2, \ldots, X_n)$$

によって母数 θ を推定するとき関数 $\hat{\theta}_n(X_1, X_2, \ldots, X_n)$ (シータ・ハット) を母数 θ の推定量とする．n 個の標本が観測値として値 $X_1 = x_1, X_2 = x_2, \ldots, X_n = x_n$ をとるとすると，これらの値を推定量に代入して得られる

$$\hat{\theta}_n(x_1, x_2, \ldots, x_n)$$

が推定値である．推定量 $\hat{\theta}_n = \hat{\theta}(X_1, X_2, \ldots, X_n)$ の方は統計量なので確率変数である．これに対して推定値 $\hat{\theta}_n(x_1, x_2, \ldots, x_n)$ の方は母数 θ がスカラーの場合には単なるデータの観測値で計算された実数値となる．

例 7.1 平均 μ，分散 σ^2 の正規分布 $N(\mu, \sigma^2)$ を考える．未知の母平均 μ の推定量としては標本平均

$$\hat{\mu} \, (= \bar{X}_n) = \frac{1}{n} \sum_{i=1}^{n} X_i \tag{7.1}$$

が自然である (ここで記号 $\hat{\mu}$ (ミュー・ハット) は未知母数 μ の推定量の意味とする)．母分散 σ^2 の推定量としては標本不偏分散

[*1)] 確率分布の形を想定しないノンパラメトリック分析，一部分の母数を想定するセミパラメトリック分析も重要である．

$$s_n^2 = \frac{1}{n-1} \sum_{i=1}^{n} (X_i - \bar{X}_n)^2 \tag{7.2}$$

がもっともよく用いられる. χ^2 分布の性質から $\mathbf{E}[s_n^2] = \sigma^2$ となる. 同様に3次積率・4次積率の推定量として平均まわりの高次の標本積率

$$m_3 = \frac{1}{n-1} \sum_{i=1}^{n} (X_i - \bar{X}_n)^3 , \tag{7.3}$$

$$m_4 = \frac{1}{n-1} \sum_{i=1}^{n} (X_i - \bar{X}_n)^4 \tag{7.4}$$

などが用いられる.

正規分布を仮定すると3次・4次積率 $\mathbf{E}[(X-\mu)^3] = 0, \mathbf{E}[(X-\mu)^4] = 3\sigma^4$ となる. したがって歪度 $\kappa_3 = \mathbf{E}[(X-\mu)^3]/\sigma^3 = 0$, 尖度 $\kappa_4 = \mathbf{E}[(X-\mu)^4]/\sigma^4 - 3 = 0$ である (なお尖度を $\kappa_4^* = \mathbf{E}[(X-\mu)^4]/\sigma^4$ で定義すれば3となる). このことより母集団分布が正規分布に従うことの妥当性は統計量として

$$b_1 = \frac{\sqrt{n} \sum_{i=1}^{n} (X_i - \bar{X}_n)^3}{\left[\sqrt{\sum_{i=1}^{n} (X_i - \bar{X}_n)^2}\right]^3} ,$$

$$b_2 = \frac{n \sum_{i=1}^{n} (X_i - \bar{X}_n)^4}{[\sum_{i=1}^{n} (X_i - \bar{X}_n)^2]^2} - 3\frac{(n-1)}{(n+1)}$$

などが利用される. 標本数 n が大きければ中心極限定理 (CLT) を利用して漸近的に正規分布により

$$b_1 \overset{a}{\sim} N\left(0, \frac{6n(n-1)}{(n-2)(n+1)(n+3)}\right) , \quad b_2 \overset{a}{\sim} N\left(0, \frac{24n(n-1)^2}{(n-3)(n-2)(n+3)(n+5)}\right)$$

と近似すればよい[*2].

積率法 (moment-method, モーメント法)

一般に大きさ n の独立標本を $X_1, X_2, \ldots, X_n$ とする. n 個の標本から計算することのできる統計量, 未知母数 θ の推定量としては一般には様々な方法が考え

[*2] 例えば M.G. Kendall and A. Stuart "*The Advanced Theory of Statistics*" 4th Edition, Vol.1 (Charles Griffin & Company Limited, 1977) p.325-326 に高次積率の説明がある.

られる.

統計家ピアソン (K. Pearson) は標本から計算される積率 (標本積率) を母集団の積率に一致させる**積率法** (method of moments) を提唱した. 母集団分布の期待値 $\mu = \mathbf{E}(X)$ とすると標本平均 $\bar{X}_n = (1/n)\sum_{i=1}^{n} X_i$, 母集団分布の分散 $\sigma^2 = \mathbf{E}[(X-\mathbf{E}(X))^2]$ とすると標本 (不偏) 分散 $s_n^2 = (1/(n-1))\sum_{i=1}^{n}(X_i - \bar{X}_n)^2$ を代入する推定法が考えられる. こうして母集団と標本の積率を対応させる推定法は統計的な推定の対象が母集団としての確率分布の積率であれば利用することが可能であるが, より一般的な状況への適用は何らかの工夫が必要となる. 近年では積率法を一般化して**一般化積率法** (generalized method of moments, GMM) と呼ばれる方法も経済分析などの応用で利用されることが多くなっている. GMM については第 10 章で再び言及する.

7.2　尤度関数と十分統計量

積率法では母集団についての情報としては確率分布のいくつかの積率のみを利用していることに注意しよう. パラメトリック・モデルの設定では母集団の確率分布が既知であるからその情報を利用することが考えられる. その情報が正しければより効率的な推定方法が得られることが期待できるのである.

母集団が従う確率関数を $p(x|\theta)$ (密度関数なら $f(x|\theta)$), $X_1, X_2, \ldots, X_n$ をランダム・サンプリングによる n 個の独立標本とする. このとき確率変数 $X_1, X_2, \ldots, X_n$ は互いに独立なので, 離散確率分布の場合には標本 $X_1, X_2, \ldots, X_n$ の同時確率関数は

$$p(x_1, \ldots, x_n | \theta) = \prod_{i=1}^{n} p(x_i | \theta) \tag{7.5}$$

あるいは連続分布の場合には同時密度関数は

$$f(x_1, \ldots, x_n | \theta) = \prod_{i=1}^{n} f(x_i | \theta) \tag{7.6}$$

と書ける. この関数を同時確率分布としてではなく母数 θ の関数とみたとき, 母数 θ の関数

$$L_n(\theta | x_1, \ldots, x_n) = \prod_{i=1}^{n} p(x_i | \theta) \tag{7.7}$$

を尤度関数 (likelihood function) と呼ぶが，変数 x_i $(i = 1,\ldots,n)$ を省略して $L_n(\theta)$ と表すことも多い．母集団分布として連続型分布を仮定するときにも同様に母集団の密度関数を $f(x|\theta)$ とすれば同時密度関数は $f(x_1,\ldots,x_n|\theta) = \prod_{i=1}^{n} f(x_i|\theta)$ となるので独立標本の場合には尤度関数は，

$$L_n(\theta|x_1,\ldots,x_n) = \prod_{i=1}^{n} f(x_i|\theta) \tag{7.8}$$

によって定められる．

例 7.2 成功と失敗の事象 (あるいはコインの表 (H) と裏 (T)) に対応する 2 つの値 (1,0) をとる確率変数をベルヌイ試行と呼び，1 をとる確率 p $(0 < p < 1)$ を未知の母数とする．確率関数は

$$p(x|p) = p^x (1-p)^{1-x} \quad (x = 0, 1) \tag{7.9}$$

である．互いに独立なベルヌイ試行 X_i $(i = 1,\ldots,n)$ を n 回観測すれば n 個のデータ $x_1,\ldots,x_n$ に基づく尤度関数は

$$\begin{aligned} L_n(p|x_1,\ldots,x_n) &= \prod_{i=1}^{n} p^{x_i} (1-p)^{1-x_i} \\ &= p^{\sum_{i=1}^{n} x_i} (1-p)^{n-\sum_{i=1}^{n} x_i} \end{aligned}$$

で与えられる．

母数 θ はスカラーまたは有限個の要素のベクトルで母数空間はユークリッド空間，あるいはその一部を構成するのが典型的状況である．この場合に母数について観察データより統計的推測を行う形式はパラメトリック推測と呼ばれ標準的な統計的方法である．ここで統計量としてはなるべくその性質がわかりやすいものが選ばれるが，パラメトリック推測ではなるべく情報の損失が少ないような統計的方法を考えることが求められる．ここで**十分統計量** (sufficient statistic) を次のように定める．

定義 7.1 任意の標本空間上の事象 A に対し統計量 $T(X_1,\ldots,X_n)$ の値を条件とするとき

$$P((x_1,\ldots,x_n) \in A | T(X_1,\ldots,X_n) = t, \theta) \tag{7.10}$$

が母数 θ に無関係となるとき T を十分統計量と呼ぶ．

このことは十分統計量の値 $T=t$ がわかればその他の情報は母数 θ についての統計的推測には不要であることを意味する．標本分布についての情報が尤度関数に集約されることは次のように正確に表現できる．

定理 7.1 (分解定理)　標本 $(X_1,\ldots,X_n)$ に対して同時密度関数 $f(x_1,\ldots,x_n)$ が存在して $\mathbf{x}=(x_1,\ldots,x_n)$ とする．このとき任意の統計量 T が十分統計量であるための必要十分条件は

$$f(\mathbf{x}|\theta)=g(T(\mathbf{x})|\theta)h(\mathbf{x}) \tag{7.11}$$

と分解できることである．

このことは次のようにして確かめることができる．連続確率分布について T を十分統計量とすると，T の条件付分布が母数 θ に依存せず $f(\mathbf{x}|T=t)=h(\mathbf{x};t)$ となる．このとき

$$f(\mathbf{x}|\theta)=f(\mathbf{x}|T=t)g(t|\theta)=h(\mathbf{x};t)g(t|\theta)\,.$$

逆に $f(\mathbf{x}|\theta)=h(\mathbf{x};t)g(t|\theta)$ とする．ここで $A_t=\{\mathbf{x}|T(\mathbf{x})=t\}$ とすると

$$\int_{A_t}f(\mathbf{x}|\theta)d\mathbf{x}=g(T(\mathbf{x})|\theta)\int_{A_t}h(\mathbf{x}|t)d\mathbf{x}$$

より

$$f(\mathbf{x}|T=t(\mathbf{x}))=\frac{f(\mathbf{x}|\theta)}{\int_{A_t}f(\mathbf{x}|\theta)d\mathbf{x}}=\frac{h(\mathbf{x},\mathbf{t})g(t|\theta)}{g(t|\theta)\int_{A_t}h(\mathbf{x},t)d\mathbf{x}}$$

は母数 θ と独立となる．

ここでの議論は標本がベクトル $\mathbf{X}_i\ (i=1,\ldots,n)$ の場合や母数 (パラメータ) $\boldsymbol{\theta}=(\theta_i)$ が有限次元のベクトルの場合には成り立つ．

例 7.3　互いに独立な確率変数が $X_i\sim N(\mu,\sigma^2)\ (i=1,\ldots,n)$ とすると，同時密度は

$$f(x_1,\ldots,x_n|\mu,\sigma^2)=\left(\frac{1}{\sqrt{2\pi\sigma^2}}\right)^n\exp\left[-\frac{1}{2\sigma^2}\sum_{i=1}^n(x_i-\mu)^2\right]$$

$$=\left(\frac{1}{\sqrt{2\pi\sigma^2}}\right)^n\exp\left(-\frac{1}{2\sigma^2}\left[\sum_{i=1}^n(x_i-\bar{x}_n)^2+n(\bar{x}_n-\mu)^2\right]\right)$$

となる．したがって十分統計量は $T_1 = \sum_{i=1}^n X_i$ (あるいは $\bar{X}_n$), $T_2 = \sum_{i=1}^n (X_i - \bar{X}_n)^2$ となる．この場合は母数 $\boldsymbol{\theta}$ は 2 個の母数 μ, σ^2 からなる 2 次元の確率変数ベクトルである．

例 7.4 互いに独立な確率変数が $X_i \sim P_0(\lambda)$ $(i = 1, \ldots, n)$ とすると周辺確率関数 $f(x_i) = e^{-\lambda} \lambda^{x_i}/x_i!$ より，十分統計量は $T = \sum_{i=1}^n X_i$ となる．

例 7.5 互いに独立な確率変数が $\mathbf{X}_i \sim N_p(\boldsymbol{\mu}, \boldsymbol{\Sigma})$ $(i = 1, \ldots, n)$ とすると，十分統計量は $T_1 = \bar{\mathbf{X}}_n, \mathbf{A}_n = \sum_{i=1}^n (\mathbf{X}_i - \bar{\mathbf{X}}_n)(\mathbf{X}_i - \bar{\mathbf{X}}_n)'$ である．

例 7.6 互いに独立に一様分布に従う確率変数を $X_i \sim U(0, \theta)$ $(i = 1, \ldots, n)$ とすると，同時密度関数が

$$f(x_1, \ldots, x_n | \theta) = \left(\frac{1}{\theta}\right)^n I \quad (0 < x_1, \ldots, x_n < \theta) \tag{7.12}$$

となるので順序統計量 $X_{(n)} = \max_{1 \leq i \leq n} X_i$ が十分統計量となる．この場合には分布の台 (密度関数 $f(x|\theta) > 0$ となる範囲) が母数に依存するという非正則 (irregular) な統計モデルとなる．

十分統計量は情報損失をせずに統計的推測を行うためには基本的で重要な統計量である．統計分析において得られる標本そのものも定義 7.1 から十分統計量ではあるが，n が大きければ扱いが困難なのでなるべく数が少ない十分統計量を利用することが望ましい．もっとも数が少ない十分統計量は最小十分統計量 (minimum sufficient statistics) と呼ばれるが上で述べた統計量が典型的な例である[*3)]．

7.3 最尤推定量

積率法に対して，フィッシャーは**最尤法** (maximum likelihood method) と呼ばれる別の推定法を提案した．この方法は様々な統計的推測の問題に適用可能なので応用範囲が広く，また結果として得られる推定量がいくつかの望ましい性質を持つことが知られているので統計分析における基本的な方法である．

[*3)] 例えば竹村彰通『現代数理統計学』(創文社, 1991) が詳しく議論している．

離散型の母集団分布からの独立標本が得られる場合には母集団の確率関数 $p(x|\theta)$ より同時確率関数を母数 θ の関数とみた

$$L_n(\theta|x_1,\ldots,x_n) = \prod_{i=1}^{n} p(x_i|\theta) \tag{7.13}$$

は尤度 (likelihood) 関数であり，**最尤推定値** (maximum likelihood estimate) はこの尤度関数を最大にするような θ の値によって定義する．関数 $L_n(\theta)$ は変数 $x_1, x_2, \ldots, x_n$ の関数なので $L_n(\theta)$ を最大とする θ を $\hat{\theta}_n = \hat{\theta}(x_1, x_2, \ldots, x_n)$ と表現する．ここで変数 $x_1, x_2, \ldots, x_n$ を標本 $X_1, X_2, \ldots, X_n$ で置き換えて得られる推定量

$$\hat{\theta}_n = \hat{\theta}(X_1, X_2, \ldots, X_n)$$

を**最尤推定量** (maximum likelihood estimator, MLE) と呼ぶ．なお最尤推定量 $\hat{\theta}_n$ を $\hat{\theta}_{ML}$ と表記することも多い．

連続型の母集団分布から独立標本が得られる場合には，母集団分布の密度関数 $f(x|\theta)$ より同時密度関数は $f(x_1,\ldots,x_n|\theta) = \prod_{i=1}^{n} f(x_i|\theta)$ となるので尤度関数は

$$L_n(\theta|x_1,\ldots,x_n) = \prod_{i=1}^{n} f(x_i|\theta)$$

で定められる．この関数を最大化し，変数 x_i $(i=1,\ldots,n)$ を確率変数 X_i $(i=1,\ldots,n)$ に置き換えれば最尤推定量が得られる．

例 7.2′ 例 7.2 における尤度関数の対数をとることで得られる対数尤度関数 (log-likelihood function) は

$$l_n(p) = \log L_n(p) = \sum_{i=1}^{n} x_i \log(p) + \left(n - \sum_{i=1}^{n} x_i\right) \log(1-p) \tag{7.14}$$

であるが，この対数尤度関数を変数 p で微分して 0 とおけば

$$\frac{\partial l_n}{\partial p} = \frac{\sum_{i=1}^{n} x_i}{p} + \frac{\sum_{i=1}^{n} x_i - n}{1-p} = 0 \tag{7.15}$$

である．この方程式のように尤度関数や対数尤度関数を母数で微分して 0 とおいた方程式を**尤度方程式** (likelihood equation) と呼ぶ．この場合には微分して得ら

れる解は確かに尤度の最大値であることを容易に確かめることができ,

$$\hat{p}_{ML} = \frac{1}{n}\sum_{i=1}^{n} x_i$$

となる. したがって母数としての確率 p の最尤推定量

$$\hat{p}_{ML} = \frac{1}{n}\sum_{i=1}^{n} X_i \tag{7.16}$$

を得る.

例 7.3′　母集団分布を平均 μ, 分散 σ^2 の正規分布 $N(\mu, \sigma^2)$ とする. 母集団の平均と分散は未知母数として推定法を構成するために, 互いに独立な n 個の標本 (確率変数) として観測値 $(x_1, \ldots, x_n)$ が得られるとしよう. 尤度関数は

$$L_n(\mu, \sigma | x_1, \ldots, x_n) = \left(\frac{1}{2\pi\sigma^2}\right)^{n/2} e^{-\frac{1}{2\sigma^2}\sum_{i=1}^{n}(x_i-\mu)^2} \tag{7.17}$$

で与えられるので対数尤度関数は

$$l_n(\mu, \sigma) = -\frac{n}{2}\log(2\pi) - \frac{n}{2}\log\sigma^2 - \frac{1}{2\sigma^2}\sum_{i=1}^{n}(x_i-\mu)^2 \tag{7.18}$$

となる. まず母数 μ で微分すれば

$$\frac{\partial l_n}{\partial \mu} = \frac{1}{\sigma^2}\sum_{i=1}^{n}(x_i - \mu) = 0$$

より母平均の最尤推定値として

$$\hat{\mu}_{ML} = \frac{1}{n}\sum_{i=1}^{n} x_i = \bar{x} \tag{7.19}$$

が得られる. 次に μ に $\hat{\mu}_{ML}$ を代入した尤度関数, すなわち集約尤度 (concentrated likelihood) (あるいはプロファイル尤度 (profile likelihood) と呼ばれることがある) を母数 σ^2 で微分すれば

$$\frac{\partial l_n}{\partial \sigma^2} = -\frac{n}{2\sigma^2} + \frac{\sum_{i=1}^{n}(x_i - \hat{\mu}_{ML})^2}{2\sigma^4} = 0$$

が得られる. この尤度方程式の根は

$$\hat{\sigma}^2_{ML} = \frac{1}{n}\sum_{i=1}^{n}(x_i - \bar{x})^2 \tag{7.20}$$

となる．したがって平均と分散という2つの未知母数に対する最尤推定量はそれぞれ

$$\hat{\mu}_{ML} = \frac{1}{n}\sum_{i=1}^{n}X_i \,(=\bar{X}_n), \quad \hat{\sigma}^2_{ML} = \frac{1}{n}\sum_{i=1}^{n}(X_i - \bar{X})^2$$

で与えられる．ここで得られた最尤推定量は確かに尤度関数を最大化している．分散の推定量は標本不偏分散と定数倍だけ異なっているが，この場合には尤度関数の最大化することを確かめることができる．

例 7.7 母集団分布が平均ベクトル $\boldsymbol{\mu}$, 分散共分散行列 $\boldsymbol{\Sigma}$ の正規分布 $N_p(\boldsymbol{\mu}, \boldsymbol{\Sigma})$, 互いに独立な n 個の標本ベクトル $(\mathbf{X}_1, \ldots, \mathbf{X}_n)$ がこの分布に従うとする (各 $\mathbf{X}_i$ は $p \times 1$ の確率変数ベクトルである)．次の補題を利用すると最尤推定量は

$$\hat{\boldsymbol{\mu}}_{ML} = \bar{\mathbf{X}}_n = \frac{1}{n}\sum_{i=1}^{n}\mathbf{X}_i \tag{7.21}$$

および

$$\hat{\boldsymbol{\Sigma}}_{ML} = \frac{1}{n}\mathbf{A}_n \tag{7.22}$$

で与えられる．ただしベクトルの場合の2乗変動和を

$$\mathbf{A}_n = \sum_{i=1}^{n}(\mathbf{X}_i - \bar{\mathbf{X}}_n)(\mathbf{X}_i - \bar{\mathbf{X}}_n)' \tag{7.23}$$

とする．

補題 7.2 正定符号行列 $\boldsymbol{\Sigma}$ に対して正定符号行列 $\mathbf{A}_n$ の関数

$$g(\boldsymbol{\Sigma}) = -n\log|\boldsymbol{\Sigma}| - \text{tr}[\boldsymbol{\Sigma}^{-1}\mathbf{A}_n] \tag{7.24}$$

を最大化する解は $\boldsymbol{\Sigma} = (1/n)\mathbf{A}_n$ となる．

証明 対称行列 $\mathbf{C} = (c_{ij})$ に対してトレース (trace) を $\text{tr}(\mathbf{C}) = \sum_i c_{ii}$ で定義する．三角行列 $\mathbf{T} = (t_{ij}), t_{ij} = 0 \,(i < j)$ として変換 $\mathbf{A}_n^{1/2}\boldsymbol{\Sigma}^{-1}\mathbf{A}_n^{1/2} = \mathbf{H} = \mathbf{TT}'$

がとれることを利用すると，未知母数の関数として $g(\boldsymbol{\Sigma})$ に比例する量として $g^*(\boldsymbol{\Sigma}) = n\log|\mathbf{T}^2| - \mathrm{tr}\mathbf{T}\mathbf{T}' = \sum_{i=1}^{p}[n\log t_{ii}^2 - t_{ii}^2] - \sum_{i>j} t_{ij}^2$ が得られる．この関数は $t_{ii}^2 = n, t_{ij} = 0 \ (i<j)$ のとき最大値をとるので結果が得られる．**Q.E.D**

例 7.8 統計モデルが複雑になるにつれて尤度関数や尤度方程式は複雑になる．例えば一般化極値分布は母数として μ, σ, ξ を用いて

$$G(z) = \exp\left(-\left[1 + \xi\left(\frac{z-\mu}{\sigma}\right)\right]^{-1/\xi}\right) \tag{7.25}$$

で与えられた．グンベル分布は $\xi \to 0 \ (-\infty < \xi < +\infty)$ の極限とみなせるが推定量の挙動の分析は $\xi \leq 0$ の場合にとくに注意する必要がある．

最尤法を使う場合には統計モデルが複雑になるにつれて尤度関数や尤度方程式が複雑になったり，例 7.8 のように統計量は明示的に表現されるとは限らないことに注意する必要がある．

7.4　小標本の標準理論

推定の規準

例えばベルヌイ試行の確率を未知母数 θ とするとき，未知母数 θ の推定量として n 個の標本から作った統計量候補の中からどの推定量を使ったらよいか，母数の点推定量を選択する規準を考察しよう．互いに独立な標本 $X_1, \ldots, X_n$ (ここでは簡単化のために X_i はスカラーの確率変数とする) が得られるとき，推定量を母数の関数とみなせば $\hat{\theta}_n(X_1, \ldots, X_n)$ は母数 θ のまわりに分布すると考えられる．したがって，推定量の良さを測る自然な尺度としては真の母数のまわりで推定量がばらつく確率

$$P\left(|\hat{\theta}_n - \theta| < z\right) \tag{7.26}$$

が小さい方がよいという規準が考えられる．しかしこの確率を z に依存し，様々な推定量について具体的に評価するのは一般には簡単ではない．そこで確率の代わりに推定量の真の母数のまわりの 2 次積率

$$MSE(\hat{\theta}_n) = \mathbf{E}\left[\hat{\theta}_n - \theta\right]^2 \tag{7.27}$$

を小さくする規準が考えられる．ここで MSE とは平均 2 乗誤差 (mean squared error) の略であり，推定量の選好の規準として使うときにはなるべくこの MSE が小さくなるように推定量を選ぶことが多くの場合には自然であり，ある推定量の MSE が別の推定量の MSE より小さいときにより効率的 (efficient) という[*4]．

この平均 2 乗誤差を推定量の期待値 $\mathbf{E}(\hat{\theta}_n)$ のまわりで展開すると

$$\mathbf{E}\left[|\hat{\theta}_n - \theta|^2\right] = \mathbf{E}\left[\left((\hat{\theta}_n - \mathbf{E}(\hat{\theta}_n)) + (\mathbf{E}(\hat{\theta}_n) - \theta)\right)^2\right]$$

$$= \mathbf{E}\left[\left(\hat{\theta}_n - \mathbf{E}(\hat{\theta}_n)\right)^2\right] + \left[\left(\mathbf{E}(\hat{\theta}_n) - \theta\right)^2\right]$$

$$= \mathbf{V}\left(\hat{\theta}_n\right) + \left(\mathbf{E}(\hat{\theta}_n) - \theta\right)^2$$

となる．右辺の第 1 項は推定量の分散であるが，第 2 項は推定量の期待値と真の母数 θ の差である

$$B(\hat{\theta}_n) = \mathbf{E}(\hat{\theta}_n) - \theta \tag{7.28}$$

推定の偏り (bias, バイアス) の 2 乗を示している．推定量が真の母数のまわりに対称的に分布していれば推定のバイアスは 0 となる．

例 7.9　例 7.2 では推定量 $T_1 = \hat{X}_n$ の分布は 2 項分布の標本平均なので期待値 θ，分散は $(1/n)\theta(1-\theta)$ で与えられる．したがってこの推定量に偏りがないので，平均 2 乗誤差は

$$MSE(T_1) = \mathbf{E}\left(\hat{X}_n - \theta\right)^2 = \frac{1}{n}\theta(1-\theta) \tag{7.29}$$

となる．同様に $T_2 = \hat{X}_m \; (m < n)$ も偏りがないので平均 2 乗誤差は

$$MSE(T_2) = \frac{1}{m}\theta(1-\theta) \tag{7.30}$$

となる．この例では推定量 T_1 の平均 2 乗誤差が T_2 の平均 2 乗誤差に比べてどんな母数 p をとっても一様に小さくなる．そこで誤差を平均的に小さくする意味では T_2 より T_1 が望ましいといえる．

[*4] 例えば景気予測 (例えば GDP 成長率や物価) のエコノミストにとっては真の値 θ のまわりに対称な損失関数を規準とすることが適切か否かは疑問であり，過小に予測する損失はより大きい，すなわち非対称な損失が妥当な場合もありうる．

例 7.10 例 7.9 において推定量 $T_3(X_1,\ldots,X_n) = 1/2$ とすることは可能である.この推定法はデータからどのような情報が得られたとしてもベルヌイ試行は公平であるとみると解釈できる.この推定量は確かに真の状態が $\theta = 1/2$ であれば誤差は 0 となり,こうした例は未知母数の推定では常に考えられるが,データとして有限個の観測値が得られる状況ではこの推定法が誤りであることを示すことはできない.しかし未知母数の値 $(0 \leq \theta \leq 1)$ が $\theta = 1/2$ とはわかっていない状況では明らかに不合理である.ここで未知母数 θ について何らかの意味で一様に悪くない性質 (一様性の推定基準と呼ぶ) を導入することで,こうした特定の状態についてのみ良い性質を持つ (いわば super 効率的な) 推定法を排除できる.

不偏性の規準

推定量の規準として不偏性 (unbiasedness) とは偏り (bias) のない性質であり,任意の母数 $\theta \in \Theta$ のとる値に対して

$$\mathbf{E}(\hat{\theta}_n) = \theta \tag{7.31}$$

が成り立つことである.この性質を持つ推定量を**不偏推定量** (unbiased estimator) と呼ぶ.

例 7.11 正規分布の例では標本平均 $\bar{X}_n$ は母平均 μ の不偏推定量であり,標本 (不偏) 分散 $s_n^2 \, (= (1/(n-1))\sum_{i=1}^n (X_i - \bar{X}_n)^2)$ は母分散 σ^2 の不偏推定量となる.ただし,最尤推定量 (式 (7.20)) の期待値は $\mathbf{E}(\hat{\sigma}_{ML}^2) = [(n-1)/n]\sigma^2$ となるので不偏推定量ではない.平均 2 乗誤差は $MSE(\hat{\sigma}_{ML}^2) < MSE(s_n^2)$ となる.

未知母数の推定量としての範囲として不偏推定量のクラスに限れば,十分統計量に依存する推定量を用いることが望ましいことを示すことができる.統計量 $\phi(\mathbf{X})$ ((縦) 確率変数ベクトル $\mathbf{X} = (X_1,\ldots,X_n)'$) は θ の不偏推定量,$T(\mathbf{X})$ を十分統計量とする.このとき十分統計量で条件付けした統計量 $\varphi(t) = \mathbf{E}[\phi(\mathbf{X})|T = t]$ とすると不等式

$$\begin{aligned}\mathbf{E}[(\phi(\mathbf{X}) - \theta)^2] &= \mathbf{E}\{[(\phi(\mathbf{X}) - \varphi(T)) + (\varphi(T) - \theta)]^2\} \\ &= \mathbf{E}[(\phi(\mathbf{X}) - \varphi(T))^2] + \mathbf{E}[(\varphi(T) - \theta)^2] \\ &\geq \mathbf{V}[\varphi(T)]\end{aligned}$$

が成り立つ．このことより次の定理が得られる．

定理 7.3 (ブラックウェル-ラオ (Blackwell-Rao) の定理) 標本 $\mathbf{X} = (X_1,\ldots,X_n)'$ の各要素が互いに独立・同一分布に従うとき，$T(\mathbf{X})$ を十分統計量，統計量 $\phi(\mathbf{X})$ は母数 θ の不偏推定量とする．このとき，
(i) $\varphi(t) = \mathbf{E}[\phi(\mathbf{X})|T=t]$ は不偏推定量，
(ii) $\mathbf{V}[\varphi(T)|\theta] \leq \mathbf{V}[\phi(\mathbf{X})]$ となる．

例 7.12 互いに独立な確率変数 $X_i \sim N(\theta,1)$ $(i=1,\ldots,n)$ のとき統計量 $\phi(\mathbf{X}) = X_1$ とする．十分統計量は $T = \frac{1}{n}[X_1 + \cdots + X_n]$ であるから 2 次元正規分布の性質より $\mathbf{Cov}(X_1,T) = 1/n$, $\mathbf{V}(T) = 1/n$ となることを利用すると，十分統計量による X_1 の条件付期待値は

$$\mathbf{E}[X_1|T=t] = \theta + \frac{1/n}{1/n}(t-\theta) = t$$

で与えられる．

推定量が不偏性を持てば真のまわりに偏りがないという意味では適切な推定量であるから，不偏推定量のみを比較の対象とすることが考えられる．ここで推定量のクラスを不偏性を満たしている推定量のみに範囲を限定しておくと推定量の適切性，最適性の判定は比較的に容易となる．

ここで互いに独立な標本 $X_1,\ldots,X_n$ の同時密度関数が $f(\mathbf{x}|\theta)$ で与えられるとき ((縦) ベクトル $\mathbf{x} = (x_1,\ldots,x_n)'$)，不偏推定量 $\hat{\theta}_n = \hat{\theta}_n(\mathbf{X})$ ($\mathbf{X} = (X_1,\ldots,X_n)$) は任意の $\theta \in \Theta$ について条件

$$\mathbf{E}\left(\hat{\theta}_n\right) = \theta \tag{7.32}$$

を満足する．この条件を θ について微分すると条件 $\frac{\partial}{\partial \theta}\mathbf{E}(\hat{\theta}) = 1$ は

$$\int \hat{\theta}(x) \frac{\partial}{\partial \theta} f(\mathbf{x}|\theta)\, d\mathbf{x} = \int \hat{\theta}(\mathbf{x}) \frac{\partial \log f(\mathbf{x}|\theta)}{\partial \theta} f(\mathbf{x}|\theta)\, d\mathbf{x}$$

$$= \mathbf{E}\left[\hat{\theta}(\mathbf{X}) \frac{\partial \log f(\mathbf{X}|\theta)}{\partial \theta}\right]$$

$$= \mathbf{Cov}\left(\hat{\theta}(\mathbf{X}), \frac{\partial \log f(\mathbf{X}|\theta)}{\partial \theta}\right) \leq \sqrt{\mathbf{V}\left(\hat{\theta}(\mathbf{X})\right)}\sqrt{I_n(\theta)}$$

となる．最後の式の $I_n(\theta)$ (フィッシャー情報量) は以下で説明するが，途中の等号では

$$\mathbf{E}\left[\frac{\partial \log f(\mathbf{X}|\theta)}{\partial \theta}\right] = \frac{\partial}{\partial \theta}\left[\int f(\mathbf{x}|\theta)\,d\mathbf{x}\right] = 0 \tag{7.33}$$

となる条件を用いたが $\int f(\mathbf{x}|\theta)\,d\mathbf{x} = 1$ より求められる．一般には期待値 (積分) と (母数についての) 微分が交換できる条件が成り立つとは限らないが後述の正則条件を用いる必要がある．また最後の評価ではコーシー–シュワルツ不等式 $\mathbf{Cov}(X,Y) \leq \sqrt{\mathbf{V}(X)}\sqrt{\mathbf{V}(Y)}$ を利用した．

とくに n 個の標本が互いに独立で同一の分布に従う確率変数の場合には

$$I_n(\theta) = \mathbf{E}\left[\left(\frac{\partial}{\partial \theta}\sum_{i=1}^{n}\log f(X_i|\theta)\right)^2\right]$$
$$= n\,\mathbf{E}\left[\left(\frac{\partial}{\partial \theta}\log f(X_1|\theta)\right)^2\right] = n\,I_1(\theta)$$

より不偏推定量の分散は

$$\mathbf{V}\left(\hat{\theta}_n\right) \geq \frac{1}{n\,I_1(\theta)}$$

となる．以上の結果を次のようにまとめておく．

定理 7.4 同時分布について (次節で述べる) 正則条件を仮定する．任意の不偏推定量 $\hat{\theta}(X_1,\ldots,X_n)$ の分散は不等式

$$\mathbf{V}(\hat{\theta}) \geq \frac{1}{n\,I_1(\theta)} \tag{7.34}$$

を満足する．ただし $I_1(\theta)$ (あるいは $I_n(\theta)$) はフィッシャー情報量と呼ばれ

$$I_1(\theta) = \mathbf{E}\left(\frac{\partial}{\partial \theta}\log f(X_1|\theta)\right)^2$$
$$= \mathbf{E}\left(-\frac{\partial^2}{\partial \theta^2}\log f(X_1|\theta)\right)$$

で与えられる．

ここで上の導出の途中では結果が成り立つようないくつかの条件を用いた．次節で説明するがいくつかの数学的条件 (正則条件 (regularity condition) と呼ばれ

る)の下で一般的に最適な推定量の性質を導くことが可能なのである.

クラメール (H. Cramer) とラオ (C.R. Rao) がほぼ同時に得たこの古典的なクラメール–ラオ (CR) の不等式では,左辺は推定量の分散なので右辺はその限界を示しているのでクラメール–ラオ (CR) 下限と呼ばれている.したがってもし不偏推定量の中で右辺に一致する推定量がみつかれば最良推定量 (efficient estimator, 効率的推定量), optimal estimator (最適推定量) と呼ぶことができる.このような推定量が存在するとき,推定量は**一様最小不偏分散推定量** (uniformly minimum variance unbiased estimator, UMVU) と呼ばれている.

例 7.13 母集団分布が平均 μ,分散 σ^2 の正規分布 $N(\mu, \sigma^2)$ である場合を考える.仮に分散の母数 σ^2 の値を既知として母数を平均値 μ のみとして標本 1 個に対する情報量を計算すれば

$$I_1(\mu) = \mathbf{E}\left(\frac{\partial}{\partial \mu} \log f(X|\mu)\right)^2$$
$$= \frac{1}{\sigma^4}\mathbf{E}(X-\mu)^2 = \frac{1}{\sigma^2}$$

となる.このとき全体の標本からの推定量についてのクラメール–ラオの下限は $1/(nI_1(\theta)) = \sigma^2/n$ となり標本平均の分散に一致する.したがって標本平均 $\bar{X}$ は一様分散不偏推定量となる.

ここで CR 下限の導出より下限を達成するためには $\varphi(\mathbf{x}) = \hat{\theta}(\mathbf{x})$ ($\mathbf{x} = (x_1, \ldots, x_n)'$) とすると,$\alpha(\theta), \beta(\theta)$ を適当に選び,CR 下限を導く不等式が等式となる同時密度関数についての条件

$$\varphi(\mathbf{x}) = \alpha(\theta)\frac{\partial \log f(\mathbf{x}|\theta)}{\partial \theta} + \beta(\theta)$$

を満足する必要がある.この条件を同時密度関数について解けば

$$f(\mathbf{x}|\theta) = B(\theta)h(\mathbf{x})\exp[A(\theta)\varphi(\mathbf{x})] \tag{7.35}$$

と表現できるが,右辺に現れる確率分布型は**指数分布族** (exponential family) と呼ばれている.統計学でよく利用される 2 項分布,ポワソン分布,正規分布,など多くの分布はこの分布族に属している.

応用上の問題では母数がベクトルの場合がより一般的である.母数ベクトル $\boldsymbol{\theta} = (\theta_i)$ を $r \times 1$ ベクトルとすると,n 個の独立標本から得られるフィッシャー

情報量は $r \times r$ 行列 $I_n(\boldsymbol{\theta}) = (I_{n,ij})$,

$$I_{n,ij} = \mathbf{E}\left[-\frac{\partial^2 \log f(\mathbf{X}|\theta)}{\partial \theta_i \partial \theta_j}\right] \tag{7.36}$$

により定義される．母数ベクトルについて $g(\boldsymbol{\theta}) = \boldsymbol{\theta}$ とすると CR 下限は行列の意味で同様に定義できるが，不偏推定量は $r \times 1$ ベクトル $\varphi(\mathbf{x})$ になり大小関係は行列の定符号行列の意味で

$$\mathbf{V}[\varphi(\mathbf{X})] \geq I_n(\boldsymbol{\theta})^{-1} \tag{7.37}$$

となる．このとき第 i 要素 $\varphi_i(\mathbf{X})$ の分散は $I_n(\boldsymbol{\theta})^{ii}$ を $I_n(\boldsymbol{\theta})^{-1}$ の第 (i,i) 成分とすると

$$\mathbf{V}[\varphi_i(\mathbf{X})] \geq I_n(\boldsymbol{\theta})^{ii} \tag{7.38}$$

となる．

こうした数理的表現とは別に実際に UMVU 推定量をみつけ出すことはそれほど易しいことではない．例えば 2 項分布 $B(n,\theta)$ において $g(\theta) = \theta^2$ $(0 \leq \theta \leq 1)$ を推定する問題では $n=1$ とすると明らかに $\hat{\theta} = \bar{X}_n^2$ は不偏ではない．また母数 $g(\theta) = \theta/(1-\theta)$ $(0 \leq \theta < 1)$ を推定する問題では不偏推定量は存在しない．仮に存在したとしてその推定量を $\varphi(\mathbf{X})$ とすると

$$\frac{\theta}{1-\theta} = \sum_{x=0}^{n} \varphi(x) {}_nC_x \theta^x (1-\theta)^{n-x} \tag{7.39}$$

となるはずである．ところが右辺は θ の n 次多項式であるからこの方程式の解は一般には存在しないのである．

バイアス補正

与えられた推定量が不偏ではない場合も少なくない．一般的に推定量のバイアスを減らす方法としてジャックナイフ (jackknife) 法が知られている．この方法は次のように計算される．ある統計量 $T(X_1, \ldots, X_n)$ に対して $T_{-i}(X_1, \ldots, X_n)$ を第 i 標本を除いた統計量とする．そして $J_i(T) = nT(X_1, \ldots, X_n) - (n-1)T_{-i}(X_1, \ldots, X_n)$ を用いて

$$J(T) = \frac{1}{n}\sum_{i=1}^{n} J_i(T)$$

で統計量を定義する．例えば $X \sim B(1, \theta)$ に対し θ^2 の推定を考える．$T = \bar{X}_n^2$ としてジャックナイフ推定量を $J(T)$ とすると θ^2 の推定バイアスが小さくなることが確認できる．ジャックナイフ法は一度サンプリングしたデータより再びサンプリングして推定量を構成するという様々なリサンプリング (resampling) 法の原型とみなすことができる．こうしたリサンプリング法は高速計算機が利用可能になって急速に実用化されている．なおここで構成した推定量は

$$J(T) = \bar{X}_n^2 - \frac{1}{n(n-1)} \sum_{i=1}^{n} (X_i - \bar{X}_n)^2 \tag{7.40}$$

となるので負値をとる確率が正となることの問題が生じる．この例では非負値のみをとる推定量に修正する必要がある．

7.5 統計的推定の漸近理論

一般的に最尤推定量が UMVU 推定量に一致する保証はない．実は UMVU 推定量を簡単に構成できる場合は，母集団分布から独立に標本が得られる場合においてもかなり限られている．応用上で生じるより複雑な状況を設定すると小標本理論の展開はさらに困難となる．

しかしながら標本数 n がかなり大きい場合には「良い推定量」の議論を展開することは可能であり，標本数が大きいときの統計理論は漸近理論，大標本理論 (large sample theory) と呼ばれている．標本数が大きければ最尤推定量 $\hat{\theta}_{ML}$ の分散について一定の (正則条件と呼ばれる) 条件の下で近似的に

$$V\left[\sqrt{n}\left(\hat{\theta}_{ML} - \theta\right)\right] \cong \frac{1}{I_1(\theta)} \tag{7.41}$$

となることが知られている．このことはすでに説明した中心極限定理を標本平均についての確率的法則とみるとその拡張された内容と解釈ができる．より実際的な観点からも最尤推定量 (あるいは積率法などによる推定量など) は，標本数がある程度多ければ近似的な意味でばらつきの少ない推定量であり，統計的な良い推定量 (漸近的有効推定量, asymptotically efficient estimator) となるので重要な意味がある．

最尤推定量の漸近的性質は次のように直観的に説明することができる．ス

カラー変数についての観測変数ベクトル $\mathbf{x} = (x_1, \ldots, x_n)'$，対数尤度関数を $l_n(\theta) = \log L_n(\theta|\mathbf{x}) = \log \sum_{i=1}^n f(x_i|\theta)$ とすると，最尤推定量 $\hat{\theta}_{ML}$ は尤度方程式の解であるから，

$$\left.\frac{\partial l_n(\theta|\mathbf{X})}{\partial \theta}\right|_{\hat{\theta}_{ML}} = 0 \tag{7.42}$$

である．ここで $\hat{\theta}_n$ が**一致推定量** (consistent estimator) とは「任意の $\epsilon > 0$ に対して $n \to \infty$ のとき $P(\omega||\hat{\theta} - \theta| > \epsilon) \to 0$ となる」ことで定義しよう．最尤推定量が一致推定量であれば $\hat{\theta}_{ML} = \theta_0 + (\hat{\theta}_{ML} - \theta_0)$ として（意味を明確化するためにここで θ_0 は真の母数値とする）テーラー展開すると

$$0 = \left.\frac{\partial l_n(\theta_0|\mathbf{X})}{\partial \theta}\right|_{\theta_0} + \left.\frac{\partial^2 l_n(\theta_0|\mathbf{X})}{\partial \theta^2}\right|_{\theta_0}(\hat{\theta}_{ML} - \theta_0) + o_p(1) \tag{7.43}$$

である．$o_p(1)$ は確率的に無視できる項を表現するが，正確には確率変数 Z_n に対して $Z_n/n^\alpha \xrightarrow{p} 0 \ (n \to \infty)$ のとき $Z_n = o_p(n^\alpha)$ である．ここで漸近的には

$$\sqrt{n}(\hat{\theta}_{ML} - \theta_0) = \frac{-\frac{1}{\sqrt{n}}\left.\frac{\partial l_n(\theta|\mathbf{X})}{\partial \theta}\right|_{\theta_0}}{\frac{1}{n}\left.\frac{\partial^2 l_n(\theta_0|\mathbf{X})}{\partial \theta^2}\right|_{\theta_0}} + o_p(1) \tag{7.44}$$

と表現できる．ここで分母の期待値は

$$\frac{1}{n}\mathbf{E}\left[-\left.\frac{\partial^2 l_n(\theta|\mathbf{X})}{\partial \theta^2}\right|_{\theta_0}\right] = I_1(\theta_0)$$

であり，分子の期待値は 0 である．本節で続いて述べる正則条件の下で $\mathbf{E}[\frac{\partial l_n(\theta|\mathbf{X})}{\partial \theta}] = \int_{\mathbf{R}^n} \frac{1}{f(\mathbf{x}|\theta)} \frac{\partial f(\mathbf{x}|\theta)}{\partial \theta} f(\mathbf{x}|\theta)d\mathbf{x} = \frac{\partial}{\partial \theta}[\int_{\mathbf{R}^n} f(\mathbf{x}|\theta)d\mathbf{x}] = 0$ となるが，同時密度関数について $\int_{\mathbf{R}^n} f(\mathbf{x}|\theta)d\mathbf{x} = 1$ を利用した．ここで分母は大数の法則よりフィッシャー情報量に確率収束する．他方，分子は以下の例が示すように中心極限定理により $N(0, I_1(\theta_0))$ に収束する．したがって，次のような結果が得られる．

定理 7.5（最尤推定量の漸近的性質）独立標本 $X_1, \ldots, X_n$ が同一の分布に従い密度関数が $f(x|\theta)$ で与えられるとき，一定の**正則条件** (regularity condition) の下で $n \to \infty$ につれて

$$\sqrt{n}(\hat{\theta}_{ML} - \theta_0) \xrightarrow{\mathcal{L}} N(0, I_1(\theta_0)^{-1}) \tag{7.45}$$

となる．ここで $I_1(\theta)$ はフィッシャー情報量

$$I_1(\theta) = \mathbf{E}\left[-\frac{\partial^2 l_1}{\partial \theta^2}(\theta)\right] = \mathbf{E}\left[\left(\frac{\partial l_1}{\partial \theta}(\theta)\right)^2\right] \tag{7.46}$$

で与えられる．

この結果より最尤推定量は多くの場合には漸近的に CR 下限を達成することがわかるが，最尤推定量の一致性と漸近正規性を導く十分条件を正確に表現しようとすると複雑にみえる．なお，標準的な例では十分条件は満たされている場合が多いが，例 7.6 に挙げた一様分布など確率分布の台 (密度関数が正の領域，サポート) が母数に依存するような例が反例となる．

例 7.14 確率変数 $X_1, X_2, \ldots, X_n$ が互いに独立に正規分布 $N(0, \sigma^2)$ に従うときに母数 σ^2 の推定を考える[*5]．尤度関数は

$$L_n = \left(\frac{1}{2\pi\sigma^2}\right)^{n/2} e^{-\frac{1}{2\sigma^2}\sum_{i=1}^n x_i^2} \tag{7.47}$$

より対数尤度関数は

$$l_n = -\frac{n}{2}\log 2\pi - \frac{n}{2}\log \sigma^2 - \frac{1}{2\sigma^2}\sum_{i=1}^n x_i^2$$

となる．したがって母数で 2 回偏微分すると

$$\frac{1}{n}\frac{\partial^2 l_n}{\partial (\sigma^2)^2} = \frac{1}{2\sigma^4} - \frac{1}{n}\frac{2}{2\sigma^6}\sum_{i=1}^n x_i^2$$

よりフィッシャー情報量は

$$I(\sigma^2) = \frac{1}{n}\mathbf{E}\left[-\frac{\partial^2 l_n(\sigma^2|\mathbf{X})}{\partial \sigma^2}\right] = \frac{1}{2\sigma^4}$$

となる．他方，1 回の偏微分は

$$\frac{1}{\sqrt{n}}\frac{\partial l_n}{\partial \sigma^2} = \frac{1}{2\sqrt{n}\sigma^4}\sum_{i=1}^n [x_i^2 - \sigma^2]$$

となる．スコア関数と呼ばれるこの項は期待値 0 の独立和であるから中心極限定

[*5] より一般に正規分布 $N(\mu, \sigma^2)$ のとき母数ベクトル $\boldsymbol{\theta} = (\mu, \sigma^2)$ についても同様の結果が得られるが導出はより複雑になる．

理を適用することができる. これより漸近的に $N(0, I_1(\sigma))$ に従うことがわかる. したがって近似的には

$$\sqrt{n}\left[\hat{\sigma}_{ML}^2 - \sigma^2\right] \sim N(0, I_1(\sigma^2)^{-1}) \tag{7.48}$$

となる. こうした最尤推定量に関する漸近的結果は母数 $\theta = (\theta_i)$ が有限次元 $(p \times 1)$ のベクトルの場合についても一定の正則条件の下で成立する.

定理 7.6 独立ベクトル標本 $X_1, \ldots, X_n$ が同一の分布に従い密度関数が $f(\mathbf{x}|\boldsymbol{\theta})$ で与えられるとする. $r \times 1$ $(r \geq 1)$ 母数ベクトル $\boldsymbol{\theta} = (\theta_i)$ のとき一定の正則条件の下で $n \to \infty$ につれて

$$\sqrt{n}(\hat{\boldsymbol{\theta}}_{ML} - \boldsymbol{\theta}_0) \xrightarrow{\mathcal{L}} N(\mathbf{0}, I_1(\boldsymbol{\theta}_0)^{-1}) \tag{7.49}$$

となる. ここで $I_1(\boldsymbol{\theta})$ はフィッシャー情報量

$$I_1(\boldsymbol{\theta}) = \left(\mathbf{E}\left[-\frac{\partial^2 l_1}{\partial \theta_i \partial \theta_j}(\boldsymbol{\theta})\right]\right) = \left(\mathbf{E}\left[\left(\frac{\partial l_1}{\partial \theta_i}(\boldsymbol{\theta})\frac{\partial l_1}{\partial \theta_j}(\boldsymbol{\theta})\right)\right]\right) \tag{7.50}$$

で与えられる (ただし $I_1(\boldsymbol{\theta})$ は $r \times r$ 正則行列とする).

正則条件について

最尤推定法は応用上で用いられることが多いが, 漸近論が成立するには一定の正則条件が必要であり, 条件を満たさない場合の議論は非正則問題と呼ばれている. 密度関数の微係数が母数に依存せず母数について (数回の) 微係数が存在し, 期待値 (積分) 操作と母数についての微分操作の交換可能な条件が必要であるが, 典型的な非正則な例に言及しておこう[*6].

例 7.15 独立な確率変数列 X_i $(i = 1, \ldots, n)$ が指数分布に従い, 密度関数

$$f(x|\theta) = e^{-(x-\theta)} \quad (x > \theta) \tag{7.51}$$

とする. このとき最尤推定量は $\hat{\theta}_n = \min_{1 \leq i \leq n} X_i$ である. ここで

[*6] 例えば M. Akahira and K. Takeuchi "Non-Regular Statistical Estimation" (Springer, 1995) がある. 例 7.8 において $\xi \geq -1/2$ のときには最尤推定量は漸近的に良い性質を持つことが知られている (R. Smith (1985), "Maximum likelihood estimator in a class of nonregular cases" Biometrika, **72**(1), 67-90).

$$P(\min X_i - \theta \leq z) = 1 - P(\min X_i - \theta > z)$$
$$= 1 - \prod_{i=1}^{n} P(X_i - \theta > z) = 1 - e^{-nz}$$

となるので $Z = n(\min_{1 \leq i \leq n} X_i - \theta)$ の分布は指数分布となる．この例では $\frac{\partial^2 l_n(\theta)}{\partial \theta^2} = 0$, $\frac{\partial l_n(\theta)}{\partial \theta} = n$ となる．

この例のように極限分布への収束次数は (7.45), (7.49) のように常に $\sqrt{n}$ とは限らない．また期待値操作と微分の交換は一般には保証されないことに注意が必要である．例えば定理 7.5 (母数がスカラーの場合), 定理 7.6 (母数がベクトルの場合) での正則性の十分条件は (i) 確率分布の台 ($f(\mathbf{x}|\boldsymbol{\theta})$ が母数に依存しない), (ii) 母数ベクトル $\boldsymbol{\theta} = (\theta_i)$ ($i = 1, \ldots, p$) が真の母数値 $\boldsymbol{\theta}_0 = (\theta_{0i})$ の近くにおいて

$$\frac{\partial l_1(\theta)}{\partial \theta_i}, \quad \frac{\partial^2 l_1(\theta)}{\partial \theta_i \partial \theta_j}, \quad \frac{\partial^3 l_1(\theta)}{\partial \theta_i \partial \theta_j \partial \theta_k}$$

が存在する，(iii) フィッシャー情報量 $I(\boldsymbol{\theta}) = (I(\theta_i))$ が正則行列 (スカラーの場合は正値)，(iv) 可積分関数 $M(\boldsymbol{x})$ が存在して

$$\mathbf{E}\left[\left|\frac{\partial^3 l_1(\theta)}{\partial \theta_i \partial \theta_j \partial \theta_k}\right|\right] < \mathbf{E}[M(\mathbf{x})] < \infty \tag{7.52}$$

である．

独立でない場合

最尤推定法が数理統計学で重視される 1 つの理由は, 尤度関数が想定できる状況では一般的に適用可能であることが挙げられる．例えば確率変数列 $X_1, X_2, \ldots, X_n$ が互いに独立とは限らない場合でも同時密度関数は初期条件 $X_0 = x_0$ を所与として条件付密度関数の積

$$L_n = f(x_n|x_{n-1}, \ldots, x_0, \theta) f(x_{n-1}|x_{n-2}, \ldots, x_0, \theta) \cdots f(x_1|x_0, \theta) \tag{7.53}$$

により表現することができる．ここでとくに

$$f(x_n|x_{n-1}, x_{n-2}, \ldots, x_1, x_0, \theta) = f(x_n|x_{n-1}, x_0, \theta) \tag{7.54}$$

となるときマルコフ性があるという．例えばデータ時系列を扱うときには，過去を所与とした現在の条件付分布が直前の過去値のみに依存する場合や問題をそう

した状況に帰着できる場合には，独立標本の自然な拡張となる．例としてはマルチンゲールや自己回帰モデルなどは応用上で有用なのである．初期値 x_0 を所与とすると対数尤度関数は

$$l_n(\theta) = \sum_{i=1}^{n} \log f(x_i|x_{i-1}, \theta) \tag{7.55}$$

と簡単化できるので多くの場合に最尤推定法の適用が可能となる．

例 7.16 例 4.2 の 1 次自己回帰モデル (AR(1) と表記)

$$X_j = aX_{j-1} + Z_j \quad (j = 1, \ldots, n) \tag{7.56}$$

を考えよう．ここで Z_j は互いに独立な確率変数列 $Z_j \sim N(0, \sigma^2)$ であり，ゼロ時点 $j = 0$ における X_0 を所与とすると系列 Z_j $(j = 1, \ldots, n)$ および過去の X_{j-1} により各時点 j における確率変数 X_j が決まる統計モデルである．この場合は初期条件を所与とすると尤度関数は

$$L_n(\theta) = \left(\frac{1}{\sqrt{2\pi}}\right)^{n/2} \exp\left[-\frac{1}{2\sigma^2} \sum_{j=1}^{n} (X_j - aX_{j-1})^2\right] \tag{7.57}$$

となる．初期条件 X_0 が所与の下では最尤推定量は最小 2 乗推定量にほぼ一致し

$$\hat{a}_{LS} = \frac{\sum_{j=1}^{n} X_j X_{j-1}}{\sum_{j=1}^{n} X_{j-1}^2} \tag{7.58}$$

で与えられる．さらに

$$\sqrt{n}\left[\frac{\sum_{j=1}^{n} X_j X_{j-1}}{\sum_{j=1}^{n} X_{j-1}^2} - a\right] = \frac{\frac{1}{\sqrt{n}} \sum_{j=1}^{n} U_j X_{j-1}}{\frac{1}{n} \sum_{j=1}^{n} X_{j-1}^2} \tag{7.59}$$

と表現すると，この確率過程 X_j が定常過程 (条件 $|a| < 1$ をみたすとき) であれば右辺の分母は $\mathbf{E}[X_1^2]$ に収束し，分子はマルチンゲールになるので中心極限定理より正規分布に収束する．したがってこの場合には漸近分布の分散はフィッシャー情報量に一致する．

こうした分析対象の現象が時間の経過に依存し，変化していく時系列・確率過程の場合にも最尤推定法を適用可能である．ただし，こうした場合には小標本の推定理論が適用可能ではないので大標本の推定理論が必要となる場合が少なくない．

7.6 密度関数の推定問題

多くの統計的分析では確率分布が利用されているので標本データより確率分布を推定することは基本的な問題の1つと考えられる．標本として独立な確率変数列の実現値が利用可能なとき，確率分布が母数 θ に依存するとき $F(x|\theta)$，これに母数の推定量 $\hat{\theta}_n$ を代入すると $F(x|\hat{\theta}_n)$ により推定することができる．密度関数 $f(x|\theta)$ の推定についても同様に $f(x|\hat{\theta}_n)$ により推定することが考えられる．例えば正規分布の場合には標本平均 $\bar{x}_n$，標本不偏分散 $s_n^2 = (1/(n-1))\sum_{i=1}^n (x_i - \bar{x}_n)^2$ を利用して

$$\hat{f}(x) = \frac{1}{\sqrt{2\pi s_n^2}} e^{\frac{1}{2s_n^2}(x-\bar{x}_n)^2} \tag{7.60}$$

とすることが有用である．

実際の統計分析では確率分布の形が事前に正確に既知である状況はそう多くはない．こうした場合には利用可能な統計データ $\mathbf{x} = (x_1, \ldots, x_n)'$ (n 次元 (縦) ベクトル) より確率分布を推定することが考えられる．こうしたノンパラメトリック (non-parametric) な分布関数の推定法としては経験分布関数 $F_n(x)$ を利用することが一般的である．任意の連続点 x に対して $n \to \infty$ のとき $F_n(x) \to F(x)$ となるのである種の妥当性があるが，有限の n に対しては階段関数になる．この関数は頻度分布に対応するが，確率分布として滑らかな密度関数が妥当と考えられる状況も多い．そこでより滑らかな密度関数を推定する方法としてカーネル関数 $K(y)$ を利用して

$$\hat{f}_n(x) = \frac{1}{n}\sum_{i=1}^n \frac{1}{h} K\left(\frac{x-X_i}{h}\right) \tag{7.61}$$

とすることが考えられるが，この方法はカーネル推定法 (kernel estimation method) と呼ばれている．ここで h はバンド幅と呼ばれる正実数であり，カーネル関数 $K(y)$ としては条件 (i) $\int K(y)dy = 1$, (ii) $\int y K(y)dy = 0$, (iii) $\int y^2 K(y)dy = 1$ を満たす必要がある．例えば

(i) 標準正規分布の密度関数 $K_1(y) = (1/\sqrt{2\pi})\exp[(-1/2)y^2]$,

(ii) エパネチニコフ (Epanechnikov) 密度関数 $K_2(y) = (3/4\sqrt{5})(1 - y^2/5)$ ($|y| \leq \sqrt{5}$)
などがよく利用されている．こうしたカーネル推定量は密度関数の各点 x のまわりの観測値をカーネル関数 $1/(nh)K((x-X_i)/h)$ を利用して平滑化 (smoothing) する推定法である．

密度関数は一般に連続点で定義されるが，統計データは有限個の実現値とみなすと，連続区間で定義されている密度関数の推定量の誤差評価には**平均 2 乗積分誤差** (mean integrated squares error) を利用するのが一般的である．この誤差量は

$$MISE_f(\hat{f}) = \int \mathbf{E}_f[\hat{f}_n(x) - f(x)]^2 dx$$
$$= \int \mathbf{V}_f[\hat{f}_n(x)]dx + \int [\mathbf{E}_f(\hat{f}_n(x)) - f(x)]^2 dx$$

により定められる．このとき推定のバイアスは $(x-t)/h = y$ とおくと

$$\mathbf{E}_f[\hat{f}_n(x) - f(x)] = \int \left[\frac{1}{h}K\left(\frac{x-t}{h}\right)f(t)dt\right] - f(x)$$
$$= \int K(y)[f(x-hy) - f(x)]dy$$

となる．ここで推定量の評価では密度関数が変数 x の変化に伴い滑らかに変化すること (smooth な条件と呼ばれる) が仮定できればより正確な評価が可能となる．例えば関数の 2 回微分性を仮定すると $f(x-hy) - f(x) \sim (-hy)f'(x) + [(-hy)^2/2]f''(x)$ であるからバイアス項は

$$\mathbf{E}_f[\hat{f}_n(x) - f(x)] \sim \int y^2 K(y) dy \left[\frac{f''(x)}{2}\right] h^2 + o(h^2) \qquad (7.62)$$

となり，漸近分散項は $\mathbf{V}(\hat{f}_n) = \mathbf{E}(\hat{f}_n^2) - [\mathbf{E}(\hat{f}_n)]^2$ である．この場合には第 2 項は相対的に小さいと評価できるので結局

$$\mathbf{V}[\hat{f}_n(x)] \sim \frac{1}{nh} \int K(y)^2 f(x-hy) dy + o\left(\frac{1}{nh}\right) \qquad (7.63)$$

となる．したがって，バイアス項と漸近分散をあわせて評価すると，ある実定数 c_f が存在して

$$MISE_f(\hat{f}) = \int \mathbf{E}_f[\hat{f}_n(x) - f(x)]^2 dx \leq c_f \left[\frac{1}{nh} + h^4\right] \quad (7.64)$$

となる. この量を h について最小化する定数項を除いた n の次数の意味での最適な選択としては $h_n = n^{-1/5}$, $MISE_f(\hat{f}_n) = O(n^{-4/5})$ という条件が得られる. このように通常のパラメトリック・モデルの推定と異なりノンパラメトリック・モデルにおける誤差評価はより複雑となる.

例 7.17 例として第 1 種の極値分布であるグンベル分布からランダムにデータを発生させ, 正規カーネル関数を利用してバンド幅を最適次数にとり $n = 50, 1000$ として密度関数を推定した例を挙げておく. ここではグンベル分布に従う確率変数 X とすると $X = -\log Y$ となる Y は指数分布 $EX(1)$ に従い, さらに $Y = -\log U$ として U は一様分布 $U(0,1)$ に従うことを利用すると, 計算機上で一様乱数よりグンベル乱数を発生することができる. シミュレーション結果を図 7.1 に示しておくが, データ数があまり少なくなければ真の密度関数についての妥当な結果が得られることがわかる.

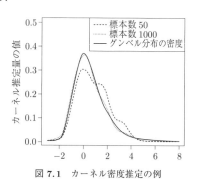

図 7.1 カーネル密度推定の例

なお密度関数のノンパラメトリック推定法は, 例えば確率変数 X の期待値 $\mathbf{E}[X]$, 確率変数 $X_2 = x_2$ を所与とする確率変数 X_1 の条件付期待値 $\mathbf{E}[X_1|X_2 = x_2]$ のノンパラメトリック推定などに応用できる. さらに歴史的には統計的時系列解析におけるスペクトル密度関数の推定問題などに応用されている.

Chapter 8
統計的検定論

本章では母集団から得られる標本に基づく統計的仮説検定論・区間推定論などの標準的内容,さらにブートストラップ法などのリサンプリング法の数理的基礎などを学ぶ.

8.1 仮説検定の発想

1回のコイン投げにおいて表の出る確率を p として,結果に歪みがあるか否かについての実験を例に仮説検定問題を考察しよう.「公平なコイン投げ」とはベルヌイ試行についての仮説

$$H_0 : p = \frac{1}{2} \tag{8.1}$$

と解釈すると,統計家は真の状態を知らないが実験を多数回できないので (大数の法則から真の確率を推定できるが) 少数回のコイン投げの観測値よりこの仮説の妥当性を検出したい.仮にコイン投げ30回の中の20回が表とすると確率の点推定値は $\hat{p} = 2/3$ となる.この値は仮説 $p = 1/2$ から離れているので仮説 H_0 を捨てることは仮説「コインが歪んでいる」

$$H_1 : p > \frac{1}{2} \tag{8.2}$$

を受け入れると解釈できる.ここで仮説 H_0,あるいは仮説 H_1 を受け入れるという統計的決定問題では,第1の仮説では特定の値 $1/2$ に対し,第2の仮説は仮説が成り立たないというより消極的主張なのでそれぞれ,仮説 H_0 を帰無 (null) 仮説,仮説 H_1 を対立 (alternative) 仮説と呼ぶ.30回の中で20回表が出る確率は,表の出る回数 $X \sim B(n, p)$ (2項分布) に従うので

$$_{30}C_{20}\left(\frac{1}{2}\right)^{20}\left(1-\frac{1}{2}\right)^{30-20} \cong 0.02798 \tag{8.3}$$

となる．同様に実験で 21 回表が出ることを考慮すると，同様に 22 回，23 回表が出る場合も考慮する必要があるであろう．ここで 20 回以上表が出る確率は $P = \sum_{i=20}^{30} \left(\frac{1}{2}\right)^i \left(1-\frac{1}{2}\right)^{30-i}$，2 項分布を正規分布で近似すると $X \sim N(30 \times \frac{1}{2}, 30 \times \frac{1}{2} \times \frac{1}{2})$ より $P(X \geq 20) = P((X-15)/\sqrt{30\left(\frac{1}{2}\right)^2} \geq 1.826) \sim 0.034$ となる．この確率は**確率値** (P 値) と呼ばれる．

この P 値は小さいので帰無仮説 H_0 を棄却して対立仮説 H_1 を受け入れるべきだろうか？　帰無仮説が正しい場合に実際に観測された回数よりも多い回数が実現する確率が 3%程度なのでこの数値は無視できないとする見方がある．他方，仮に帰無仮説が正しいとすると，表の出る回数が現実に観測された 20 回を超える確率はほぼ 3%と小さくもともとの帰無仮説は現実的ではないとの見方もある．論理的にはどちらの主張も正しく，確率値が正の値である限り 20 回表が出る可能性は否定できない．しかし実際に実験する回数が限られている場合，(多くの) 統計家は後者の見方，**統計的仮説検定** (hypothesis testing) の考え方を利用している．第 2 の観点に立つとき，どの程度の確率値により帰無仮説を否定して対立仮説を受け入れるかは統計的問題であるが，この基準値のことを**有意水準** (significance level)，危険率と呼ぶ．その具体的な数値は統計家や実証分析者の主観に依存するが，伝統的に 1%, 5%, 10%などの数値が使われている (有意水準はギリシャ文字の α (アルファ)，$100\alpha\%$ で表記する) が，データから求められる確率値が α よりも小さければ帰無仮説 H_0 を棄却することになる．確率値が α よりも大きければ，証拠が不十分として帰無仮説 H_0 を棄却できないので仮説を受容するという．コインの数値例では確率値が 1%と 5%の間なので有意水準 5%では帰無仮説は棄却，1%では帰無仮説は棄却されずに受容される．このように，データから計算された確率値さえわかっていれば異なる有意水準での検定結果を求めることができるので，確率値は統計データの有用な情報を含んでいる．

統計家の多くは帰無仮説は棄却されることに意味があるとする傾向がある．帰無仮説が受容される場合には必ずしも仮説が "正しい" ことを積極的に主張してはいないと判断するからである．帰無仮説を否定するに十分なデータが不足している場合，より多くのデータをとると帰無仮説が棄却されることもある．他方，

実証分析者は理論的仮説を統計モデルの上で表現し，帰無仮説の検定で理論の検証を行うことがある．この場合には分析者は理論的な仮説がデータから棄却されずに受容されることを重視する傾向がある．

仮説検定の方法

母集団の確率分布の下で母数 (スカラー) を θ としよう．母数 θ がとる領域を大文字 Θ で表して母数空間 (parameter space)，帰無仮説はこの母数空間の一部分 Θ_0 として

$$H_0 : \theta \in \Theta_0 \tag{8.4}$$

で表す．対立仮説は母数空間 Θ の別の部分 Θ_1 により

$$H_1 : \theta \in \Theta_1 \tag{8.5}$$

で表す．通常は $\Theta = \Theta_0 \cup \Theta_1$ である．

標本を確率変数 (縦) ベクトル $\mathbf{X} = (X_1, \ldots, X_n)'$ とすると，標本からの仮説検定問題は標本がどのような領域に入れば仮説を棄却すべきかの問題に帰着できる．この領域を**棄却域** (rejection region) と呼び n に依存するので R_n で表そう．この帰無仮説を棄却する領域 R_n を条件

$$P(\mathbf{X} \in \mathrm{R}_n | \theta) = \alpha \quad (\theta \in \Theta_0) \tag{8.6}$$

で決めれば，左辺の確率は帰無仮説が正しいときに標本が棄却域に入る確率を表す．このときには仮説が正しいにもかかわらず帰無仮説を棄却するので誤った決定を下している．この誤りを犯す確率を**第 1 種の過誤**と呼ぶ．実数 $0 < \alpha < 1$ をあらかじめ指定してこの誤りをコントロールするが，伝統的にはこの値は 1%, 5%, 10% などの値をとる．この第 1 種の過誤 $100\alpha\%$ を固定して標本 $\mathbf{X} = (X_1, \ldots, X_n)'$ から棄却域を決めれば検定方式が定まる．

ここで統計的検定では第 1 種の過誤ばかりではない誤りがある．帰無仮説が正しくないときに仮説を受容する確率は

$$P(\mathbf{X} \in \mathrm{R}_n^c | \theta) \quad (\theta \in \Theta_1) \tag{8.7}$$

と表せるので，これを**第 2 種の過誤**と呼ぶ (ここで領域 R_n^c は領域 R_n の補集合を示す)．この第 2 種の過誤も誤りなのでこの確率を小さくすることが望ましい．このことは確率

$$\beta(\theta) = P(\mathbf{X} \in \mathrm{R}_n | \theta) \quad (\theta \in \Theta_1) \tag{8.8}$$

を大きくすることと同等である.この確率は対立仮説が正しいときに帰無仮説を棄却して対立仮説を受容する確率であり,検定の**検出力** (power) と呼ばれる.ここで左辺の $\beta(\theta)$ (ギリシャ文字のベータ) は未知母数 θ を変数とすると,一般には未知母数 θ に依存するので母数 θ の真の値に無関係に小さくすることはできない.

8.2　検定の標準理論

標本 $\mathbf{X} \in \mathrm{R}_n$ のとき関数 $\phi(\mathbf{X}) = 1$,標本 $\mathbf{X} \in \mathrm{R}_n^c$ のとき関数 $\phi(\mathbf{X}) = 0$ により検定関数を定めよう.一般に離散分布の場合も考慮すれば棄却域 R_n の代わりに標本 $X = (X_1, \ldots, X_n)'$ に対して検定関数

$$\phi(X) = \phi(X_1, \ldots, X_n) = \begin{cases} 1 & (X \in \mathrm{R}_{1n}) \\ \gamma & (X \in \mathrm{R}_{2n}) \\ 0 & (X \in \mathrm{R}_{3n} = (\mathrm{R}_{1n} \cup \mathrm{R}_{2n})^c) \end{cases} \tag{8.9}$$

を導入しよう.ここで $\phi(\mathbf{X}) = 1$ は帰無仮説の棄却を意味するので領域 R_{1n} は棄却域, $\phi(X) = 0$ は帰無仮説を受容するので領域 $(\mathrm{R}_{1n} \cup \mathrm{R}_{2n})^c$ は受容域である.さらに $\phi(\mathbf{X}) = \gamma, 0 < \gamma < 1$ は確率 γ で帰無仮説を棄却することを意味する.この領域 R_{2n} は連続型分布の場合には必要ないが,離散型の場合に第 1 種の過誤を (先験的に固定する) ある水準 α にするためには必要である.例えば 2 項分布の例では確率関数はとびとびの値をとるが,領域 R_{2n} を使うと正確に第 1 種の過誤を固定できる.ここで 2 種類の過誤の確率は

$$P(\text{第 1 種の過誤}) = \mathbf{E}[\phi(\mathbf{X}) | \theta_0] \tag{8.10}$$

および

$$P(\text{第 2 種の過誤}) = \mathbf{E}[1 - \phi(\mathbf{X}) | \theta_1] = 1 - \mathbf{E}[\phi(\mathbf{X}) | \theta_1] \tag{8.11}$$

である.検出力は

$$\beta(\theta_1) = 1 - P(\text{第 2 種の過誤}) = \mathbf{E}[\phi(\mathbf{X}) | \theta_1] \tag{8.12}$$

によって定義される.このとき第 1 種の過誤 $\alpha_1(\phi) = \mathbf{E}[\phi(\mathbf{X}) | \theta_0]$,および第 2 種の過誤 $\alpha_2(\phi) = \mathbf{E}[1 - \phi(\mathbf{X}) | \theta_1]$ をまとめて $\boldsymbol{\alpha}(\phi) = (\alpha_1(\phi), \alpha_2(\phi))$ としよ

う．$[0,1] \times [0,1]$ 内のこの 2 次元集合を L 集合と呼ぶと，第 1 種の過誤を 0 にとると第 2 種の過誤は 1 になる．また第 1 種の過誤を 1 にとると第 2 種の過誤は 0 になり，第 1 種の過誤と第 2 種の過誤を $1/2$ にすることができる．2 つの過誤を $(0,1)$ にとり検定 ϕ_1, ϕ_2 が構成できるとすると，2 つの検定の線形結合 $\gamma_1 \phi_1 + \gamma_2 \phi_2$ $(\gamma_1 + \gamma_2 = 1, \gamma_1 \geq 0, \gamma_2 \geq 0)$ も検定方式になるので次のことが導かれる．

定理 8.1 任意の検定関数 ϕ に対して第 1 種の過誤と第 2 種の過誤の集合 $L = \{\alpha(\phi) | (\alpha_1(\phi), \alpha_2(\phi))\}$ は次の性質を持つ．
  (i) $(1, 0) \in L, (0, 1) \in L$ である．
  (ii) L は点 $(1/2, 1/2)$ に対称であり $\boldsymbol{\alpha}(\phi) \in L$ なら $\boldsymbol{\alpha}(1 - \phi) \in L$ である．
  (iii) L は閉凸集合である．

もし 2 つの検定方式があってそれぞれの棄却域が R_{1n}, R_{2n} で与えられ，それぞれの検出力を $\beta_1(\theta), \beta_2(\theta)$ とするとき，対立仮説 $\theta \in \Theta_1$ がどのような値をとっても不等式

$$\beta_1(\theta) \geq \beta_2(\theta) \tag{8.13}$$

が成り立てば検定方式 1 は検定方式 2 よりも悪くないと考えられる．もし厳密な不等号がどこかで成立していれば常に検定方式 1 は検定方式 2 よりも良い方式となる．そこで一般に任意の検定方式 ϕ に対し任意の θ の値について

$$\beta^*(\theta) \geq \beta_\phi(\theta) \tag{8.14}$$

が成り立つような検出力 β^* を持つ検定方式があれば**一様最強力検定** (uniformly most powerful test, UMP 検定) と呼ばれる．

ネイマン-ピアソンの補題

統計モデルにおける検定問題の帰無仮説が単純であれば UMP 検定が構成できる．ここで単純 (simple) 仮説とは帰無仮説が母数の 1 点 $\theta = \theta_0$ となる場合である．これに対して帰無仮説が 1 点で表現できない仮説を複合仮説 (composite hypothesis) と呼ぶ．コイン投げの例では確率 p について帰無仮説 $H_0 : p = 1/2$ は単純仮説の例である．

ここで棄却域 R_n の代わりに標本 $\mathbf{X} = (X_1, \ldots, X_n)'$ に対して検定関数を

138   8. 統計的検定論

$$\phi(\mathbf{X}) = \phi(X_1, \ldots, X_n) = \begin{cases} 1 & (\mathbf{X} \in \mathrm{R}_{1n} \text{のとき}) \\ \gamma & (\mathbf{X} \in \mathrm{R}_{2n} \text{のとき}) \\ 0 & (\mathbf{X} \in \mathrm{R}_{3n} = (\mathrm{R}_{1n} \cup \mathrm{R}_{2n})^c \text{のとき}) \end{cases}$$

とする．$\phi(\mathbf{X}) = 1$ は帰無仮説を棄却することを意味するので領域 R_{1n} は棄却域，$\phi(\mathbf{X}) = 0$ は帰無仮説を受容することを意味するので領域 $(\mathrm{R}_{1n} \cup \mathrm{R}_{2n})^c$ は受容域，$\phi(\mathbf{X}) = \gamma$ $(0 < \gamma < 1)$ は確率 γ で帰無仮説を棄却することを意味する．2 種類の過誤の確率は $P(第1種の過誤) = \mathbf{E}[\phi(\mathbf{X})|\theta_0]$ および $P(第2種の過誤) = \mathbf{E}[1 - \phi(\mathbf{X})|\theta_1] = 1 - \mathbf{E}[\phi(\mathbf{X})|\theta_1]$ となり，検出力は

$$\beta(\theta_1) = 1 - P(第2種の過誤) = \mathbf{E}[\phi(\mathbf{X})|\theta_1]$$

であるが，ネイマン (J.Neyman) とピアソン (K.Pearson) は次のように UMP 検定を求められることを示した．

定理 8.2 (ネイマン–ピアソンの基本補題) $X_1, \ldots, X_n$ が密度関数 $f(x|\theta)$ となる母集団分布からの n 個のランダム標本．2 つの単純仮説において帰無仮説 $H_0 : \theta = \theta_0$, 対立仮説 $H_1 : \theta = \theta_1$ とする．このとき正定数 c を定めて検定関数を $\mathbf{E}[\phi^*|\theta_0] = \alpha$ かつ

$$\phi^* = \begin{cases} 1 & \left(\prod_{i=1}^n f(x_i|\theta_1) > c \prod_{i=1}^n f(x_i|\theta_0)\right) \\ 0 & \left(\prod_{i=1}^n f(x_i|\theta_1) < c \prod_{i=1}^n f(x_i|\theta_0)\right) \end{cases} \tag{8.15}$$

とできれば，任意の検定関数 $\phi(\cdot)$ に対して

$$\mathbf{E}[\phi^*(X)|\theta_1] \geq \mathbf{E}[\phi(X)|\theta_1] \tag{8.16}$$

となる．

証明 変数ベクトル $\mathbf{x} = (x_1, \ldots, x_n)'$ に対して同時密度関数を $f(\mathbf{x}|\theta) = \prod_{i=1}^n f(x_i|\theta)$ 検定関数

$$\phi(\mathbf{x}) = \begin{cases} 1 & (\mathbf{x} \in \mathrm{R}_n(棄却域) \text{のとき}) \\ 0 & (その他) \end{cases}$$

とすると，検出力は

$$\beta(\theta_1) = 1 - P(\text{第2種の過誤})$$
$$= 1 - \mathbf{E}[1 - \phi(\mathbf{X})|\theta_1] = \mathbf{E}[\phi(\mathbf{X})|\theta_1]$$

で与えられる．ここでラグランジュ乗数 λ, ラグランジュ形式を

$$L(\theta_1) = \mathbf{E}[\phi(\mathbf{X})|\theta_1] - \lambda \mathbf{E}[\phi(\mathbf{X})|\theta_0] \tag{8.17}$$

とおくと，制約条件

$$\mathbf{E}[\phi(\mathbf{X})|\theta_0] = \alpha \tag{8.18}$$

の下での検出力の最大化はラグランジュ形式

$$L(\theta_1) = \int \phi(\mathbf{x})\left[f(\mathbf{x}|\theta_1) - \lambda f(\mathbf{x}|\theta_0)\right]d\mathbf{x}$$

を最大化する問題となる．ここで検定関数を

$$\phi^*(\mathbf{x}) = 1 \quad (f(\mathbf{x}|\theta_1) - \lambda f(\mathbf{x}|\theta_0) > 0\text{ のとき})$$
$$\phi^*(\mathbf{x}) = 0 \quad (f(\mathbf{x}|\theta_1) - \lambda f(\mathbf{x}|\theta_0) < 0\text{ のとき})$$

とおけば検定の検出力は最大化される．すなわち尤度比に基づく検定方式が求める解となる．**Q.E.D**

ここでは密度関数が存在する場合を議論したが，その他の場合 (離散分布の場合や連続・離散の混合分布の場合) も検定方式をわずかに修正することにより結果は成立する．離散分布の場合には制約条件としての $P(\text{第1種の過誤})$ を任意の水準とするために，同時確率関数 $p(x_1, \ldots, x_n|\theta) = \prod_{i=1}^{n} p(x_i|\theta)$ に対して検定関数として

$$\phi^* = \begin{cases} 1 & \left(\prod_{i=1}^{n} p(x_i|\theta_1) > c \prod_{i=1}^{n} p(x_i|\theta_0)\right) \\ \gamma & \left(\prod_{i=1}^{n} p(x_i|\theta_1) = c \prod_{i=1}^{n} p(x_i|\theta_0)\right) \\ 0 & \left(\prod_{i=1}^{n} p(x_i|\theta_1) < c \prod_{i=1}^{n} p(x_i|\theta_0)\right) \end{cases} \tag{8.19}$$

という検定関数を利用すれば，任意の $1 > \alpha > 0$ に対して $P(\text{第1種の過誤}) = \mathbf{E}[\phi(\mathbf{X})|\theta_0] = \alpha$ とできる．

例 8.1 分散が既知の正規母集団 $N(\mu, \sigma^2)$ から n 個の独立な標本 $X_1, \ldots, X_n$ が得られ,帰無仮説 $H_0 : \mu = \mu_0$ (既知の値) を対立仮説 $H_1 : \mu > \mu_0$ に対して検定することを考えよう. 尤度関数は

$$L_n(\mu) = \frac{1}{(2\pi\sigma^2)^{n/2}} e^{-\frac{1}{2\sigma^2} \sum_{i=1}^{n}(x_i - \theta)^2}$$

で与えられる. 仮説 H_0 と仮説 H_1 の下で尤度の比率を計算すれば

$$\frac{L_n(\mu_1)}{L_n(\mu_0)} = \frac{e^{-\frac{1}{2\sigma^2} \sum_{i=1}^{n}(x_i - \mu_1)^2}}{e^{-\frac{1}{2\sigma^2} \sum_{i=1}^{n}(x_i - \mu_0)^2}}$$
$$= e^{\frac{1}{2\sigma^2} \left[2(\mu_1 - \mu_0)\sum_{i=1}^{n} x_i + n(\mu_0^2 - \mu_1^2)\right]} \tag{8.20}$$

である. したがってネイマン–ピアソンの補題を用いると棄却域はこの尤度比 (likelihood ratio) が一定の数よりも大きい領域として与えられる. この尤度比は標本の関数としてみると $\sum_{i=1}^{n} x_i$ の関数なので,棄却域は標本平均 $\bar{X}_n$ とある定数 c' を使って

$$(\mu_1 - \mu_0)\bar{X}_n \geq c'$$

と表現できる. したがって帰無仮説と対立仮説における母数について $\mu_1 > \mu_0$ が成り立てば最強力検定の棄却域はある定数 c を使って

$$\bar{X}_n \geq c$$

で与えられる. ここで定数 c は第 1 種の過誤が α となるように決める必要があるので

$$P\left(\bar{X}_n \geq c | \mu = \mu_0\right) = P\left(\frac{\sqrt{n}(\bar{X}_n - \mu_0)}{\sigma} \geq \frac{\sqrt{n}(c - \mu_0)}{\sigma} \middle| \mu = \mu_0\right) = \alpha \tag{8.21}$$

と設定するが,左辺は帰無仮説の下で標準正規分布に従うので右側 $100\alpha\%$ 点を $n(\alpha)$ とすれば

$$\frac{\sqrt{n}(c - \mu_0)}{\sigma} = n(\alpha)$$

を解くことにより定数 c を決めればよい. 対立仮説が $H_1 : \mu_1 < \mu_0$ のときも同様な議論により最強力検定の棄却域は

$$\frac{\sqrt{n}(c-\mu_0)}{\sigma} = -n(\alpha)$$

により求められる. ここで棄却域は対立仮説の値には依存していないことに注意すると, 帰無仮説と対立仮説における母数の関係が $\mu_1 > \mu_0$, あるいは $\mu_1 < \mu_0$ となる場合には上の棄却域による検定は UMP 検定となる.

しかしながら対立仮説が $H_1 : \mu_1 \neq \mu_0$ となっている場合にはこの議論が成り立たない. 仮に成り立つとすると検定問題 $H_0 : \mu = \mu_0, H_{1A} : \mu = \mu_1 > \mu_0$, および $H_0 : \mu = \mu_0, H_{1B} : \mu = \mu_1 < \mu_0$ に対するそれぞれの片側検定と一致するはずであり矛盾が生じるので UMP 検定方式を構成することができない.

不偏検定

例 8.1 でみたように単純な帰無仮説 $H_0 : \theta = \theta_0$, 対立仮説 $H_1 : \theta \neq \theta_0$ の場合には UMP 検定が存在しない. 単純な帰無仮説 $H_0 : \theta = \theta_0$ に対して対立仮説 $H_1 : \theta > \theta_0$ の UMP 検定は, 実際に $\theta_1 < \theta_0$ であるときには検出力が α (第1種の過誤) よりも小さくなるので不合理な検定方式である. そこで検定方式として検出力が α よりも小さくならない**不偏検定** (unbiased test) に限定することが考えられる. この条件は

$$\beta_\phi(\theta) \geq \alpha \quad (\theta \neq \theta_0) \tag{8.22}$$

および

$$\beta_\phi(\theta_0) \leq \alpha \quad (\theta = \theta_0) \tag{8.23}$$

と表現できる. 検出力が母数 θ について微分可能であれば

$$\frac{\partial}{\partial \theta}\beta_\phi(\theta)|_{\theta=\theta_0} = 0 \tag{8.24}$$

を意味する. したがって, 定理の証明を考慮すると制約条件付最大化問題の制約条件が1つ増えることを意味する. NP (ネイマン-ピアソンの基本) 補題の棄却域は適当に $\mathbf{x} = (x_1, \ldots, x_n)'$, 定数 c_1, c_2 として

$$f(\mathbf{x}|\theta_1) > c_1 f(\mathbf{x}|\theta_0) + c_2 \frac{\partial}{\partial \theta} f(\mathbf{x}|\theta_0) \tag{8.25}$$

と表現できる. この検定方式は**一様最強力不偏検定** (uniformly most powerful unbiased test, UMPU 検定) と呼ばれている.

UMPU 検定が簡単に構成できる例としては分散既知の正規分布の期待値の検定問題が知られている．例えば例 8.1 において $\mu_0 = 0$ とすれば UMPU 検定の棄却域はある定数 c を選び

$$|\bar{X}_n| > c$$

となり，直観的に妥当な検定方式が得られる．この場合には分散が未知であっても UMPU 検定を構成でき，t 検定に一致する．

2 標本検定

母集団分布が 2 項分布や正規分布など基礎的分布の場合の平均や分散に関する仮説検定問題については，多くの統計学の教科書が説明している．ここでは 2 標本問題についてのみ言及しておく．

例 8.2 分散が未知で互いに独立な 2 つの正規母集団 $X \sim N(\mu_1, \sigma_1^2), Y \sim N(\mu_1, \sigma_2^2)$ から n_1, n_2 個の独立な標本 X_i ($i = 1, \ldots, n_1$), Y_i ($i = 1, \ldots, n_2$) が得られるとき，帰無仮説 $H_0 : \mu_1 = \mu_2$ (あるいは $H_0' : \mu_1 - \mu_2 = 0$) を対立仮説 $H_1 : \mu_1 \neq \mu_2$ に対して検定する問題を考える．標本平均 $\bar{X}_{n_1}, \bar{Y}_{n_2}$，標本不偏分散 s_1^2, s_2^2 とすると分散が等しい場合には標本平均の差 $\bar{X}_{n_1} - \bar{Y}_{n_2}$，プールしたデータより分散は $s^2 = (1/(n_1 + n_2 - 2))[(n_1 - 1)s_1^2 + (n_2 - 1)s_2^2]$ により推定できる．したがって t 統計量は $T = (\bar{X}_{n_1} - \bar{Y}_{n_2})/[s\sqrt{\frac{1}{n_1} + \frac{1}{n_2}}]$ で与えられる (ただし $s^2 = (\sum_{i=1}^{n_1}(X_i - \bar{X}_{n_1})^2 + \sum_{i=1}^{n_2}(Y_i - \bar{Y}_{n_2})^2)/(n_1 + n_2 - 2)$ である)．ところが 2 標本問題において分散が不均一な場合はベーレンス-フィッシャー (Behrens–Fisher) 問題と呼ばれているが，この統計量は帰無仮説の下で t 分布に従わない．漸近分布は利用可能であるが小標本でよく利用されるのがウェルチ (Welch) 統計量

$$t_W = \frac{\bar{X}_{n_1} - \bar{Y}_{n_2}}{\sqrt{(s_1^2/n_1) + (s_2^2/n_2)}} \tag{8.26}$$

である．帰無仮説の下での分布 (帰無分布) は自由度

$$\nu = \frac{[(s_1^2/n_1) + (s_2^2/n_2)]^2}{s_1^4/\{n_1^2(n_1 - 1)\} + s_2^4/\{n_2^2(n_2 - 1)\}}$$

の t 分布でよく近似できる．ウェルチ検定で棄却域を両側にそれぞれ有意水準 $\alpha/2$

をとれば，$|t_W| > t_\nu(\alpha/2)$ のときに帰無仮説を棄却することでほぼ有意水準 α で検定が可能である．この方法の近似は比較的に良いことが知られ，t 分布の自由度は $n_i - 1 \leq \nu \leq n_1 + n_2 - 2$ $(i = 1, 2)$ を満足している．

尤度比検定

仮説検定の様々な問題については NP 補題は重要な一般的原理を示唆している．大きさ n のランダムな標本に対して確率密度関数を $f(\mathbf{x}|\theta) = \prod_{i=1}^{n} f(x_i|\theta)$ ($\mathbf{x} = (x_1, \ldots, x_n)'$) としよう．このとき棄却域の構成は帰無仮説と対立仮説の下での尤度関数の比，尤度比 (likelihood ratio) の不等式[*1]

$$LR_n(\theta_1, \theta_0) = \frac{f(\mathbf{x}|\theta_1)}{f(\mathbf{x}|\theta_0)} > c \tag{8.27}$$

に基づいている ($\mathbf{x} = (x_1, \ldots, x_n)$)．対立仮説が正しければ左辺は大きくなると期待できるので尤度比は自然な検定方式を導くと考えられる．

帰無仮説と対立仮説がともに複合仮説の場合には上の検定方式をより一般化して，分子と分母をそれぞれ母数空間 Θ 上と帰無仮説の空間 Θ_0 上で最大化した比の大きさ

$$LR_n = \frac{\max_{\theta \in \Theta} f(\mathbf{x}|\theta)}{\max_{\theta \in \Theta_0} f(\mathbf{x}|\theta)} > c \tag{8.28}$$

により棄却域を設定する．この検定方式を**尤度比検定** (likelihood ratio test) と呼ぶ．

例 8.3 再び例 8.1 の設定を用いて帰無仮説 $H_0 : \mu = \mu_0$，対立仮説 $H_1 : \mu \neq \mu_0$ に対する検定を考える．帰無仮説の下で尤度関数を

$$L_n(\mu_0) = \frac{1}{(2\pi\sigma^2)^{n/2}} e^{-\frac{1}{2\sigma^2} \sum_{i=1}^{n}(x_i - \mu_0)^2}$$
$$= \frac{1}{(2\pi\sigma^2)^{n/2}} e^{-\frac{1}{2\sigma^2}[\sum_{i=1}^{n}(x_i - \bar{x}_n)^2 + n(\bar{x}_n - \mu_0)^2]}$$

と表現する．対立仮説の下で尤度関数を最大化すると，

$$L_n(\mu) = \frac{1}{(2\pi\sigma^2)^{n/2}} e^{-\frac{1}{2\sigma^2} \sum_{i=1}^{n}(x_i - \bar{x})^2}$$

[*1] 文献により分母・分子を逆に定義することがあるが，その場合には棄却域はゼロ方向になる．

で与えられる．したがって仮説 H_0 と仮説 H_1 の下で尤度比を計算すれば

$$LR_n = e^{\frac{1}{2\sigma^2}n(\bar{X}_n - \mu_0)^2}$$

となる．帰無仮説の下で $\sqrt{n}(\bar{X}_n - \mu_0) \sim N(0, \sigma^2)$ となるので

$$2\log LR_n \sim \chi^2(1) \tag{8.29}$$

である ($\chi^2(1)$ は自由度 1 の χ^2 分布である)．

さらにこの例から母集団分布が正規分布に従わない場合にも，中心極限定理より n が大きいときに漸近的に $\sqrt{n}(\bar{X}_n - \mu_0) \sim N(0, \sigma^2)$ に従うので，帰無仮説の下で漸近的に $2\log LR \sim \chi^2(1)$ に従うことがわかる．この自由度は帰無仮説の動きうる範囲 (1 次元) に対応している．

母数や確率分布が多次元の場合も同様に尤度比検定を構成できる．多次元分布の例として $\mathbf{X}_i$ が p 次元正規分布に従う例を挙げておく．

例 8.4 正規母集団 $N_p(\boldsymbol{\mu}, \boldsymbol{\Sigma})$ から n 個の独立な標本 $\mathbf{X}_1, \ldots, \mathbf{X}_n$ が得られるとき，帰無仮説 $H_0 : \boldsymbol{\mu} = \boldsymbol{\mu}_0$ (既知ベクトル) の対立仮説 $H_1 : \boldsymbol{\mu} \neq \boldsymbol{\mu}_0$ に対する検定を考える．尤度関数を

$$L_n(\mu) = \frac{1}{\left[(2\pi)^{p/2}|\boldsymbol{\Sigma}|\right]^{n/2}} e^{-\frac{1}{2}\sum_{i=1}^n (\boldsymbol{x}_i - \boldsymbol{\mu})' \boldsymbol{\Sigma}^{-1}(\boldsymbol{x}_i - \boldsymbol{\mu})} \tag{8.30}$$

と表現する．帰無仮説の下で母数 $\boldsymbol{\Sigma}$ について補題 7.2 を用いて最大化すると

$$\hat{\boldsymbol{\Sigma}}_0 = \frac{1}{n}\sum_{i=1}^n (\boldsymbol{X}_i - \boldsymbol{\mu}_0)(\boldsymbol{X}_i - \boldsymbol{\mu}_0)'$$

となる．対立仮説の下で尤度関数を母数 $\boldsymbol{\Sigma}$ について最大化すると

$$\hat{\boldsymbol{\Sigma}}_1 = \frac{1}{n}\sum_{i=1}^n (\boldsymbol{X}_i - \bar{\mathbf{X}}_n)(\boldsymbol{X}_i - \bar{\mathbf{X}}_n)' = \frac{1}{n}\mathbf{A}_n$$

となる．そこで仮説 H_0 と仮説 H_1 の下で尤度比を計算すれば

$$LR_n = \left[\frac{|\hat{\boldsymbol{\Sigma}}_0|}{|\hat{\boldsymbol{\Sigma}}_1|}\right]^{n/2}$$

となる．この式を関係 $\boldsymbol{X}_i - \boldsymbol{\mu}_0 = (\boldsymbol{X}_i - \bar{\mathbf{X}}_n) + (\bar{\mathbf{X}}_n - \boldsymbol{\mu}_0)$ を利用して変形すると

$$[LR_n]^{2/n} = 1 + n(\bar{\mathbf{X}}_n - \boldsymbol{\mu}_0)' \mathbf{A}_n^{-1} (\bar{\mathbf{X}}_n - \boldsymbol{\mu}_0) \tag{8.31}$$

となる. ここで $p \times p$ 正則行列 $\mathbf{A}$, $p \times 1$ ベクトル $\mathbf{a}$ に対して $|\mathbf{A} + \mathbf{a}\mathbf{a}'| = |\mathbf{A}|[1 + \mathbf{a}'\mathbf{A}^{-1}\mathbf{a}]$ が成り立つ (補題 3.2 の証明の類似の議論による) ことから $(1/n)\mathbf{A}_n \xrightarrow{p} \boldsymbol{\Sigma}$ および $\log[1+x] \sim x$ より帰無仮説の下で漸近的に $2\log LR_n \sim \chi^2(p)$ となる.

例 8.4$'$ 正規母集団 $N_p(\boldsymbol{\mu}, \boldsymbol{\Sigma})$ から n 個の独立な標本 $\mathbf{X}_1, \ldots, \mathbf{X}_n$ が得られるとき, 母数ベクトル $\boldsymbol{\mu}$ の一部分 r 次元ベクトル $\boldsymbol{\mu}_1$ ($1 \leq r \leq p$) に対する帰無仮説 $H_0: \boldsymbol{\mu}_1 = \boldsymbol{\mu}_0$ (既知 $r \times 1$ ベクトル) を対立仮説 $H_1: \boldsymbol{\mu}_1 \neq \boldsymbol{\mu}_0$ に対して検定することが考えられる. 例 8.3 の議論と同様に帰無仮説の下で漸近的に

$$2\log LR_n \sim \chi^2(r) \tag{8.32}$$

となるが, 自由度 r は帰無仮説上で自由に動ける次元に対応する.

標準的なパラメトリック統計モデルの状況では一定の仮定の下で標本数が多いとき ($n \to \infty$), 2 倍の対数尤度統計量 $2\log LR$ は H_0 の下で漸近的に制約条件の数を自由度とする χ^2 分布に従う. このことを示すには尤度比統計量の真の母数のまわりでの近似的挙動を分析する必要がある. 例えば仮説が p 次元母数ベクトル $\boldsymbol{\theta} = (\theta_i)$ の一部分 r ($<p$) 次元母数ベクトル $\boldsymbol{\theta}_1 = (\theta_i)$ を用いて

$$H_0: \boldsymbol{\theta}_1 = \boldsymbol{\theta}_{10} \quad (既知ベクトル)$$

としよう. 制約条件を何も考慮しない対立仮説の下で, 対数尤度関数 $l_n(\boldsymbol{\theta})$ を最尤推定量 $\hat{\boldsymbol{\theta}}_{ML} = (\hat{\theta}_i)$ のまわりでテーラー展開して近似すると

$$l_n(\boldsymbol{\theta}) = l_n(\hat{\boldsymbol{\theta}}_{ML}) + \frac{1}{2}(\hat{\boldsymbol{\theta}}_{ML} - \boldsymbol{\theta})' \left[\left(-\frac{\partial^2 l_n(\theta)}{\partial \theta_i \partial \theta_j}\right)\right] (\hat{\boldsymbol{\theta}}_{ML} - \boldsymbol{\theta}) + o_p(1)$$

$$\sim l_n(\hat{\boldsymbol{\theta}}_{ML}) + \frac{1}{2}\sqrt{n}(\hat{\boldsymbol{\theta}}_{ML} - \boldsymbol{\theta})' [\mathbf{I}_1(\boldsymbol{\theta})] \sqrt{n}(\hat{\boldsymbol{\theta}}_{ML} - \boldsymbol{\theta}) + o_p(1)$$

となる. ここで $\left[\left(-\frac{\partial^2 l_n(\theta)}{\partial \theta_i \partial \theta_j}\right)\right]$ は $p \times p$ 行列, $p \times p$ フィッシャー情報行列

$$\mathbf{I}_1(\boldsymbol{\theta}) = \mathbf{E}\left[-\frac{1}{n}\frac{\partial^2 l_n(\theta)}{\partial \theta_i \partial \theta_j}\right]$$

をそれぞれ意味する. 最尤推定の場合には 1 次微分項は 0 であるので 2 次の項まで考慮することが重要な点である. 同様に帰無仮説の下で, 尤度関数を制約条件

の下での最尤推定量 $\hat{\boldsymbol{\theta}}_{1.ML} = (\hat{\theta}_{1i})$ のまわりでテーラー展開して近似すると

$$l_n(\boldsymbol{\theta}) \sim l_n(\hat{\theta}_{ML}) + \frac{1}{2}\sqrt{n}(\hat{\theta}_{1.ML} - \boldsymbol{\theta}_{10})'\left[-\frac{1}{n}\frac{\partial^2 l_n(\theta_1)}{\partial \theta_i \partial \theta_j}\right]\sqrt{n}(\hat{\theta}_{1.ML} - \boldsymbol{\theta}_{10}) + o_p(1)$$

となるが, $\left[-\frac{1}{n}\frac{\partial^2 l_n(\theta_1)}{\partial \theta_i \partial \theta_j}\right]$ は $r \times r$ 行列である. 対数尤度比はそれぞれの展開項の左辺と右辺第 1 項の差であるから補題 3.2 をフィッシャー行列 $\mathbf{I}_1(\boldsymbol{\theta})$, 部分フィッシャー行列 $\mathbf{I}_{1,11}(\boldsymbol{\theta})$ ($\mathbf{I}_1(\boldsymbol{\theta})$ の左上部分行列) に対して適用すると, 2 つの仮説の下で漸近的には最尤推定量の 2 次形式 (すなわち 2 次関数) で近似できる. ここで必要な議論は最尤推定量が漸近的に正規分布に従う条件にほぼ対応しているが, 帰無仮説の下での展開 (制約条件のある場合), 対立仮説の下での展開 (つまり制約条件のない場合) を比較した尤度比統計量の漸近的挙動について次のようにまとめられる.

定理 8.3 (尤度比検定統計量の漸近的性質) 互いに独立な標本 $X_1, \ldots, X_n$ が同一の分布に従い密度関数が $f(\mathbf{x}|\boldsymbol{\theta})$ で与えられるとき, 一定の正則条件の下で $n \to \infty$ につれて, 帰無仮説 H_0 の下で

$$2\log LR_n \xrightarrow{d} \chi^2(r) \tag{8.33}$$

である. ここで r は制約条件の数を意味する.

帰無仮説の下での分布が求められると標準的な場合の議論より棄却域を構成することができる.

例 8.5 適合度検定と独立性検定 多項分布 (例 2.14) では観測度数 n_i ($i = 1, \ldots, k+1$) の期待度数は $\mathbf{E}[n_i] = np_i$ となる. 帰無仮説 $H_0 : p_i = p_{i0}$ (p_{i0} は既知) に対して観測度数の期待値 $n_i^* = np_{i0}$ とすると統計量

$$X_n = \sum_{i=1}^{k+1} \frac{(n_i - n_i^*)^2}{n_i^*} \tag{8.34}$$

により検定を行う. 帰無仮説の下で漸近的に $\chi^2(k)$ 分布に従うので仮説の棄却域は $X_n > \chi_\alpha^2(k)$ で与えられるが, この検定は適合度検定と呼ばれている. 多項分布を利用した検定として独立性検定もよく利用されている. 例えば 2 次元の離散型確率変数 $(X_1, X_2)'$ による 2×2 の分割表において $\mathbf{X}_n = (n_{11}, n_{12}, n_{21}, n_{22})'$

($\sum_{i,j} n_{ij} = n$) が多項分布 $M_n(n; p_{11}, p_{12}, p_{21}, p_{22})$ に従うとする．2 つの確率変数の独立性は (帰無) 仮説 $H_{0I} : p_{ij} = p_{i,\cdot} p_{\cdot,j}$ (> 0) (ただし $p_{i,\cdot} = \sum_j p_{ij}, p_{\cdot,j} = \sum_i p_{ij}$) で表現できる．この場合には $\hat{p}_{i,\cdot} = n_{i,\cdot}/n \, (= \sum_j n_{ij}/n)$, $\hat{p}_{\cdot,j} = n_{\cdot,j}/n \, (= \sum_i n_{ij}/n)$ に対して期待度数を $n_{ij}^* = n\hat{p}_{i,\cdot}\hat{p}_{\cdot,j}$ とすると，統計量は $X_n' = \sum_{i,j=1}^{2} \frac{(n_{ij} - n_{ij}^*)^2}{n_{ij}^*}$ で与えられる．帰無仮説の下で自由に動ける母数の数は確率母数 p_{ij} の数 4 より自由に動ける母数の数 2，制約条件の数 1 なので $\chi^2(1)$ に従い，その自由度 (degrees of freedom) は $df = 1$ となる．この独立性検定は $a \times b \, (a, b \geq 2)$ 分割表に一般化することは可能である．

8.3 区 間 推 定

推定問題において未知母数の値を 1 点として推定する方法が点推定 (point estimation) であった．これに対して客観的信頼度の基準で未知母数が含まれる区間を標本から推定する方法は**区間推定** (interval estimation) と呼ばれている．

例 8.6 ある家電メーカーの生産するテレビの寿命が未知の平均 μ，標準偏差 (例えば) $\sigma_0 = 10$ で既知の正規分布 $N(\mu, \sigma_0^2)$ に従っているとする．n 個の独立標本 $X_1, \ldots, X_n$ が利用可能とするとき信頼係数 99%の信頼区間 (confidence interval) を求める．正規分布の母集団から独立に得られた標本平均

$$\bar{X}_n = \frac{1}{n} \sum_{i=1}^{n} X_i$$

とすると期待値 $\mathbf{E}(\bar{X}) = \mu$，分散 $\mathbf{V}(\bar{X}) = \sigma_0^2/n$ の正規分布となる．そこで標本平均を基準化してかなめの量 (pivot)

$$Z = \frac{\bar{X}_n - \mu}{\sigma_0/\sqrt{n}} \tag{8.35}$$

とおけば，この確率変数の分布は未知母数の値に依存せずに標準正規分布 $N(0,1)$ に従う．正規分布の数表を使えば

$$P(-2.58 \leq Z \leq 2.58) = 0.99$$

あるいは

$$P(-1.96 \leq Z \leq 1.96) = 0.95$$

となる．正規分布など基本的な確率分布の数表の利用法に慣れておくことは重要である．数値は統計学の多くの教科書，あるいは近年ではエクセルなどのソフトウェアで得られるが，正規分布表から求められた％点 2.58 や 1.96 はもっともよく応用で使われる数値である．確率変数 Z の定義を代入して整理すれば

$$P\left(\bar{X}_n - 2.58\frac{\sigma_0}{\sqrt{n}} \leq \mu \leq \bar{X}_n + 2.58\frac{\sigma_0}{\sqrt{n}}\right) = 0.99 \tag{8.36}$$

となる．例えば母数 μ の 99％信頼区間は

$$\left[\bar{X}_n - 2.58\frac{\sigma_0}{\sqrt{n}}, \bar{X}_n + 2.58\frac{\sigma_0}{\sqrt{n}}\right] \tag{8.37}$$

で与えられる．このように得られる信頼区間は十分統計量である標本平均のみに依存しているので標本平均が母平均の情報を代表しているとみなせる．また区間の長さは $5.16\sigma_0/\sqrt{n}$ であるので標本数 n が大きくなれば区間が狭くなり，より精度が高く区間推定できる．

ここで母集団分布から大きさ n の独立標本 $X_1, \ldots, X_n$ が得られるとき，区間の上限を示す統計量 $U(X_1, \ldots, X_n)$ と下限を示す統計量 $L(X_1, \ldots, X_n)$ を構成し，2つの統計量を使って確率

$$P(L(X_1, \ldots, X_n) \leq \theta \leq U(X_1, \ldots, X_n)) = 1 - \alpha$$

によって信頼係数 $100(1-\alpha)$ を定める．このとき区間

$$[L(X_1, \ldots, X_n), U(X_1, \ldots, X_n)] \tag{8.38}$$

を信頼区間 (confidence interval) と呼ぶ．この区間の上限と下限は確率変数であるから母集団の確率分布により変動し，標本の分布とともに区間は確率変数として変動するランダム集合である．ここでデータ $x_1, \ldots, x_n$ から計算される $100(1-\alpha)$％信頼区間 $[L(x_1, \ldots, x_n), U(x_1, \ldots, x_n)]$ はこのランダム集合のある実現と解釈できるが，信頼係数の意味については若干の注意が必要である．n 個の標本が実際に観測されるたびに 1 つの信頼区間が計算される．もし，真の母数 θ が未知，ある値をとるとすれば観測値から計算された信頼区間はこの θ の値を含むか否かのどちらかである．しかし真の母数の値は統計家には未知なので実際に計算された信頼区間が真の値を含んでいるか否かを判断できない．信頼係数

$100(1-\alpha)$ とは，こうした信頼区間の観測を繰り返すことで何回も計算すれば標本分布からほぼ $100(1-\alpha)$%の割合で信頼区間が真の値を含むことを意味する．したがって，信頼区間

$$P\left(L(X_1,\ldots,X_n) \leq \theta \leq U(X_1,\ldots,X_n)\right) = 1-\alpha \tag{8.39}$$

を母数 θ がある範囲に入る確率とする解釈は古典的統計学の立場からは妥当ではない[*2]．

例 8.7 前例で母集団の正規分布の分散が既知としたが多くの問題では分散を未知とする方が自然である．母分散が未知であっても変数 Z の分布は標準正規分布になることには変わらない．ただし，確率変数 Z は未知の母数 σ_0 を含むので変数 Z の式 (8.35) の中で未知の標準偏差 σ_0 の代わりに推定量

$$s_n = \hat{\sigma} = \sqrt{\frac{1}{n-1}\sum_{i=1}^{n}\left(X_i - \bar{X}_n\right)^2}$$

を代入して求めた統計量

$$T = \frac{\bar{X}_n - \mu}{\hat{\sigma}/\sqrt{n}} \tag{8.40}$$

を t 統計量と呼ぶ．この統計量の $\sigma_0/\sqrt{n}$ で基準化した分子 $(\bar{X}_n - \mu)/(\sigma_0/\sqrt{n})$ は $N(0,1)$ に従い，基準化した分母を構成する $(n-1)\hat{\sigma}^2/\sigma_0^2$ は分子とは独立に χ^2 分布に従う．したがって，統計量は自由度 $n-1$ の t 分布に従うので，数表から自由度 $n-1$ の t 分布の両側 100α% 点を $t(\alpha/2, n-1)$ とすれば

$$P\left(-t\left(\frac{\alpha}{2}, n-1\right) \leq T \leq t\left(\frac{\alpha}{2}, n-1\right)\right) = 1-\alpha \tag{8.41}$$

となる．この場合には $100(1-\alpha)$ の信頼係数の信頼区間は

$$\left[\bar{X}_n - t\left(\frac{\alpha}{2}, n-1\right)\frac{s_n}{\sqrt{n}}, \bar{X}_n + t\left(\frac{\alpha}{2}, n-1\right)\frac{s_n}{\sqrt{n}}\right] \tag{8.42}$$

で与えられる．この場合は標本から計算される標本平均 $\bar{X}_n$ と標本不偏分散 $\hat{\sigma}^2$ は母平均と母分散がともに未知なので，この 2 つの母数の情報を標本平均と標本

[*2] 信頼区間は第 9 章で説明されるベイズ統計学における，事後分布に基づく母数のベイズ信用区間 (Bayesian confidence region, credibility region) とは異なる．

分散が代表していると解釈できる.この信頼区間の幅は $2 \times t(\alpha/2, n-1)s_n/\sqrt{n}$ であり,もし標本分散が大きければそれだけ大きくなり,例えば $n = 10$ のとき分散が既知とすると 95%信頼区間の長さは $2 \times 1.96\sigma_0/\sqrt{10}$,分散が未知の場合には $2 \times 2.26 s_n/\sqrt{10}$ となる.したがって後者の区間の方が長くなるが,直観的には標本分散はデータのばらつきを表現しているので,この量が大きければ母平均の信頼区間の精度が小さくなると解釈できる.

区間推定を応用する上では与えられた信頼係数に対して区間の幅が小さい方が望ましい.したがって最強力信頼区間とは与えられた情報の下ではそれ以上に区間幅を小さくとれない信頼域を意味する.これまで説明したように $100(1-\alpha)$ の信頼係数の信頼区間は第1種の過誤が $100\alpha\%$ の検定問題における受容域 (acceptance region) に対応している.したがって最強力検定 (most powerful test) が存在する場合には最適な信頼区間,信頼域を構成することができる.

8.4 ブートストラップ法とリサンプリング法

統計的推定論では母集団分布 $F(x|\theta)$ に互いに独立に従う n 個の (それぞれスカラーの) 独立な確率変数 $X_1, \ldots, X_n$ より母数の推定量 $\hat{\theta}_n = \hat{\theta}_n(X_1, \ldots, X_n)$ を構成する方法を議論した.推定した結果の有意性や検定・信頼区間を構成するためには統計量のばらつきなどを推定する必要がある.例えば尤度関数が既知で最尤推定法が適用可能な場合には定理 7.5, 7.6 を利用すると,フィッシャー r 情報量の推定量 $I_n(\hat{\boldsymbol{\theta}}_n)$,あるいは対数尤度関数の 2 回微分の推定量

$$\hat{I}_{n,ij}(\theta) = -\frac{\partial^2 l_n(\hat{\theta})}{\partial \theta_i \partial \theta_j}$$

を用いて推定量の分散・共分散,あるいは漸近的な意味での漸近分散・共分散を推定することは可能である.

それでは尤度関数が複雑であったり,尤度関数の利用が困難な場合,あるいは最尤推定ではない推定法を利用する場合に推定量のばらつきを推定する方法はないだろうか?

エフロン (B. Efron) は実際に観察される統計データ $\mathbf{x} = (x_1, \ldots, x_n)'$ からのサンプリング (リサンプリング (re-sampling) と呼ばれる) に基づくブートストラッ

プ (bootstrap) 法と呼ばれる次の方法を提案した．(i) 観察データより経験分布関数 $F_n(x)$ (すなわち各観察値に $1/n$ の確率を付与した確率分布) を作成する．(ii) この確率分布関数よりサンプリングを繰り返し標本データ $\mathbf{x}^* = (\mathbf{x}_1^*, \ldots, \mathbf{x}_B^*)'$ を作成する (各 $\mathbf{x}_i^*$ は n 次元データを意味する)．この各ブートストラップ・データに基づいて推定量を求め $\hat{\theta}_i^* = \hat{\theta}_i^*(\mathbf{x}_i^*)$ とする．このリサンプリング操作を B 回繰り返し，推定量 $\hat{\theta}_n$ の分散を

$$\hat{\sigma}^2(\hat{\theta}_n) = \frac{1}{B-1} \sum_{i=1}^{B} [\hat{\theta}_i^* - \bar{\theta}^*]^2 \tag{8.43}$$

により推定すればよい (ただし $\bar{\theta}^*$ はブートストラップ標本の平均とする).

例 8.8 ブートストラップ標本の性質をみるために，互いに独立な確率変数 X_i $(i = 1, \ldots, n)$ が未知の期待値 μ と分散 σ^2 に従うときの分散推定を取り上げよう．シミュレーションにより $N(\mu, \sigma^2)$ (真の値 $\mu = 0, \sigma = 1$) に従う 1000 個の乱数より作成した標本から標本分散を計算するとともに，リサンプリングの回数 $B = 100, 500, 1000$ として繰り返し計算したブートストラップ標本より求めた分散推定値の分布を図 8.1 に示しておく．ブートストラップ推定値はリサンプリングの回数 $B = 100, 500, 1000$ を増やすことにより次第に真の値のまわりの標本分散 s_n^2 の分布を再現していくことがわかる．

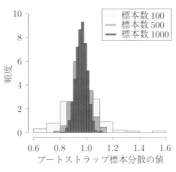

図 8.1 ブートストラップ分布の例

真の確率分布が未知の場合，通常のパラメトリックな手法では評価しにくい (不偏) 標本分散 $s_n^2 = [1/(n-1)] \sum_{i=1}^{n} (X_i - \bar{X}_n)^2$ の分散評価について，すでに漸近的な分散の評価式を例 5.5 で説明した．高次の積率に依存しているのでデー

タ数がそれほど多くない場合に精度の良い評価法か否かは自明ではない. 例 8.8 はブートストラップ法が有用であることを示唆している. 別の例としては標本分位点 $X_{([q\,n])}$ の分散評価の問題などがある. n を標本数, $0 < q < 1$, $[y]$ は実数 y を超えない最大の整数として, 例えば $q = 1/2$ は $X_{([q\,n])}$ (もしくは $X_{([q\,n]+1)}$) は標本メディアン (median) であるが母集団が連続型の確率変数の場合, 順序統計量に基づく評価より漸近的には $\sqrt{n}[X_{([n/2])} - x_{med}]$ は $N(0, 1/[4f(0)^2])$ に従うことが知られている. ここで $f(x)$ は密度関数, x_{med} はメディアンであり密度がゼロ点で退化しないことを仮定する必要がある (定理 10.2 が関連する).

こうした標本分散や標本分位点の分散推定, あるいは分散に基づく信頼区間の構成などの問題ではブートストラップ法が有力な手段である. このブートストラップ法は経験分布関数 F_n による確率分布関数 F の近似という観点から理論的正当化が可能である.

ブートストラップ法は今日では様々な形で統計分析で利用されている標準的な**計算統計** (computational statistics) 法の一種である[*3)]. この方法は統計データが与えられたとき経験分布 F_n を元にしたリサンプリングにより情報を得ようとする統計的方法である. 例えば推定のところ (7.4 節) で言及したジャックナイフ法などと通じるリサンプリング法と理解できる.

ブートストラップ法はかなり広範に適用可能であるが, 十分に機能しない例として例 7.15 で言及した母数が端点となる場合を挙げることができる. こうした状況で利用可能なリサンプリング法としてはサブサンプリング (部分抽出) 法を挙げることができる[*4)]. ブートストラップ法では毎回経験分布から n 個のデータをリサンプリングすることになっている. サブサンプリング法では n 個のデータから b ($b \geq 1$) 個のデータをサンプリングし, それぞれの組 (b 次元ベクトル) を $\mathbf{Y}_1, \ldots, \mathbf{Y}_{N_n}$ とする. この組み合わせは n から b を選ぶ組み合わせ数 N_n である. 求めたい量は

[*3)] B. Efron and R. Tibshirani "*An Introduction to the Bootstrap*" (Chapman & Hall, 1993) が基本的な文献であるが, 下平英寿「ブートストラップ」(国友直人・山本拓監修『21 世紀の統計科学』Vol-III (東京大学出版会, 2012) 収録) を参照. 応用例として例えば国友直人・一場知之 (2006), 「多期間リスク管理法と変額年金保険」, 日本統計学会誌, 103-123 を挙げておく.

[*4)] D. Politis, J. Romano and and M. Wolf "*Subsampling*" (Springer, 1999) が基本的な文献である.

$$J_n(\mathbf{x}, F) = P\left(\tau_n(\hat{\theta}_n - \theta) \leq x\right) \tag{8.44}$$

であるが，再標本の組 $\mathbf{Y}_i$ ($i = 1, \ldots, N_n$) から得られる推定量 $\hat{\theta}_{b,i}$ とすると，$J_n(\mathbf{x}, F)$ の推定量は指標関数 $I(\cdot)$ を利用して

$$L_{n,b}(\mathbf{x}, F_n) = \frac{1}{N_n} \sum_{i=1}^{N_n} I\left(\tau_b(\hat{\theta}_{b,i} - \hat{\theta}_n) \leq x\right) \tag{8.45}$$

となる．ここで $\hat{\theta}_{b,i}$ は第 i 組の再標本からの推定値であるが，こうした推定が漸近的に意味を持つ条件は b を n に依存するように b_n として $\tau_n \to \infty, \tau_b \to \infty, b_n/n \to 0$ である．標本平均に代表される通常の状況では $\tau_n = \sqrt{n}$ であるから $b_n = n^\gamma$ ($0 < \gamma < 1/2$) とすればよい．

例 8.9 例えば例 7.15 の状況を取り上げると，この場合には $\tau_n = n$ であるから $b_n = n^\gamma$ ($0 < \gamma < 1$) とすればよい．この統計モデルをシミュレーションにより $\gamma = 1/2$ としてサブサンプリング法を実験してみると (真の $\theta = 1, n = 100$ とした) 図 8.2 が示すように推定量の極限分布に近い確率分布を再現できることがわかる．したがってこの場合にはサブサンプリング法を利用して分散などを推定することができる．

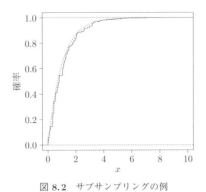

図 8.2 サブサンプリングの例

ブートストラップ法やサブサンプリング法など計算機を利用する方法は経験分布 F_n に基づいている．経験分布は n が大きいとき真の分布 F に収束し，漸近挙動も知られている．したがってこうした標本からのリサンプリング法は統計理論から正当化が可能なのである．

8. A 補論——局所漸近効率性と高次効率性

統計的推定論・検定論の展開において重要ではあるが理論的にはかなり複雑で高度な議論が必要な問題について簡単に言及しておこう．互いに独立な標本 X_i $(i=1,\dots)$ が確率分布 $F(x|\theta)$ に従う場合，最尤推定量は漸近的には一定の条件下で下限 $I_1(\theta)^{-1}$ を達成する場合に効率的であることを説明した．漸近的に効率的な推定量 $\hat{\theta}_n$ とするとホッジス (J.L. Hodges) は次のような例を作成した．任意の実数 $0<\alpha<1$ に対して

$$\hat{\theta}_n^* = \begin{cases} \hat{\theta}_n & (|\hat{\theta}_n| \geq n^{-1/4} \text{ のとき}) \\ \alpha\hat{\theta}_n & (|\hat{\theta}_n| < n^{-1/4} \text{ のとき}) \end{cases} \tag{8.46}$$

として別の推定量を定義すると，もし $\theta=0$ であれば漸近分散は $\alpha/I_n(\theta)$，$\theta\neq 0$ であれば $1/I_n(\theta)$ となるので $\hat{\theta}_n$ よりも局所的に効率的となる．

この例は不合理な推定量を与えているとみられるが，実は任意の効率的な推定量について適用可能である．こうした推定量を排除する 1 つの方法は (真の) 母数 $\theta=\theta_0$ について推定量がある種の滑らかな挙動を示す範囲に限定することである．母数の値 θ_0 として局所対立仮説 $H_{1l}:\theta=\theta_0+\frac{h}{\sqrt{n}}$($h$ は任意の実数) の下で推定量 T_n

$$\sqrt{n}\left[T_n - \theta_0 - \frac{h}{\sqrt{n}}\right] \tag{8.47}$$

が漸近的に正規分布 $N(0,\sigma^2(\theta_0))$ に一致するクラスは**正則推定量** (regular estimator) と呼ばれている．

こうした局所的に正則な推定量は LAN (local asymptotic normal) 推定量とも呼ばれるが，一定の仮定の下で最尤推定量はこうした正則な推定量の中で効率的となる[*5]．漸近的に効率的な推定量は一般に一意には定まらない．すなわち最尤推定量以外の推定量，積率法などに基づく推定法が漸近的な意味で効率的となり，漸近的に同等な推定量が複数ある場合も少なくない．したがって最尤推定量が何らかの意味でほかの推定量よりも効率的ではないか，との疑問が生じる．この問

[*5] 例えば Van der Vaart "*Asymptotic Statistics*" (Cambridge University Press, 1998) に説明がある．

8.A 補論——局所漸近効率性と高次効率性

題に対する解答を与えているのが高次漸近理論であり，漸近分布を標本数 n により展開する漸近展開に基づく高次の漸近効率に関して一時期には活発に研究が行われた[*6]．そこでの主要な結論としては，漸近的な意味で「バイアス補正」を漸近的に行うと最尤推定量はほかの推定方法を高次の漸近分布の意味で優越するというものであるが，確率分布の漸近展開という手法を十分に利用する必要があるので，ここでは主要な結果を言及することにとどめる．

[*6] 例えば M. Akahira and K. Takeuchi "*Asymptotic Efficiency of Statistical Estimator*" (Springer, 1982) に詳しい説明がある．

Chapter 9
統計的決定理論とベイズ推論

本章では推定論や検定論などの数理統計学の標準的諸理論を統計的決定理論の観点から統一的に理解するとともに,ベイズ統計学の基礎であるベイズ推論やスタイン問題などの事項を学ぶ.

9.1 ベイズ推論

統計家を含め現実に直面する多くの場面では自然の状態について何らかの事前的知識を持っていることが多い.例えば過去の経験から何度も母数を推定した結果,母数について情報を持つ中で新たな情報を分析することがしばしばみられる.こうした状況においてさらに母数に関する事前的知識が確率分布として表現できる状況,すなわち母数 θ の事前情報が事前分布 $\pi(\theta)$ として利用できる場合を考察しよう.実は歴史的にはこの章で述べる逆確率 (inverse probability) による議論の方が事前分布を利用しない古典的統計学よりさらにさかのぼるのであり,フィッシャーは逆確率に代わる議論として最尤法を導入した.その意味ではここで説明するベイズ統計学は新古典派統計学と呼べるであろう.なお本章では表記の煩雑さを避け主に 1 次元母数空間を扱うが一般化は可能である.

ベイズ推論の例

ベイズ推論では事前分布 (prior distribution) の設定,標本分布の分析,事後分布 (posterior distribution) の導出が基本である.母数についての事前分布は過去の情報や統計的分析から得られる情報を表現し,母数の事後分布とは事前分布と母数を所与とする標本データの情報を組み合わせた確率分布で,母数についてのすべての情報をまとめるものである.ここでは母数 θ がスカラー,標本分布が 1

次元確率変数で表現できる場合を考察するが多次元の場合も同様に分析できる.

例 9.1 2 項分布 $X \sim B(n,\theta)$ に対し確率 θ $(0 \leq \theta \leq 1)$ の事前情報を表す事前確率分布として

$$\pi(\theta) \sim \theta^{p-1}(1-\theta)^{q-1} \tag{9.1}$$

(ベータ分布 $Beta(p,q,1)$) がよく用いられる. 標本 $X = x$ (x はデータ) が得られるとき (条件付分布についての)

$$\pi(\theta|\mathbf{x}) \sim \theta^{p-1}(1-\theta)^{q-1}\binom{n}{x}\theta^x(1-\theta)^{n-x} = \binom{n}{x}\theta^{p+x-1}(1-\theta)^{q+n-x-1} \tag{9.2}$$

より再びベータ分布 $Beta(p+x, q+n-x, 1)$ となる. このように事前分布と事後分布が同一の分布族となるとき事前分布は**自然共役** (natural conjugate) 分布と呼んでいる. 標本データが得られた後の母数の推定量として事後分布の期待値を利用すると

$$\hat{\theta}_B = \mathbf{E}[\theta|X=x] = \frac{p+x}{p+q+n} \tag{9.3}$$

となる. 事後分布より θ の信用区間 (ベイズ信頼区間) を構成することができる. $0 < \alpha < 1$ に対し事後分布 $P(\theta \in (a,b)|X=x) = 1-\alpha$ となる区間 (a,b) は $100(1-\alpha)\%$ 信用係数のベイズ信用区間と呼ばれている.

例 9.1' ベータ分布 例 2.17 で述べたベータ分布は $[0,1]$ 上に値をとる確率 p に対する事前分布としては自然なクラスである. 一般に実数 $p > 0, q > 0, \beta > 0, 0 < x < \beta = 1$ に対し密度関数は

$$f(z|p,q) = \frac{1}{B(p,q)}z^{p-1}(1-z)^{q-1} \quad (0 < x < 1) \tag{9.4}$$

で与えられる. ベータ関数 $B(p,q)$ はガンマ関数と関係 $B(p,q) = \Gamma(p)\Gamma(q)/\Gamma(p+q)$ があり 2 項モデル $X|\theta \sim B(n,\theta)$ に従うデータが得られるとき, θ の事後分布は $Beta(p+x, q+n-x, 1)$ となる. その期待値 (事後平均) は関係

$$\int_0^1 \theta \times \theta^{p+x-1}(1-\theta)^{q+n-x-1}d\theta = B(p+x+1, q+n-x)$$
$$= \frac{\Gamma(p+1+x)\Gamma(q+n-x)}{\Gamma(p+1+q+n)}$$

およびガンマ関数の性質 $\Gamma(y+1) = y\Gamma(y)$ を用いて評価できる.

事後分布の期待値をベイズ解と呼ぶと,標本数 n が大きければ p, q に対して X, n の値が相対的に大きくなり最尤推定量 $\hat{\theta}_{ML} = X/n$ に近いが,n が大きくなければ事前分布が影響して値は異なる.この例では事前分布と事後分布の確率分布族が同一となるので,標本分布が 2 項分布の場合はベータ分布が自然共役分布である.別の例としては位置母数を推定する問題では標本分布が正規分布の場合には正規分布が自然共役分布となる.

例 9.2 互いに独立な標本 X_i $(i = 1, \ldots, n)$ が正規分布 $N(\theta, \sigma^2)$ に従うとする.簡単化のために σ^2 を既知として,θ の事前分布として $N(m, \tau^2)$ を想定しよう.この場合には θ の事後分布も正規分布になるが,正規分布の密度関数の積の表現より事後分布は正規分布 $N(m_*, \sigma_*^2)$ であって

$$m_* = \left[\frac{\sigma^2}{\sigma^2 + n\tau^2}\right] m + \left[\frac{n\tau^2}{\sigma^2 + n\tau^2}\right] \bar{X}_n, \quad \sigma_*^2 = \frac{\sigma^2 \tau^2}{\sigma^2 + n\tau^2} \quad (9.5)$$

となる.したがって例えば母数の推定量として事後分布の期待値を利用すると

$$\hat{\theta}_B = \mathbf{E}[\theta | \bar{X}_n = x] = m_* \quad (9.6)$$

となる.この量は事前分布の期待値と標本平均の加重和となり,事前情報と標本が得られると,事前平均 (事前分布の期待値) が修正されることを意味する.n が大きければ m_* はほぼ $\bar{x}_n$ に一致するが,事後分布の分散は n が大きいとき $\mathbf{E}[(\theta - \mathbf{E}(\theta))^2 | \bar{X}_n = x] \to 0$ である.事後分布の期待値は事前分布の期待値と標本平均の加重平均と表現され,事前情報が標本情報により改訂されることを意味しているが,データ数が大きくなると事前情報のウエイトは小さくなり標本情報により決定される.n が大きいときに事後分布を事後分布の確率極限 θ_0 のまわりで評価すると

$$\frac{\theta - m_*}{\sqrt{\frac{\sigma^2 \tau^2}{\sigma^2 + n\tau^2}}} = \frac{1}{\sigma \sqrt{\frac{n\tau^2}{\sigma^2 + n\tau^2}}} \sqrt{n} \left[(\theta - \theta_0) - (m_* - \theta_0)\right]$$

$$\sim \frac{\sqrt{n}}{\sigma} [(\theta - \theta_0) - (\bar{x}_n - \theta_0)]$$

となる.左辺は n が大きいとき $N(0, 1)$ に従うので $\sqrt{n}(\theta - \theta_0)$ の事後分布は n が大きいとき正規分布 $N(\sqrt{n}(\bar{x}_n - \theta_0), \sigma^2)$ により近似できる.

一般に母数 θ の事前分布を $\pi(\theta)$, 互いに独立な標本の確率密度関数を $f(\mathbf{x}|\theta) = \prod_{i=1}^{n} f(x_i|\theta)$ としよう. 事後分布の期待値を

$$M_n = \mathbf{E}[\theta|X_1, \ldots, X_n] \tag{9.7}$$

と表現すると, 条件付期待値の繰り返しの公式より

$$\mathbf{E}[M_{n+1}|M_n, \ldots, M_1] = M_n \quad (a.s.) \tag{9.8}$$

となる. したがって M_n はマルチンゲールである. このことから事後分布の期待値 (事後平均) が存在するという条件の下ではマルチンゲールの収束定理により

$$M_n \to \theta_0 \quad (a.s.) \tag{9.9}$$

となる収束先 θ_0 が存在する. さらに事前分布に正規分布, 標本分布に正規分布を仮定したときの類似の議論より $I_1(\theta_0)$ を母数 θ_0 のフィッシャー情報量とすると, 互いに独立な標本が得られる場合には, 一定の正則条件の下では事後分布 $\pi(\theta|x_1, \ldots, x_n)$ は θ_0 まわりで近似的に正規分布

$$N\left[\sum_{i=1}^{n} I_n(\theta_0)^{-1} \left(\left.\frac{\partial \log f(x_i|\theta_0)}{\partial \theta}\right|_{\theta_0}\right), I_n(\theta_0)^{-1}\right] \tag{9.10}$$

に従うが, この種の命題はベルンシュタイン-フォン・ミーゼス (Bernstein-von Mises) 定理と呼ばれている.

ベイズ・リスク

母数の不確実性について, 事前情報が事前分布として表現できるとき, ベイズ推論では事後分布がもっとも重要な情報を縮約していると考える. ここで事前情報が利用可能なとき推定量の規準についてより一般的に考察してみよう. 母数 θ と推定量 $d(\mathbf{x}) = \hat{\theta}_n(\mathbf{x})$ (標本として得られるデータ $\mathbf{x} = (x_1, \ldots, x_n)'$) との評価関数として, 2次損失関数 $l(d, \theta) = |d - \theta|^2$ に対するリスク関数 $R(d, \theta)$ は

$$R(d, \theta) = \mathbf{E}[|d - \theta|^2] = \int_{\mathbf{x} \in \mathbf{R}^n} |d - \theta|^2 f(x_1, \ldots, x_n|\theta) d\mathbf{x} \tag{9.11}$$

と表現できる. より一般にはリスク関数 $R(d, \theta)$ は

$$R(d, \theta) = \int_{\mathbf{x} \in \mathbf{R}^n} l(d, \theta) f(x_1, \ldots, x_n|\theta) d\mathbf{x} \tag{9.12}$$

である．ここで母数について事前分布が利用可能であれば，θ の事前分布について期待値をとるとリスクを小さくする評価は

$$r(\pi, d) = \mathbf{E}_\theta[R(\theta, d)] \tag{9.13}$$

を最小化する問題と考えられる．このリスク最小化問題の解をベイズ解，リスクの値をベイズ・リスク (Bayes risk) と呼ぶことしよう．ここで連続型分布を仮定して互いに独立な標本が従う密度関数 $f(\mathbf{x}|\theta) = \prod_{i=1}^{n} f(x_i|\theta)$ ($\mathbf{x} = (x_1, \ldots, x_n)'$) とすると

$$r(d, \pi) = \int \left[\int l(\mathbf{x}, \theta, d) f(\mathbf{x}|\theta) d\mathbf{x} \right] \pi(\theta) d\theta$$
$$= \int \left[\int l(\mathbf{x}, \theta, d) \pi(\theta|\mathbf{x}) d\theta \right] h(\mathbf{x}) d\mathbf{x}$$

と表現できる．ここで $\pi(\theta|\mathbf{x})$ は $\mathbf{X} = \mathbf{x}$ が与えられた下での θ の事後分布である．ここでベイズの定理の応用から

$$h(\mathbf{x}) = \int f(\mathbf{x}|\theta) \pi(\theta) d\theta = \int f(\mathbf{x}, \theta) d\theta$$

より変数ベクトル $\mathbf{x} = (x_1, \ldots, x_n)'$ の周辺密度が与えられる．標本 $\mathbf{X}$ の周辺密度関数 $f(\mathbf{x}|\theta)$，確率変数ベクトル $(\mathbf{X}, \theta)$ の同時密度関数 $f(\mathbf{x}, \theta)$ と表現したが，式変形において鍵となるのは条件付密度関数に関するベイズの公式である．ベイズ解は

$$r(d, \pi|\mathbf{x}) = \int l(\mathbf{x}, \theta, d) \pi(\theta|\mathbf{x}) d\theta \tag{9.14}$$

を最小化すればよいので，ベイズ・アプローチでは事後分布を求めることがもっとも重要な問題となる．

例 9.3 ここで点推定問題では，損失関数として $l(d, \theta) = |d - \theta|^2$ とすると事後分布の標本を所与とする事後分布の期待値の規準が導かれる．他方，損失関数として $l(d, \theta) = |d - \theta|$ とすると事後分布の標本を所与とするメディアン (median) の規準が導かれる．このことは 1 次元母数空間 $\Theta = [\theta_0, \theta_1]$ として

$$\mathbf{E}[|\theta - d||\mathbf{x}] = \int_{\theta_0}^{d} (d - \theta) \pi(\theta|\mathbf{x}) d\theta + \int_{d}^{\theta_1} (\theta - d) \pi(\theta|\mathbf{x}) d\theta$$

$$= d\left[\int_{\theta_0}^{d} - \int_{d}^{\theta_1}\right]\pi(\theta|\mathbf{x})d\theta - \int_{\theta_0}^{d}\theta\pi(\theta|\mathbf{x})d\theta + \int_{d}^{\theta_1}\theta\pi(\theta|\mathbf{x})d\theta$$

を d について最小化すると条件 $[\int_{\theta_0}^{d} - \int_{d}^{\theta_1}]\pi(\theta|\mathbf{x})d\theta = 0$ より結果を導ける.

例 9.4 仮説検定問題では 0-1 損失関数を考えるのが妥当である. 自然の状態を 2 つの仮説として表現するので統計家は 2 つの決定, 帰無仮説か対立仮説のどちらかを選択すると誤りを犯す可能性としては第 1 種の過誤, 第 2 種の過誤が存在している. 前節では帰無仮説 $H_0 : \theta = \theta_0$ 対対立仮説 $H_1 : \theta = \theta_1$ がともに単純仮説の場合にはネイマン–ピアソン (NP) 補題により最適な検定方式を求めた. また前節の L 集合の説明では最強力検定は $[0,1], [1,0]$ を含む原点に対して凸集合で可能な検定方式が表現され, 原点に近い限界が最強力検定に対応していた. 母数 θ についての事前確率が利用可能なとき, 原点に対して凸集合の場合には境界点で接する直線が存在するのでそれを $\pi_1\alpha_1 + \pi_2\alpha_2 = c$ (c は定数) と表現することができる. これらの π_1 と π_2 はそれぞれ 2 つの仮説に対する事前確率に対応し, ベイズ解が最適解に対応している.

ベイズ計算統計

ベイズ分析ではデータ $\mathbf{x} = (x_1, \ldots, x_n)'$ が与えられた条件下で得られる事後分布 $\pi(\theta|x_1, \ldots, x_n)$ がもっとも重要な役割を演じる. 従来は多くの統計的問題では, 事後分布は数理的には積分で表現はできても複雑なので具体的に計算することが困難と考えられていた. したがって教科書的な例や自然共役分布としてベイズの定理を用いて事後分布を明示的に求められる場合を除き, より複雑な事後分布の評価は簡単にはできなかった. 実際の統計分析で必要となる確率モデルはかなり複雑となるので, 事後分布を積分計算により解析的に処理するには限界があったのである.

計算機能力の飛躍的進歩と計算アルゴリズムの進歩により, 計算機シミュレーションによる大量の数値計算が可能となり, 事後分布の計算が飛躍的に進歩した. 例えばメトロポリス–ヘイスティングス (Metropolis–Hastings, MH) アルゴリズムなどに代表されるマルコフ連鎖モンテカルロ (Markov-chain Monte-Carlo,

MCMC) 法と呼ばれている計算アルゴリズムが良い例である[*1]. こうした計算アルゴリズムはそれほど複雑でないが, 繰り返し計算で事後分布を数値的に正確に評価することが可能となっている.

9.2 統計的決定問題

これまで議論してきた数理統計学の基礎理論はもともとそれぞれきわめて具体的な統計的問題を解決する理論として考案されたものである. 統計的推定, 統計的検定, 統計的予測などの統計的推測問題は理論的には統計的決定問題として統一的に論じることができる. 統計的決定理論と呼ばれている数理統計学の理論はもともとは, フォン・ノイマン (J. von Neumann) とモルゲンシュタイン (O. Morgenstern) により始められたゲーム理論に触発され, 数理統計家ワルド (A. Wald) により定式化されたものである. ワルドは統計家の直面する問題を自然対統計家のゲームとして理解すると, 統計学理論の本質が統一的に理解できることを見いだし, 数理統計学の基礎理論を構築した.

ここで自然の状態を表す母数 θ がとりうる範囲を母数空間 Θ, 実験や観察される確率変数 $\mathbf{X}$ のとりうる範囲を標本空間 $\mathcal{X}$, 得られる情報の下での決定 d のとりうる範囲を決定空間 $\mathcal{D}$ と呼ぼう. ここで決定は確率変数 $\mathbf{X}$ の関数 $d(\mathbf{X})$ である. 確率変数 $\mathbf{X}$ が従う確率法則 $P(\cdot|\theta)$ とする. これは自然の状態が与えられた下で確率変数 $\mathbf{X}$ の確率分布が与えられる, という意味である. 典型的な問題では標本空間は n 個の確率変数ベクトル $\mathbf{X} = (X_1, \ldots, X_n)'$, 統計データは実ベクトル $\mathbf{x} = (x_1, \ldots, x_n)'$ であり, これらが従う確率分布 $F(\mathbf{x}|\theta)$ が連続型の確率分布であれば確率密度関数 $f(\mathbf{x}|\theta)$, 離散型の確率分布であれば確率関数 $p(\mathbf{x}|\theta)$ である.

次に組 $\mathbf{x}, \theta, d$ の評価関数として効用関数を $u(\mathbf{x}, \theta, d)$ と表す. 統計的問題では効用関数そのものではなく負の効用関数 $-u(\mathbf{x}, \theta, d)$ を損失関数 $l(\mathbf{x}, \theta, d)$ と表し, 損失が小さいことが好ましい規準とすることが多い. 結果に不確実性が存在する世界ではフォン・ノイマン–モルゲンシュタイン流の合理的な統計家を想定する

[*1] 国友直人・山本拓監修『21 世紀の統計科学』Vol-III (東京大学出版会, 2012) 収録の古澄英男「マルコフ連鎖モンテカルロ法入門」を参照.

と期待効用最大化,あるいは期待損失最小化,という規準が合理的と考えられる.そこで期待損失によりリスク関数

$$R(\theta, d) = \mathbf{E}_{X|\theta}[l(\mathbf{x}, \theta, d)] \tag{9.15}$$

を定義する.ここで期待値 $\mathbf{E}_{X|\theta}[\,\cdot\,]$ は確率分布 $F(\mathbf{x}|\theta)$ についての期待値を意味するが,とくに密度関数が存在する場合には

$$R(\theta, d) = \int_{\mathcal{X}} l(\mathbf{x}, \theta, d) f(\mathbf{x}|\theta) d\mathbf{x} \tag{9.16}$$

となる.

ここである決定関数に対してリスク関数は未知母数 θ の関数としておくと,決定方式の良さを測る規準としては次のような許容性の概念が重要となる.

定義 9.1 決定 d_i $(i = 1, 2)$ に対するリスク関数を $R(\theta, d_i)$ とする.

(i) 任意の θ に対して $R(\theta, d_1) \leq R(\theta, d_2)$ であり,ある θ_0 に対して $R(\theta, d_1) < R(\theta, d_2)$ となるならば決定 d_1 は d_2 に優越する $d_1 \succ d_2$ という.

(ii) 決定方式 d に優越する決定方式が存在しない場合には d は許容的 (admissible) という.決定方式 d を優越する決定方式が存在する場合には非許容的 (inadmissible) という.

定理 9.1 事前分布 $\pi(\theta)$ に対するベイズ決定関数 d_π が一意であるとき,d_π は許容的である[*2].

証明の概略 任意の θ に対してリスク関数 $R(\theta, d) \leq R(\theta, d_\pi)$ が成り立つとする.事前分布について期待値 $\mathbf{E}_\pi[\,\cdot\,]$ をとると

$$r(\pi, d) = \mathbf{E}_\pi[R(\theta, d)] \leq r(\pi, d_\pi) = \mathbf{E}_\pi[R(\theta, d_\pi)]$$

となる.ベイズ解は左辺を最小にする解である.仮定より一意であるから $d = d_\pi$ となり許容的となる. **Q.E.D**

ベイズ解は理論的には許容的という良い性質がある.したがってある決定方式が許容的であるか否かはベイズ解となることを示すことで解決できる場合が少な

[*2] 事後密度 $\pi(\theta|x)$ に対し,事後リスク $\int_\Theta l(x, \theta, d) \pi(\theta|x) d\theta$ を最小化する d をベイズ決定関数と呼ぶ.例えば竹村彰通『現代数理統計学』(創文社, 1991) 328 頁を参照.

くない．

ここでベイズ解という意味は事前分布が確率分布として表現できる場合でありこうした場合を proper 事前分布と呼んでいる．形式的には事前分布として $\pi(\theta) \sim (一定値)$ という場合にも事後分布を求めることができる．例えば例 9.2 の期待値の事前分布として採用すれば範囲は $(-\infty, +\infty)$ なので improper な事前分布，あるいは散漫な (diffuse) 事前分布と呼ばれるが，これを事前知識を十分に持たない状況と解釈が可能である．こうした場合でも妥当な事後分布やベイズ決定関数が導かれる場合も少なくない．またこのことは一般にベイズ決定関数は許容的であるが，逆に許容的な決定関数はほぼベイズ決定関数であるという事実に関連しているのである．

事前分布の役割

ベイズ・アプローチについては事前分布の利用がもっとも論争的な論点である．科学的な統計分析に先だって様々な知見・経験を事前情報として利用することを全面的に否定する統計家や科学者は少ない．例えばパラメトリック統計では様々な確率分布を真の統計モデルとして想定することが多いが，「真の確率分布」が事前にわかっている場合は多くはないといえる．またある種の事前分布を想定した下での事後分布から得られる統計的知見は妥当なことが多いが，このことは統計的決定論の議論から裏付けられると考えられる．ただし，どのように事前情報を確率分布として表現し，どのような事前確率分布を用いて統計的推論を行うか，応用上の問題を解決する上でどのように事前分布 (prior distribution) を選択するかについては統計家の間ではなお論争的である[*3)]．

スタイン問題

統計理論家スタイン (C. Stein) は p 次元正規分布の平均の推定というきわめて標準的問題を考察した．そして p 次元確率変数 $\mathbf{X} (= (X_i))$ を原点に向かって縮小する統計量

$$d^S = \left[1 - \frac{p-2}{\|\mathbf{X}\|^2}\right] \mathbf{X} \tag{9.17}$$

[*3)] 例えば鈴木雪夫・国友直人 (1989)『ベイズ統計学とその応用』(東京大学出版会, 1989) を参照されたい．

を提案した．ここでは分散共分散行列 $\sigma^2 \mathbf{I}_p$，標本 $\mathbf{X}_j = (X_{ij})$ $(i = 1, \ldots, p; j = 1, \ldots, n)$ における標本数 $n = 1$, $\mathbf{X} = \mathbf{X}_1 (= (X_i))$ として説明するが $n \geq 1$ への一般化は可能である．

定理 9.2 p 次元確率変数 $\mathbf{X} \sim N_p(\boldsymbol{\theta}, \sigma^2 \mathbf{I}_p)$ $(i = 1, \ldots, n)$ とする $(\boldsymbol{\theta} = (\theta_i))$．$\boldsymbol{\theta} = (\theta_i), \mathbf{d} = (d_i)$ に対して 2 次損失関数

$$l(\boldsymbol{\theta}, \mathbf{d}) = \|\mathbf{d} - \boldsymbol{\theta}\|^2 = \sum_{i=1}^{p}(d_i - \theta_i)^2 \tag{9.18}$$

とする．$p \geq 3$ のとき

$$\mathbf{E}\left[\sum_{i=1}^{p}(d_i^S - \theta_i)^2\right] < p\sigma^2 \tag{9.19}$$

となる．確率変数 $\mathbf{X} = (X_i)$ の平均 2 乗誤差は $\mathbf{E}[\sum_{i=1}^{p}(X_i - \theta_i)^2] = p\sigma^2$ より $p \geq 3$ のとき $\mathbf{X}$ は非許容的 (inadmissible) となる．

同様に $n \geq 1, p \geq 3$ のとき独立標本からの標本平均 $\bar{\mathbf{X}}_n = (1/n)\sum_{j=1}^{n} \mathbf{X}_j$ は非許容的になる．この定理 9.2 は具体的にリスクを評価することで導けるが，スタインは正規分布に関するスタインの恒等式を鍵として利用し，推定量のリスク関数を評価した．こうしたスタイン現象は特殊な例ではなく，多次元では正規分布の期待値ベクトルばかりではなく分散・共分散の推定問題などほかの場合にも同様の結果が得られることがわかり，許容性を巡る理論的展開が活発化している．スタインの縮小推定は例えば小地域推定と呼ばれる政府統計の問題などにも応用可能である[*4]．

定理 9.2 の証明 一般性を失うことなく分散 $\sigma = 1$，関数

$$d^S(\mathbf{X}) = [1 - g(\mathbf{x})]\mathbf{X}, \quad g(\mathbf{X}) = \frac{c}{\|\mathbf{X}\|^2}\mathbf{X} \tag{9.20}$$

とする (c は定数であり $c = p - 2$ とする)．

[*4] 小地域統計の問題についての説明は，久保川達也「線形混合モデルの理論と応用」(国友直人・山本拓監修『21 世紀の統計科学』Vol-III (東京大学出版会, 2012) 収録) などにある．

$$\mathbf{E}[\|d^S(\mathbf{X}) - \boldsymbol{\theta}\|^2] = \mathbf{E}[\|\mathbf{X} - \boldsymbol{\theta} - g(\mathbf{X})\|^2]$$

$$= \mathbf{E}[\|\mathbf{X} - \boldsymbol{\theta}\|^2] + \mathbf{E}[\|g(\mathbf{X})\|^2] - 2\mathbf{E}\left[\sum_{i=1}^{p}(X_i - \theta_i)g_i(\mathbf{X})\right]$$

$$= p + c^2 \mathbf{E}\left[\frac{1}{\|\mathbf{X}\|^2}\right] - 2\sum_{i=1}^{p} \mathbf{E}\left[\frac{\partial}{\partial X_i}g_i(\mathbf{X})\right]$$

$$= p + \mathbf{E}\left[\frac{1}{\|\mathbf{X}\|^2}\right][c^2 - 2c(p-2)]$$

$$= p - (p-2)^2 \mathbf{E}\left[\frac{1}{\|\mathbf{X}\|^2}\right] < p$$

となる.なお導出の途中で次の補題および $g(\mathbf{X}) = (g_i(\mathbf{X}))$ に対し

$$\sum_{i=1}^{p}\frac{\partial}{\partial x_i}g_i(\mathbf{X}) = c\sum_{i=1}^{p}\left[\frac{1}{\|\mathbf{X}\|^2} - \frac{2X_i^2}{\|\mathbf{X}\|^4}\right] = c\frac{p-2}{\|\mathbf{X}\|^2}$$

となることを用いた. **Q.E.D**

補題 9.3 (スタインの補題) $Z \sim N(\mu, 1)$ のとき微分可能な関数 $g(z)$ に対して

$$\mathbf{E}[(Z-\mu)g(Z)] = \mathbf{E}\left[\frac{\partial g(Z)}{\partial Z}\right] \qquad (9.21)$$

となる.

この補題は左辺が部分積分の公式[*5]より

$$\int_{-\infty}^{\infty}(z-\mu)\frac{1}{\sqrt{2\pi}}e^{-\frac{1}{2}(z-\mu)^2}g(z)dz$$
$$= \left[-\frac{1}{\sqrt{2\pi}}e^{-\frac{1}{2}(z-\mu)^2}g(z)\right]_{-\infty}^{\infty} + \int_{-\infty}^{\infty}\frac{1}{\sqrt{2\pi}}e^{-\frac{1}{2}(z-\mu)^2}g'(z)dz$$

となることから右辺が導かれる.

[*5] 積の微分公式 $[fg]' = f'g + fg'$ より $\int f'g = [fg] - \int fg'$ が導ける.

Part 3

数理統計の展開

Chapter 10

統計的関係の推測

　本章では回帰分析をはじめとして観察される複数の変数間の統計的関係を分析するために展開されている様々な数理統計的手法，統計的多変量解析や非線形統計分析の基礎を学ぶ．

　統計学の様々な応用分野では多数の変数の観測データを同時に統計的に分析することが求められることが多い．応用では利用可能な観測データの組の間に，しばしば確定的な関係ではなく，比例関係，反比例関係，循環的関係，などが誤差を伴う関係として存在すると理解すると有益な統計分析につながることが少なくない．統計分析では観測される変数間の関係を確率的偶然変動を伴う統計的関係としてとらえることにより，統計的推定論，検定論，さらには統計的予測などにより意味ある結果を導く統計的方法が考案されている．統計的関係を巡る多くの統計的な分析方法がすでに存在し，多くの計算ソフトウェアに組み込まれている．統計的多変量解析や線形回帰分析などと呼ばれている様々な統計的方法の数理的基礎を理解し，統一的に理解することが重要である．

　ここで2つの変数 Y, Z のデータがほぼ

$$Y \sim e^{\alpha} z^{\beta} \tag{10.1}$$

(ここで α, β は母数とする) という統計的関係 (statistical relation) が想定できる場合を，データ分析の出発点としよう．ここでの関係は非線形的関係であるが，変数を対数変換することで線形関係の問題としてとらえることができる．むろん線形関係に帰着できないような関係もあるが，まずは線形関係の分析より出発することが有益な場合が多い．例えば変数変換 $\lambda \neq 0$ のとき

$$h_B(y, \lambda) = \frac{y^{\lambda} - 1}{\lambda} \tag{10.2}$$

とすると，y が正値をとるとき対数変換は $\lambda \to 0$ という極限である．これがボックス-コックス (Box-Cox, BC) 変換であるが，変換することで簡単な線形モデルによる統計分析に還元するアプローチは有用である[*1)]．

ここでは変換を含めてすでに適切に原データを処理した後に考えうる統計的関係を線形関係，観測値と理論的関係の差を観測誤差，ととらえる線形回帰の問題を考察しよう．

10.1 最小 2 乗法と線形回帰モデル

線形回帰分析と最小 2 乗法 (least squares method) は，自然科学をはじめ経済分析など社会科学を含めてデータの統計分析ではよく用いられる方法である．この最小 2 乗法はしばしばガウスの方法と呼ばれる[*2)]．誤差を伴って得られる観測データより観測誤差 (measurement errors) を (何らかの意味で) なるべく小さくして理論的な線形関係 (linear relationship) を計測することが主たる目的と考えられるが，観測誤差や変数誤差の問題は実は経済分析などでも無視できない場合も少なくない．例えば所得，資産，資本ストック，土地価格の補足といったデータ収集上の問題，あるいは恒常所得や恒常消費といった実際に観察されない理論的な (真の) 変量に関する議論でも重要な役割を演じる．統計科学でよく利用されている回帰 (regression)，回帰分析 (regression analysis) はもともと 19 世紀末～20 世紀初頭にかけて行われた人間の形質遺伝にかかわるデータ解析から考案された方法である[*3)]．生物統計学 (biometrics) から始まり近年では経済・経営・金融などを含む様々な分野での応用も盛んであり，回帰分析は様々な研究分野でごく常識的な統計的方法として定着している．

簡単な場合として 2 次元の単回帰 (simple regression) と呼ばれている場合を例

[*1)] 非負データに対しては対数変換を行った後に統計分析が行われることが少なくない．λ を (未知) 母数として BC 変換を行った後に正規性に基づき最尤法を行う方法には問題があり，DPT 変換 $h_D(y, \lambda) = [y^\lambda - y^{-\lambda}]/[2\lambda]$ ($\lambda \geq 0$) も注目される．

[*2)] 正確には A. Legendre "*Nouvelles Méthodes pour la Détermination des Orbites des Cométes*" (1805) により導入された．K.F. Gauss が 1809 年に出版した本でオリジナリティを主張したので，科学論争に発展したようである．いずれの研究も当時の自然科学において重要であった天文学における観測データの解析に関してであったことは興味深い．

[*3)] 例えば S. Stigler "*The History of Statistics*" (Harvard University Press, 1986) などが詳しい．

として説明しよう．統計データとして n 組の被説明変数と説明変数の組 (2 次元ベクトル) $\mathbf{x}_i' = (y_i, z_i)'$ $(i=1,\ldots,n)$ が与えられるとき，応用上ではほぼ線形関係 $y = \beta_0 + \beta z$ によりデータを表現できることが重要な意味を持つことがある．むろん説明変数が 1 個であればデータの加減乗除により多くのことを表現することも可能であるが，実際の回帰分析では説明変数が複数考えられることより一般的であり，定数項 1 および $k-1$ ($k \geq 2$) 個の説明変数 $z_{(j)}(j=1,\ldots,k-1)$，係数 β_j ($j=0,1,\ldots,k-1$) を用いて線形関係を

$$y \sim \beta_0 + \beta_1 z_{(1)} + \cdots + \beta_{k-1} z_{(k-1)} \tag{10.3}$$

と表現して分析することが多いが，これを**重回帰分析** (multiple regression analysis) と呼ぶ．

最小 2 乗法

最小 2 乗法はある変数 (被説明変数) をほかの変数群 (説明変数) による線形関係で説明する方法である．最小 2 乗法では n 組の誤差を説明変数である z 軸方向に測り，誤差の 2 乗和を最小化する方法であり，単回帰では観測データを (y_i, z_i) $(i=1,\ldots,n)$ とすると，評価関数

$$L_2(b_0, b_1) = \sum_{i=1}^{n}(y_i - b_0 - b_1 z_i)^2 \tag{10.4}$$

を未知数 b_0 と b_1 について最小化することにより通常は解を求めることができる．こうした最小 2 乗法については様々な問題が存在する．例えば誤差の絶対値の和ではなく誤差の 2 乗和を最小化する，すなわち誤差を点から直線への距離ではなく z 軸方向にとることが合理的なのか？ 1 つの解釈は説明変数 z を与えた下での条件付関係を推定しているという見方がありうる．ところが応用上での実際の統計的関係の分析では対象の変数，例えば z と y について片方の変数をもう片方の変数で説明するという発想には馴染まないものも少なくない．例えばマクロ経済学における消費と所得，教育学における数学と英語など科目の関係，など具体例を考えてみるとよい．

一般に線形回帰モデル

$$Y_i = \beta_0 + \sum_{j=1}^{k-1} \beta_j z_{ji} + U_i \quad (i=1,\ldots,n) \tag{10.5}$$

10.1 最小2乗法と線形回帰モデル

を考察しよう. ここで被説明変数の第 i 観測値 y_i, 第 j 番目の説明変数の第 i 観測値 z_{ji} $(i=1,\ldots,n; j=0,\ldots,k-1; z_{i0}=1)$, 係数 β_j $(j=0,\ldots,k-1)$, 誤差項 U_i $(i=1,\ldots,n)$ とする (説明変数の観測値を並べて第 i 観測ベクトル $\mathbf{z}_i = (1, z_{1i}, \ldots, z_{k-1,i})'$ という表記を用いることもある). (10.5) の表現は重回帰モデル, あるいは線形回帰モデルと呼ばれるが説明変数と誤差項は独立, あるいは説明変数を所与とするときに条件付期待値

(A1) $\quad \mathbf{E}[U_i | \mathbf{z}_i] = 0 \quad (i=1,\ldots,n)$

を仮定する. 条件 (A1) は例えば 6.3 節で説明した実験計画における分散分析モデルを例にとるとわかりやすい. 例えば説明変数 z が 0, 1 の 2 値のみをとる説明変数 (ダミー変数と呼ぶ) とすると 1 元配置モデルは線形回帰モデルとして表現できる. この場合には説明変数は実験計画においてあらかじめ値を割り付けておく制御変数である. 実験計画の設定で説明変数がよく制御されていれば誤差分散と共分散についての条件

(A2) $\quad \mathbf{E}[U_i U_j] = \sigma^2 \ (i=j), \quad 0 \ (i \neq j)$

を仮定しても差し支えなかろう. この線形回帰モデルは

$$\begin{bmatrix} Y_1 \\ \vdots \\ Y_n \end{bmatrix} = \begin{bmatrix} 1 & z_{11} & \cdots & z_{k-1,1} \\ \vdots & \vdots & & \vdots \\ 1 & z_{1n} & \cdots & z_{k-1,n} \end{bmatrix} \begin{bmatrix} \beta_0 \\ \vdots \\ \beta_{k-1} \end{bmatrix} + \begin{bmatrix} U_1 \\ \vdots \\ U_n \end{bmatrix},$$

あるいは $n \times 1$ ベクトル $\mathbf{y} = (Y_i)$, $\mathbf{u} = (U_i)$, $n \times k$ 行列 $Z = (z_{ji})$ を用いて

$$\mathbf{y} = \mathbf{Z}\boldsymbol{\beta} + \mathbf{u} \tag{10.6}$$

と表現できる (ここでは行列 Z の第 (i,j) 要素を z_{ji} とした). ここで定数項 1 を含めて 2 個以上の説明変数がある場合には, 説明変数が互いに一時独立にとれる条件として

(A3) 「説明変数は固定された数値からの行列 Z で階数は k」

を仮定する. 様々な応用上では説明変数が制御変数でないことも少なくないが, その場合には利用可能な $(k+1) \times 1$ 観測ベクトル $(y_i, \mathbf{z}_i')'$ は i $(i=1,\ldots,n)$ について互いに独立な確率変数列の実現値ベクトルと解釈する.

ここでベクトル $\mathbf{y}$ に対する距離 $\|\mathbf{y}\| = \sum_{i=1}^{n} y_i^2$. 損失関数を

$$L_2 = \|\mathbf{y} - \mathbf{Z}\boldsymbol{\beta}\|^2$$
$$= \|(\mathbf{y} - \mathbf{Zb}) + \mathbf{Z}(\mathbf{b} - \boldsymbol{\beta})\|^2$$

とする．ただし

$$\mathbf{b} = (\mathbf{Z}'\mathbf{Z})^{-1}\mathbf{Z}'\mathbf{y} \tag{10.7}$$

は係数ベクトルの最小 2 乗推定量 ($p \times 1$ ベクトル) である．補論 6.B の議論より行列 $\mathbf{Z} = $ (第 i 変数の j 番目の観測値) の階数が k との仮定 (条件 (A3)) の下では解は一意的に存在する．さらに $(\mathbf{y} - \mathbf{Zb})'\mathbf{Z} = \mathbf{o}$ という性質を利用すると

$$L_2 = \|(\mathbf{y} - \mathbf{Zb})\|^2 + \|\mathbf{Z}(\mathbf{b} - \boldsymbol{\beta})\|^2 \tag{10.8}$$

と分解できるのでベクトル $\mathbf{b} = (b_i)$ により誤差関数が最小化される．ここで射影行列を利用すると

$$\mathbf{y} = [\mathbf{Z}(\mathbf{Z}'\mathbf{Z})^{-1}\mathbf{Z}']\mathbf{y} + [\mathbf{I}_n - \mathbf{Z}(\mathbf{Z}'\mathbf{Z})^{-1}\mathbf{Z}']\mathbf{y} \tag{10.9}$$

という分解が得られ，$\hat{\mathbf{y}} = \mathbf{ZB} = (\hat{y}_i)$ は理論値ベクトル，$\hat{\mathbf{u}} = [\mathbf{I}_n - \mathbf{Z}(\mathbf{Z}'\mathbf{Z})^{-1}\mathbf{Z}']\mathbf{y} = (\hat{u}_i)$ は残差ベクトルに対応する．ここで観測値の変動和を理論値と残差により

$$\sum_{i=1}^{n}(y_i - \bar{y})^2 = \sum_{i=1}^{n}(\hat{y}_i - \bar{y})^2 + \sum_{i=1}^{n}\hat{u}_i^2 \tag{10.10}$$

と分解できる．ここで全変動 $(y_i - \bar{y})^2$ と回帰で説明できる回帰変動和 $\sum_{i=1}^{n}(\hat{y}_i - \bar{y})^2$ との比

$$R^2 = \frac{\sum_{i=1}^{n}(\hat{y}_i - \bar{y})^2}{\sum_{i=1}^{n}(y_i - \bar{y})^2} \tag{10.11}$$

により推定した回帰モデルの適合度 (決定係数) R を定義しよう．また評価関数 L_2 を $\mathbf{b} = (B_I)$ により微分することで正規方程式

$$\mathbf{Z}'\mathbf{Zb} = \mathbf{Z}'\mathbf{y}$$

の解としても理解できる．ここで (重) 回帰モデルを代入すると最小 2 乗推定量は

$$\mathbf{b} = (\mathbf{Z}'\mathbf{Z})^{-1}\mathbf{Z}'[\mathbf{Z}\boldsymbol{\beta} + \mathbf{u}] = \boldsymbol{\beta} + (\mathbf{Z}'\mathbf{Z})^{-1}\mathbf{Z}'\mathbf{u}$$

と表現される．右辺の第 2 項 (ベクトル) の各要素の期待値は 0 なので，誤差項に関する (A1), (A2) の下では最小 2 乗推定量の期待値は

$$\mathrm{E}[\mathbf{b}] = \boldsymbol{\beta}, \tag{10.12}$$

説明変数を (典型的には実験計画において分析者が設定できる) 制御変数とすると係数推定量の共分散行列は

$$\mathrm{E}[(\mathbf{b}-\boldsymbol{\beta})(\mathbf{b}-\boldsymbol{\beta})'] = \sigma^2 (\mathbf{Z}'\mathbf{Z})^{-1} \tag{10.13}$$

となる．推定量のクラスとして被説明変数の線形関数の範囲に限定すると最小 2 乗推定量にはガウス-マルコフの定理と呼ばれる次の性質がある．

> **定理 10.1**　線形回帰モデルにおいて (A1), (A2) および説明変数は (A3) を満足する固定された制御変数であることを仮定する．このとき係数推定量として不偏性を満たすように被説明変数の線形結合 $\mathbf{c}_j' \mathbf{y}$ ($j=1,\ldots,k$) をとると $\mathbf{b}$ の各要素の分散よりも小さくない．

この定理は最小 2 乗推定量は**最良線形不偏推定量** (best linear unbiased estimator, BLUE) であることを意味する．誤差項の分散 σ^2 の不偏推定量は最小 2 乗残差 $\hat{U}_i = Y_i - \mathbf{z}_i' \mathbf{b}$ ($i=1,\ldots,n$) より

$$s_n^2 = \frac{1}{n-k} \sum_{i=1}^n \hat{U}_i^2$$

で与えられる．ここで $n-k$ が自由度であるが，回帰係数の推定誤差の評価では通常はこの不偏推定量が用いられるが，説明変数が定数項のときのみの場合 ($k=1$) には通常の不偏分散に対応している．ここでさらに誤差項の確率分布について条件

(A4)　「誤差項は正規分布に従う」

を仮定できれば，t 分布や F 分布を用いて統計的推定や統計的検定，さらに区間推定などの統計的推測論を適用することができる．

10.2　変数誤差問題と直交回帰法

2 次元空間上の n 個の点を $\mathbf{y}_i = (y_{1i}, y_{2i})'$ ($i=1,\ldots,n$) として直線を当てはめる問題では，各点から直線上の点 $(a+b\xi_i, \xi_i)$ (ξ_i は未知) への距離の 2 乗和

$$L_d(a,b) = \sum_{i=1}^n (y_{1i} - a - b\xi_i)^2 + \sum_{i=1}^n (y_{2i} - \xi_i)^2 \tag{10.14}$$

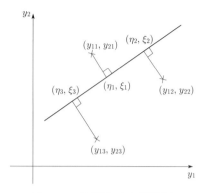

図 10.1　2 次元データの直交回帰

で与えられる．そこで $L_d(a,b)$ を最小化するように係数 a,b を定める方法を考察しよう．この問題を図 10.1 に示しておくが，線形回帰モデルと異なり 2 次元の各観測点 (y_{1i}, y_{2i}) $(i=1,\ldots,n)$ より（最小 2 乗法のように一方の変数軸へではなく）直線上の点 (η_i, ξ_i) $(\eta_i = a + b\xi_i)$ への距離の 2 乗和を最小化する問題である．

まず母数 a について最小化すると右辺の第 2 項より解は条件 $a^* = \bar{y}_1 - b\bar{\xi}$, $\bar{\xi}^* = (1/n)\sum_{i=1}^n \xi_i$, $\bar{y}_1 = (1/n)\sum_{i=1}^n y_{1i}$ を満足する必要がある．次に直線上の点を表す ξ_i $(i=1,\ldots,n)$ を母数として，関数 L_d を ξ_i^* について偏微分すると

$$\left(-\frac{1}{2}\right)\frac{\partial L_d}{\partial \xi_i^*} = y_{2i} - \xi^* + b(y_{1i} - a^* - b\bar{\xi}^*) = 0 \quad (i=1,\ldots,n)$$

を得る．この式の両辺の平均をとれば条件 $\bar{\xi}^* = \bar{y}_2$ が導かれる．そこですでに得られた条件 $a^* = \bar{y}_1 - b\bar{\xi}$ を利用すると条件 $y_{2i} - \bar{y}_2 + b(y_{1i} - \bar{y}_1) - (\xi^* - \bar{\xi})(1+b^2) = 0$ より

$$\xi_i^* - \bar{\xi}^* = \frac{y_{2i} - \bar{y}_2 + b(y_{1i} - \bar{y}_1)}{1+b^2} \tag{10.15}$$

が得られる．この関係を $L_d(\cdot)$ に代入し整理すると，

$$L_d = \sum_{i=1}^n \left\{(y_{2i} - \bar{y}_2) - \frac{y_{2i} - \bar{y}_2 + b(y_{1i} - \bar{y}_1)}{1+b^2}\right\}^2$$
$$+ \sum_{i=1}^n \left\{y_{1i} - \bar{y}_1 - b\frac{y_{2i} - \bar{y}_2 + b(y_{1i} - \bar{y}_1)}{1+b^2}\right\}^2$$

$$= \sum_{i=1}^{n} \frac{[(y_{1i} - \bar{y}_1) - b(y_{2i} - \bar{y}_2)]^2}{1+b^2}$$

となる (最小2乗法では分子のみを最小化したことに注意する). ここで分子の2乗を展開して整理すると

$$\frac{1}{n} L_d = \frac{s_{11} - 2bs_{12} + b^2 s_{22}}{1+b^2} = \frac{(1, -b) \begin{pmatrix} s_{11} & s_{12} \\ s_{21} & s_{22} \end{pmatrix} \begin{pmatrix} 1 \\ -b \end{pmatrix}}{(1, -b) \begin{pmatrix} 1 \\ -b \end{pmatrix}}$$

であるが, $s_{11} = (1/n) \sum_{i=1}^{n} (y_{1i} - \bar{y}_1)^2$, $s_{12} = (1/n) \sum_{i=1}^{n} (y_{1i} - \bar{y}_1)(y_{2i} - \bar{y}_2)$, $s_{22} = (1/n) \sum_{i=1}^{n} (y_{2i} - \bar{y}_2)^2$ とおいた. さらに母数 b について関数 L_2 を微分して0とおけば評価関数を最小化する解は

$$b^* = \frac{s_{11} - s_{22} + \sqrt{(s_{11} - s_{22})^2 + 4s_{12}^2}}{2 s_{12}} \tag{10.16}$$

となる.

なおこの直交回帰の問題は線形代数における2次形式の比の最小化問題に帰着する. 2次元ベクトル $\mathbf{c} = (1/\sqrt{1+b^2}, -b/\sqrt{1+b^2})$ とおくと, 比の最小化問題は条件付最小化問題

$$\min_{\mathbf{c}} \mathbf{c}' \begin{pmatrix} s_{11} & s_{12} \\ s_{21} & s_{22} \end{pmatrix} \mathbf{c} \quad (\text{制約条件}) \, \mathbf{c}' \mathbf{c} = 1$$

と同等である. この問題を条件付最適化問題でよく知られているように, ラグランジュ乗数 λ として関数 $L_d^* = \mathbf{c}' \mathbf{S}_y \mathbf{c} - \lambda(\mathbf{c}'\mathbf{c} - 1)$ を最小化する解 $\mathbf{c}$ は行列

$$\mathbf{S}_y = \begin{pmatrix} s_{11} & s_{12} \\ s_{21} & s_{22} \end{pmatrix} = \sum_{j=1}^{n} (\mathbf{y}_j - \bar{\mathbf{y}}_n)(\mathbf{y}_j - \bar{\mathbf{y}}_n)' \tag{10.17}$$

の最小固有値に対応する固有ベクトルである.

ここで説明した議論は変数ベクトル $\mathbf{y}$ がより一般の p 次元ベクトルの場合にもそのまま拡張することができる. スカラー観測値 y_{1i}, ベクトル観測値 $\mathbf{y}_{2i}$ と未知母数の系列 $\boldsymbol{\xi}_i$ の次元を $k = p - 1$ 次元とすると, 同様の議論から評価関数

$$L_d = \sum_{i=1}^{n} \frac{[(y_{1i} - \bar{y}_1) - \mathbf{b}'(\mathbf{y}_{2i} - \bar{\mathbf{y}}_2)]^2}{1 + \mathbf{b}'\mathbf{b}} \tag{10.18}$$

の最小化により得られるベクトル $\mathbf{b}$ が直交回帰の解であるが, これも固有値問題の解となっている.

10.3 線形関数関係と構造方程式

直交回帰の問題を観察可能な確率変数列 (Y_{1i}, Y_{2i}) $(i=1,\ldots,n)$ が観測誤差 (V_{1i}, V_{2i}) を含み

$$Y_{1i} = \eta_i + V_{1i}, \quad Y_{2i} = \xi_i + V_{2i} \quad (i=1,\ldots,n) \tag{10.19}$$

と表現する．確率的誤差 U, V をそれぞれ持つ変数間の期待値 ($\mathbf{E}[Y_{1i}] = \eta_i$, $\mathbf{E}[Y_{2i}] = \xi_i$) の意味での線形関数関係 (linear functional relationship)

$$\eta_i = \alpha + \beta \xi_i \quad (i=1,\ldots,n) \tag{10.20}$$

の推測問題と解釈することが可能である．ここで (V_{1i}, V_{2i}) は互いに独立な確率変数列で $\mathbf{E}[V_{1i}] = \mathbf{E}[V_{2i}] = \mathbf{E}[V_{1i}V_{2i}] = 0$, $\mathbf{E}[V_{1i}^2] = \mathbf{E}[V_{2i}^2] = \sigma^2$ とするのが標準的であるが，この種の統計モデルは一般に変数誤差 (errors-in-variables) モデルと呼ばれている．より一般に Y_{1i} をスカラー変数，$\mathbf{Y}_{2i}$ を $p-1$ $(p \geq 2)$ ベクトル変数としよう．観察可能な G 変数ベクトル $\mathbf{Y}_i = (Y_{1i}, \mathbf{Y}_{2i}')'$ の間に観察されない $k-1$ 個の因子 $(2 \leq k \leq p)$ $\boldsymbol{\xi}$ により

$$\begin{bmatrix} Y_{1i} \\ \mathbf{Y}_{2i} \end{bmatrix} = \boldsymbol{\mu} + \boldsymbol{\Lambda}\boldsymbol{\xi}_i + \begin{bmatrix} V_{1i} \\ \mathbf{V}_{2i} \end{bmatrix} \tag{10.21}$$

と表現すると因子分析モデルに対応する．ここで左辺の $p \times 1$ ベクトル $\mathbf{Y}_i$ は観測可能，$\boldsymbol{\xi}_i$ は観測不能な因子ベクトル，$\boldsymbol{\Lambda}$ は係数行列 (負荷行列と呼ばれる)，$\mathbf{V}_i = (V_{1i}, \mathbf{V}_{2i}')'$ は誤差ベクトルである．ここでとくに $p = 2$ であり

$$\boldsymbol{\Lambda} = \begin{bmatrix} \beta \\ 1 \end{bmatrix}$$

とおけば ($\boldsymbol{\mu}' = (\alpha, 0)$ とする) 変数誤差モデルの表現となっている．すなわち観察可能な次元よりも少ない次元 (いまは 1) の観測できない因子 (unobservable factor) を推定する問題に対応している．問題をこのような方向で一般的に考察すると線形関係の分析を巡る様々な統計的方法を統一的に理解する道が開ける．

例 10.1 因子分析モデル 心理学や教育学などでは多次元の観測データから，データの次元より少ない (観測不能な) 因子を推定する問題がしばしば考察されて

いる.例えば英語,数学,国語,理科,社会などの各科目の背後に能力を示す(観測不能な)因子が存在し,実際の科目の得点は「因子の線形結合プラス各人に起因するノイズ」などとしばしば解釈される.この場合にはp次元データより因子負荷行列 $\mathbf{\Lambda}$, $k-1$ $(k-1 \leq p)$ の因子,p 次元の個別ノイズを一意に定めることができないことが多いのでデータから統計的線形モデルを識別する条件である**識別条件** (identifiable condition) が必要となる.

例 10.2 需要・供給モデル 応用経済学では市場で観察される価格と数量は需要関数と供給関数の均衡で決定するという考え方をよく用いる.ここで需要関数

$$q^d = \alpha_0 + \alpha_1 p + (\text{ほかの需要サイドの要因}, z_1) + u^d, \quad (10.22)$$

供給関数

$$q^s = \beta_0 + \beta_1 p + (\text{ほかの供給サイドの要因}, z_2) + u^s \quad (10.23)$$

とすると,供給量 $q = q^d = q^s$ と価格 p (u^d と u^s は期待値 0 の需要と供給の撹乱項を表現する) により実際のデータの変動を解釈できるだろうか? この場合には p と q はいずれも説明変数,被説明変数の区別をするのが困難であり,均衡状態では $q = \pi_{q0} + \pi_{q1}z_1 + \pi_{q2}z_2 + v^q$, $p = \pi_{p0} + \pi_{p1}z_1 + \pi_{p2}z_2 + v^p$, と表現できる (ただし π_{qi}, π_{pi} は係数,v^q, v^p は期待値 0 の確率的誤差項とする).このとき係数間の関係より構造方程式としての需要関数は

$$\mathbf{E}[q] = \alpha_0 + \alpha_1 \mathbf{E}[p] + \mathbf{E}[(\text{ほかの需要サイドの要因}, z_1)] \quad (10.24)$$

という線形関数関係と同等である.ここで母数 α_i $(i=0,1), \beta_i$ $(i=0,1)$ などを変数 q, p, z_1, z_2 の観測されるデータから推定する問題は線形関係の推定問題,構造方程式の推定問題と呼ばれている.

経験尤度法と一般化積率法

一般に p 次元データ・ベクトル $\mathbf{x}_i = (\mathbf{y}_i', \mathbf{z}_i')'$ $(i=1,\ldots,n\,;\,p = g + k)$ が利用可能なとき確率変数ベクトルについての関係 (構造方程式,あるいは推定方程式と呼ぶ)

$$\boldsymbol{\beta}' \mathbf{y}_i - \boldsymbol{\gamma}' \mathbf{z}_{1i} = U_i \quad (i=1,\ldots,n) \quad (10.25)$$

を推定する問題を考えよう.ここで被説明変数 (あるいは内生変数) g 次元ベクト

ル $\mathbf{y}_i$ ($g \geq 2$), 説明変数 k 次元ベクトル $\mathbf{z}_i$ として, $\mathbf{z}_{1i}$ は $\mathbf{z}_i$ の一部の $k_1 \times 1$ 変数ベクトル ($0 \leq k_1 \leq k$, $\boldsymbol{\beta}$ は $g \times 1$ 係数ベクトル, $\boldsymbol{\gamma}$ は $k_1 \times 1$ 係数ベクトル), U_i は誤差項で期待値 $\mathbf{E}(U_i) = 0$, 分散 $\mathbf{V}(U_i) = \sigma^2$ とする. とくに変数 y_{1i} の係数を基準化に利用して $\boldsymbol{\beta}' = (1, -\boldsymbol{\beta}_2)'$ とすると構造方程式

$$y_{1i} = \boldsymbol{\beta}_2' \mathbf{y}_{2i} + \boldsymbol{\gamma}' \mathbf{z}_{1i} + U_i \tag{10.26}$$

と表現することができる. ここで変数群 $\mathbf{z}_i$ は説明変数ベクトル, 外生変数ベクトル, 操作変数ベクトルなどと呼ばれているが直交条件

$$\mathbf{E}(U_i \mathbf{z}_i) = \mathbf{0} \tag{10.27}$$

を満たす. こうした線形関係を推定する方法としては (i) 変数ベクトル $\mathbf{z}_i$ に方程式を回帰する, (ii) 回帰残差を係数ベクトル $\mathbf{c} = (\boldsymbol{\beta}', \boldsymbol{\gamma}')'$ について

$$L_2^* = \mathbf{c}'(\mathbf{Y}, \mathbf{Z}_1)' \mathbf{Z}(\mathbf{Z}'\mathbf{Z})^{-1} \mathbf{Z}'(\mathbf{Y}, \mathbf{Z}_1) \mathbf{c} \tag{10.28}$$

を最小化することが考えられる. ここで $\mathbf{Y} = (y_{ij})$ は $n \times g$ 行列, $\mathbf{Z} = (z_{ij})$ は $n \times k$ 行列, $\mathbf{Z}_1 = (z_{1,ij})$ は $n \times k_1$ ($z_{1,ij}$ は z_{ij} の一部からなる) 行列である. ($\mathbf{c}$ の第 1 要素を 1 に基準化して) この関数を最小化する推定法は **2 段階最小 2 乗法**と呼ばれている.

他方, 基準関数として

$$R_2^* = \frac{\mathbf{c}'(\mathbf{Y}, \mathbf{Z}_1)' \mathbf{Z}(\mathbf{Z}'\mathbf{Z})^{-1} \mathbf{Z}'(\mathbf{Y}, \mathbf{Z}_1) \mathbf{c}}{\mathbf{c}'(\mathbf{Y}, \mathbf{Z}_1)'(\mathbf{Y}, \mathbf{Z}_1) \mathbf{c}} \tag{10.29}$$

の最小化問題となる. この解は最小分散比推定法, あるいは制限情報最尤法と呼ばれている.

ここで説明している問題を計量経済学では操作変数 (instrumental variables) を用いて解釈することがよく行われている. 被説明変数ベクトル $\mathbf{y}_j' = (y_{1j}, \mathbf{y}_{2j}')$ と操作変数 (i.e. 説明変数) ベクトル $\mathbf{z}_j$ についての直交条件 (orthogonality condition)

$$\mathbf{E}[\mathbf{z}_j(y_{1j} - (\mathbf{y}_{2j}', \mathbf{z}_{1j}')\boldsymbol{\theta})] = \mathbf{0} \tag{10.30}$$

を利用して $(g - 1 + k_1) \times 1$ 母数ベクトル $\boldsymbol{\theta} = (\boldsymbol{\beta}_2', \boldsymbol{\gamma}')'$ ($g \geq 2$) を観測データ $\mathbf{x}_j (= (\mathbf{y}_j', \mathbf{z}_j'))$ より推定する問題と解釈できる.

ここで

10.3 線形関数関係と構造方程式　　　179

$$\mathbf{h}_n(\boldsymbol{\theta}) = \frac{1}{n}\sum_{j=1}^{n}\mathbf{z}_j(y_{1j} - \mathbf{x}_j^{*'}\boldsymbol{\theta})$$

とおき $(\mathbf{x}_j^{*'} = (\mathbf{y}_{2j}^{'}, \mathbf{z}_{1j}^{'}))$,評価関数として 2 次形式

$$\mathbf{J}(\boldsymbol{\theta}, \mathbf{W}_n) = \mathbf{h}_n(\boldsymbol{\theta})^{'}\mathbf{W}_n\mathbf{h}_n(\boldsymbol{\theta}) \tag{10.31}$$

を最小化する $\boldsymbol{\theta}$ を**一般化積率** (generalized method of moments, GMM) 推定量 $\hat{\boldsymbol{\theta}}_n$ と呼んでいる．ここで最小化の加重行列 $\mathbf{W}_n$ の選択としては，$\boldsymbol{\theta}$ の初期推定値 $\hat{\boldsymbol{\theta}}_n^{(0)}$ より残差系列を第 1 段階として求め，次に $\tilde{u}_j = y_{1j} - \mathbf{x}_j^{*'}\hat{\boldsymbol{\theta}}_n^{(0)}$ より

$$\mathbf{W}_n = \left[\frac{1}{n}\sum_{j=1}^{n}\tilde{u}_j^2 \mathbf{z}_j \mathbf{z}_j^{'}\right]^{-1} \tag{10.32}$$

を用いて構成する方法が **2 段階 GMM** (two-step GMM) 法と呼ばれている．

他方，ベクトル列 $\mathbf{y}_j$ $(j = 1,\ldots,n)$ がある確率分布 $F(\mathbf{y})$ から独立な標本，$P(\mathbf{y}_j = \mathbf{y}) = p_j$ $(j = 1,\ldots,n)$ であるとしよう．このときノンパラメトリック尤度関数は

$$L(F) = \prod_{j=1}^{n} p_j \tag{10.33}$$

と表現できる．この尤度関数を経験確率としての制約条件 $p_j \geq 0, \sum_{j=1}^{n} p_j = 1$ の下で最大化すると解は $p_j = 1/n$ $(j = 1,\ldots,n)$ である．$\boldsymbol{\theta}$ を母数ベクトル，構造方程式モデルに現れる変数 $(\mathbf{y}_{1j}^{'}, \mathbf{z}_{1j}^{'})^{'}$ をまとめて $\mathbf{x}_j^* = (\mathbf{y}_j^{'}, \mathbf{z}_{1j}^{'})^{'}$ $((g-1+k_1)\times 1$ ベクトル, $g \geq 2$) とおき，期待値操作をデータ上の分布，すなわち経験分布で置き換えると

$$\sum_{j=1}^{n} p_j \mathbf{z}_i[y_{1j} - (\mathbf{y}_{2j}^{'}, \mathbf{z}_{1j}^{'})\boldsymbol{\theta}] = 0 \tag{10.34}$$

という制約条件が得られる．この制約条件および経験確率としての条件 $p_j \geq 0, \sum_{j=1}^{n} p_j = 1$ の下でノンパラメトリック尤度関数 (10.33) を最大化して母数 $\boldsymbol{\theta}$ を推定する方法を**経験尤度** (empirical likelihood, EL) 法と呼ぶ．ここでとくに $p_1 = \cdots = p_n$ $(= 1/n)$ とすると分散比の最小化に対応する．なお以上の説明において制約条件が必ずしも線形である必要がないことに着目すると，GMM 法や

経験尤度法は非線形方程式にもそのまま適用できる．

このように回帰分析や直交回帰分析の問題は内容的には観測ベクトルにそれぞれ誤差を伴い観察される状況に対応し，変数誤差の問題，因子分析の問題，あるいは計量経済学において古くから論じられている内生変数間の関係を検討する構造方程式 (structural equation) や同時方程式 (simultaneous equation) の問題などにかかわっているのである．こうした応用において現れる適切な確率モデルの定式化や推定法の漸近的性質など，統計的推測理論の展開は重要な統計的問題である[*4]．

なおここで簡単に述べた線形関係の統計的推測は，折にふれて説明したように 2 次元データの解析にとどまることなく一般の次元や非線形問題への一般化が可能である．

10.4 主成分分析と多変量解析

一般に p 次元データ $\mathbf{x}_j = (x_{ij})$ $(j = 1, \ldots, n)$ が与えられたときに，データに含まれる情報を縮約する様々な統計的方法が考案されている．多次元データの統計的分析は**統計的多変量解析** (statistical multivariate analysis) と呼ばれている．とくに統計的線形関係の分析では主成分分析 (principal components analysis)，因子分析 (factor analysis)，回帰分析 (regression analysis)，変数誤差分析 (errors-in-variables analysis) などが重要である．

p 次元確率変数 $\mathbf{X}\,(=(X_i))$ の期待値ベクトル $\mathbf{E}[\mathbf{X}] = \boldsymbol{\mu}$ $(p \times 1)$，共分散行列 $\mathbf{E}[(\mathbf{X}-\boldsymbol{\mu})(\mathbf{X}-\boldsymbol{\mu})'] = \boldsymbol{\Sigma}$ $(p \times p)$，共分散行列が正則であることを仮定するが，一般の次元 p がわかりにくければ $p=2$ の場合を考えればよい．このとき各変数の期待値まわりの加重和 $\sum_{i=1}^{p} \alpha_i (X_i - \mu_i)$ の変動をなるべくうまく表現できる座標を求めよう．ばらつきは分散なので線形和の分散

$$\mathbf{V}[\boldsymbol{\alpha}'(\mathbf{X}-\boldsymbol{\mu})] = \mathbf{E}[\boldsymbol{\alpha}'(\mathbf{X}-\boldsymbol{\mu})]^2 \tag{10.35}$$

を最大化する係数ベクトル $\boldsymbol{\alpha} = (\alpha_i)$ を考えよう (例えば $p=2$ の場合には平面

[*4] 例えば国友直人『構造方程式モデルと計量経済学』(朝倉書店, 2010) の第 3 章，国友直人 (2014)，「計測誤差と統計学」，日本統計学会誌，42-43 を参照．

10.4 主成分分析と多変量解析

上の2次元データの解析である．2次元のデータを素直に解析しようとするとき，線形変換とは元の座標を回転することに対応するので分散最大化の意味は明確である）．各係数を定数倍しても結果は変わらないので基準化のために $\boldsymbol{\alpha}'\boldsymbol{\alpha} = 1$ としてラグランジュ形式

$$L = \boldsymbol{\alpha}'\boldsymbol{\Sigma}\boldsymbol{\alpha} - l[\boldsymbol{\alpha}'\boldsymbol{\alpha} - 1] \tag{10.36}$$

を最大化する．各要素で微分すると

$$\frac{1}{2}\frac{\partial L}{\partial \boldsymbol{\alpha}} = [\boldsymbol{\Sigma} - l\mathbf{I}_p]\boldsymbol{\alpha} = \mathbf{0}$$

を解く問題となる．ここで l_1 を固有方程式

$$|\boldsymbol{\Sigma} - l\mathbf{I}_p| = 0 \tag{10.37}$$

を満たす最大根とすると，最大根に対応する固有ベクトル $\mathbf{c}_{(1)}$ が求める解であるが，これを第1主成分ベクトルと呼んでいる．第1主成分を $U_1 = \mathbf{c}'_{(1)}\mathbf{X}$ とおけば第1主成分と直交する (無相関な) 成分の中で分散最大化する成分を第2主成分，同様に第 i 主成分ベクトル $\mathbf{c}_i$ $(i = 2,\ldots,p)$ も定義できる．また主成分分析により逆に共分散行列を表現すると $p \times p$ の非負定符号行列の分解 $\boldsymbol{\Sigma} = \sum_{i=1}^{p} l_i \mathbf{c}_{(i)}\mathbf{c}'_{(i)}$ に対応する．そこで第 i 成分の全体変動への寄与度は $l_i / \sum_{j=1}^{p} l_j$ となる．

実際に観察される多次元標本を $\mathbf{X}_j = (X_{ij})$ $(i = 1,\ldots,p; j = 1,\ldots,n)$ とすると多次元データにおける標本平均は $\bar{\mathbf{X}}_n = (1/n)\sum_{j=1}^{n} \mathbf{X}_j$．標本積率行列は

$$\mathbf{A}_n = \sum_{j=1}^{n}(\mathbf{X}_j - \bar{\mathbf{X}}_n)(\mathbf{X}_j - \bar{\mathbf{X}}_n)' \tag{10.38}$$

となるので，共分散行列 $\boldsymbol{\Sigma}$ の推定量は $\mathbf{S}_n = [1/(n-1)]\mathbf{A}_n$ となる[*5]．標本分散共分散推定量より固有方程式

$$[\mathbf{S}_n - \lambda\mathbf{I}_p]\mathbf{a} = \mathbf{0} \tag{10.39}$$

を解くことにより標本の第 i 主成分ベクトル $\mathbf{a}_{(i)}$ $(i = 1,\ldots,p)$ が求められる．

統計的推測を行うには $\bar{\mathbf{X}}_n$, $\mathbf{A}_n$ の標本分布を導く必要があるが，標本平均はともかく標本分散・共分散行列はそれほど容易ではない．確率変数 $X_j \sim N(0,1)$ のとき $(p=1)$ $A_n = v \sim \chi^2(\nu)$ $(\nu = n-1)$ であるので密度関数は定数 $c(1,1,\nu)$

[*5] 正規分布の下では最尤推定量である．不偏推定量は n の代わりに $n-1$ を採用する．

を用いて
$$f(v) = \frac{1}{c(1,1,\nu)} v^{\nu/2-1} e^{-v/2} \tag{10.40}$$
で与えられる. ここでは χ^2 分布についてのよく知られた積分計算より
$$c(1,1,\nu) = \int_0^\infty v^{\nu/2-1} e^{-v/2} dv = 2^{\nu/2} \Gamma\left(\frac{\nu}{2}\right)$$
である. 確率変数ベクトル $\mathbf{X}_j$ $(= (X_{ij})) \sim N_p(\mathbf{0}, \mathbf{I}_p)$ のとき $\mathbf{A}_n = \mathbf{V} \sim$ Wishart$(p, \mathbf{I}_p, \nu)$ に従う ($\nu = n-1$). このウィッシャート (Wishart) 分布の密度関数は
$$f(\mathbf{V}) = \frac{1}{c(p, \mathbf{I}_p, \nu)} |\mathbf{V}|^{(\nu-p-1)/2} e^{(-1/2)\mathrm{tr}(\mathbf{V})} \tag{10.41}$$
で与えられる. ここで対称行列 $\mathbf{V}$ (任意の i,j について $v_{ij} = v_{ji}$) が正定符号であることに注意し積分計算を行うと結局
$$c(p, \mathbf{I}_p, \nu) = 2^{\nu p/2} \pi^{p(p-1)/4} \prod_{i=1}^p \Gamma\left[\frac{\nu+1-i}{2}\right]$$
となる. 一般に $\mathbf{X}_j \sim N_p(\mathbf{0}, \mathbf{\Sigma})$ のときには, 標本積率行列 $\mathbf{A}_n$ が従うウィッシャート分布の密度関数は
$$f(\mathbf{V}) = \frac{1}{c(p, \mathbf{\Sigma}, \nu)} |\mathbf{V}|^{(\nu-p-1)/2} e^{(-1/2)\mathrm{tr}(\mathbf{\Sigma}^{-1}\mathbf{V})} \tag{10.42}$$
であるが, 定数は $c(p, \mathbf{\Sigma}, \nu) = |\mathbf{\Sigma}|^{n/2} c(p, \mathbf{I}_p, \nu)$ である. さらに標本積率行列 $\mathbf{A}_n$ の固有値・固有ベクトルについてもその標本分布を調べることができる[*6].

こうした主成分 (principal components) は多次元データの次元縮約の方法として通常の経済の実証分析ではときどきしか登場しないが, とくに教育学・心理学・社会学などを中心として幅広い分野の応用において広く用いられている. 他方, 多次元データの中から潜在的なより小さい次元 (数) の因子 (factor) により説明しようとする試みも応用の中では重要であるが, 因子を巡る議論の中には混乱もみられる. 例えばここで説明した主成分モデルは統計的因子モデル (statistical factor analysis) と関係はあるが同一でない. こうした主成分分析や因子分析などの方法は統計的多変量解析 (statistical multivariate analysis) と呼ばれている.

[*6] ウィッシャート分布や標本共分散行列の固有値や固有ベクトルの統計的分析については T.W. Anderson "An Introduction to Multivariate Statistical Analysis" (Wiley, 2003) が詳しい.

10.5 非線形問題と分位点回帰

統計的関係の分析は変数間の関係が線形ではない非線形関係の分析にも拡張することが可能である．例えば非線形回帰モデルとは，ある関数 $h(\cdot)$ を用いて

$$Y_i = h(z_{0i}, z_{1i}, \ldots, z_{k-1,i}; \beta_0, \beta_1, \ldots, \beta_r) + U_i \quad (i=1,\ldots,n) \quad (10.43)$$

と表現される．ここで被説明変数の第 i 個目の観測値 y_i，第 j 番目 $(j=0,\ldots,k-1)$ の説明変数の第 i 個目の観測値 z_{ji} (z_{0i} は通常は定数)，母数 β_j $(j=0,1,\ldots,r)$，誤差項 U_i $(i=1,\ldots,n)$ とする．最小 2 乗法は線形回帰分析と同様に定義すれば，明示的に解を求めることが困難でも (解が存在すれば) 計算機を用いれば最適解を求めることができる[*7)．なお非線形回帰関係は様々な可能性を含んでいるが必ずしも複雑な統計分析がより深い意味を持つとは限らない．

非線形問題は多岐に及ぶがここで分位点回帰問題に言及しておこう．被説明変数 Y の変動を説明するリスク要因としていくつかの説明変数があるとき，説明変数ベクトル $\mathbf{z} = (z_{(1)}, \ldots, z_{(k-1)})'$ が与えられたときの確率変数 Y の条件付分布関数を $P(Y \leq y|\mathbf{z}) = F_Y(y|\mathbf{z})$，条件付 τ 分位点を $Q_\tau(Y|\mathbf{z}) = \inf\{y|F_Y(y|\mathbf{z}) \geq \tau\}$ とする．このとき分位点回帰モデルは

$$Q_\tau(Y|\mathbf{z}) = \alpha(\tau) + \beta_1(\tau)z_{(1)} + \cdots + \beta_{k-1}(\tau)z_{(k-1)}$$
$$= \alpha(\tau) + \mathbf{z}'\boldsymbol{\beta}(\tau)$$

と表現される．ここで $\boldsymbol{\beta}(\tau) = (\beta_1(\tau),\ldots,\beta_{k-1}(\tau))'$ は定数項を表す母数 $\alpha(\tau)$ を除く未知母数ベクトルである．確率変数 U を $U = Y - \{\alpha(\tau) + \mathbf{z}'\boldsymbol{\beta}(\tau)\}$ により定義すれば，分位点回帰モデルは

$$Y = \alpha(\tau) + \mathbf{z}'\boldsymbol{\beta}(\tau) + U \quad (10.44)$$

と表現できる．この形式は統計的線形回帰モデルに類似しているが，右辺の母数の係数ベクトルが τ に依存し，誤差項 U の分布関数を $F_U(u)$ とすると

$$F_U(0) = P\left(Y \leq \alpha(\tau) + \mathbf{z}'\boldsymbol{\beta}(\tau)\right) = \tau \quad (10.45)$$

となるので意味が異なる．線形回帰モデルが被説明変数の期待値を説明変数によ

[*7) 例えば T. Amemiya "*Advanced Econometrics*" (Blackwell, 1985) に詳しい説明がある．

り表現しているが，分位点回帰モデルでは被説明変数の確率分布の分位点を表現している．例えば近年の経済分析では被説明変数の期待値ではなく，所得や賃金が高い人々と低い人々との間で異なる説明変数の効果があることを検出できるなど重要な応用例がある．こうした例からその汎用性が理解できると思われるが，分位点回帰法は多くの応用分野で注目されている．

ここで被説明変数 Y と説明変数ベクトル $\mathbf{Z}$ について互いに独立な n 個のデータの組 $(y_i, \mathbf{z}_i)$ $(i = 1, \ldots, n)$ が得られる状況を想定しよう．y_i は被説明変数，$\mathbf{z}_i = (z_{1i}, \ldots, z_{k-1,i})$ $(i=1,\ldots,n)$ は説明ベクトル $(\mathbf{z} = (z_1, \ldots, z_{k-1})'$ の観測値) であるが，条件 $n \geq p+1$ が成立し，被説明変数の条件付分布関数はルベーグ測度に関して絶対連続の場合のみを考察する．この仮定の下では密度関数が存在するので分位点関数は分布関数の逆関数として一意的に定義でき，分析は簡単化される．

ここで被説明変数 Y と説明変数ベクトル $\mathbf{z}$ についての n 組のデータより母数ベクトル $(k \times 1)$ $(\alpha(\tau), \boldsymbol{\beta}(\tau)')'$ を推定する問題を考える[*8)．損失関数として

$$\rho_\tau(u) = \tau(u)_+ + (1-\tau)(u)_- = \begin{cases} \tau u & (u \geq 0) \\ (\tau - 1)u & (u < 0) \end{cases}$$

を用いるが，$(u)_+$, $(u)_-$ はそれぞれ u の正・負の部分を表す．特に $\tau = 1/2$ のときには $\rho_{1/2}(u) = |u|/2$ となり絶対値偏差和の最小化問題に対応する．n 組のデータより評価基準

$$\min_{\{\alpha, \boldsymbol{\beta}\}} \sum_{i=1}^n \rho_\tau(y_i - \alpha - \mathbf{z}_i'\boldsymbol{\beta}) \tag{10.46}$$

を最小化する方法において解を $(\widehat{\alpha}(\tau), \widehat{\boldsymbol{\beta}}(\tau)')'$, 定数項を含む $k \times 1$ 説明変数ベクトルのデータを $\mathbf{z}_i^* = (1, \mathbf{z}_i')'$ $(i = 1, \ldots, n)$ と表しておく．

分位点回帰モデルにおいて母係数ベクトルの推定がまず解決すべき統計的問題であるが，母係数ベクトルを $\boldsymbol{\delta}(\tau) = (\alpha(\tau), \boldsymbol{\beta}(\tau)')'$, 推定量ベクトルを $\widehat{\boldsymbol{\delta}}(\tau) = (\widehat{\alpha}(\tau), \widehat{\boldsymbol{\beta}}(\tau)')'$ とする．このとき分位点回帰推定量は標本数 n が大きいときには一致性 (consistency) と漸近正規性 (asymptotic normality) を持つ．推定量の

[*8)] R. Koenker and G. Bassett (1978), "Regression quantiles" *Econometrica*, **46**, 33-50 や R. Koenker "*Quantile Regression*" (Cambridge University Press, 2005) に詳しい説明がある．

10.5 非線形問題と分位点回帰

漸近的性質の分析は評価関数が非線形の場合には一般に複雑になるが, 分位点回帰問題において説明変数がランダムな場合には確率変数列 $\mathbf{x}_i = (y_i, \mathbf{z}_i)$ $(i = 1, \ldots, n)$ について次のような条件を仮定する.

(A5) 確率変数列 $(y_i, \mathbf{z}_i)$ $(i = 1, \ldots, n)$ は互いに独立で同一分布 (i.i.d.) に従う.

(A6) $\mathbf{z}_i$ を所与とする u_i の条件付分布関数 $F_U(\cdot|\mathbf{z}_i)$ は ($\mathbf{z}_i$ に依存しない) 原点の近傍上で正の密度関数 $f_U(\cdot|\mathbf{z}_i)$ を持ち, この近傍上で $s \mapsto f_U(s|\mathbf{z}_i)$ は ($\mathbf{z}_i$ について一様に) 連続となる.

(A7) 行列 $\mathbf{C} = \mathbf{E}[\mathbf{z}_i^* \mathbf{z}_i^{*'}]$ は正定値行列となる (ただし以下では $\mathbf{z}_i^* = (1, \mathbf{z}_i')'$ とする).

(A8) 行列 $\mathbf{D} = \mathbf{E}[f_U(0|\mathbf{z}_i) \mathbf{z}_i^* \mathbf{z}_i^{*'}]$ は正定値行列となる.

これらの条件の下で分位点回帰推定量の漸近的性質について次のような結果が成り立つ.

定理 10.2 分位点回帰推定量 $\widehat{\boldsymbol{\delta}}(\tau)$ について $n \to \infty$ のとき

(i) 条件 (A5)〜(A7) の下で

$$\widehat{\boldsymbol{\delta}}(\tau) = \begin{bmatrix} \widehat{\alpha}(\tau) \\ \widehat{\boldsymbol{\beta}}(\tau) \end{bmatrix} \xrightarrow{p} \boldsymbol{\delta}(\tau) = \begin{bmatrix} \alpha(\tau) \\ \boldsymbol{\beta}(\tau) \end{bmatrix} \tag{10.47}$$

となる.

(ii) 条件 (A5)〜(A8) の下で

$$\sqrt{n}\{\widehat{\boldsymbol{\delta}}(\tau) - \boldsymbol{\delta}(\tau)\} \xrightarrow{d} \mathcal{N}(\mathbf{0}, \tau(1-\tau)\mathbf{D}^{-1}\mathbf{C}\mathbf{D}^{-1}) \tag{10.48}$$

が成立する.

なお以上の説明では説明変数 $\mathbf{z}_i$ が確率的である場合を議論したが, $\mathbf{z}_i$ が非確率的変数である場合にも同様の議論が可能である. とくに条件

(A8)$'$ 「正定値行列 $\mathbf{C}$ が存在し, $\lim_{n \to \infty} n^{-1} \sum_{i=1}^{n} \mathbf{z}_i^* \mathbf{z}_i^{*'} = \mathbf{C}$ となる」

の下では漸近分布は

$$\mathcal{N}(\mathbf{0}, \tau(1-\tau)\{f_U(0)\}^{-2}\mathbf{C}^{-1}) \tag{10.49}$$

と表現できる. なお実際に極限分布を利用する場合には原点における密度関数を

推定することが必要となる[*9].

10.6 罰則法と情報量規準

線形回帰モデルは広範に応用されているが,実際のデータ解析では説明変数の選択問題が重要である[*10].データ分析では特定の被説明変数に対して多くの説明変数の候補がありうるので,どの変数を利用したらよいか様々な方法が提案されている.多くの場合には応用上で意味があると考えられる変数についての統計的有意性,回帰式の適合度などが利用されている.とくに説明変数が多い場合にはこれらの規準に加えていくつかの統計的規準が利用されている.

例えばリッジ (ridge) 回帰法を取り上げてみよう.このリッジ回帰はもともとは説明変数行列が線形独立でない場合,あるいはほぼ線形独立でない場合(多重共線性と呼ばれる) に回帰分析を行うことができるという実用的な目的のために提案された方法である.この方法は,リッジ回帰は罰則付最小 2 乗法として数理的にはある実数 t を指定したときの最小化問題

$$\min_{\alpha,\boldsymbol{\beta}} \sum_{i=1}^{n}(y_i - \alpha - \mathbf{z}_i'\boldsymbol{\beta})^2 \quad (\text{制約条件}) \sum_{j=1}^{p}\beta_j^2 \leq t \quad (t \geq 0) \quad (10.50)$$

と定式化できる.これに対して **Lasso** (least absolute shrinkage and selection operator) 法[*11]では定数項以外のパラメータに絶対値 (L_1) ノルムの罰則を付けて最小 2 乗推定を適用する.すなわち **Lasso** 推定量は最小化問題

$$\min_{\alpha,\boldsymbol{\beta}} \sum_{i=1}^{n}(y_i - \alpha - \mathbf{z}_i'\boldsymbol{\beta})^2 + \lambda \sum_{j=1}^{p}|\beta_j| \quad (\lambda \geq 0) \quad (10.51)$$

[*9)] 例えば漸近分布の導出,漸近分散の推定法,損害保険データへの応用について,加藤賢悟・国友直人・増田智巳 (2009),「Lasso 分位点回帰の理論と損害保険への応用」,日本統計学会誌, 121-149 が議論している.例えば誤差分布に正規分布を仮定すれば残差系列 $\hat{U}_i = Y_i - \mathbf{z}_i'\hat{\boldsymbol{\beta}}(\tau)$ $(i = 1,\ldots,n)$ より $s(\tau) = [f_Y(F_Y^{-1}(\tau))]^{-1}$ $(= [f_U(0)]^{-1})$ の推定量として $\hat{s}_n(\tau) = [F_n^{-1}(\tau + h_n)] - F_n^{-1}(\tau - h_n)]/[2h_n]$, $h_n = c_\tau n^{-1/3}(c_\tau = z_\alpha^{2/3}[1.5\phi(\Phi^{-1}(\tau))^2/(2\Phi^{-1}(\tau)^2 + 1)]^{1/3}$, z_α は α $(= 1 - \tau)$%点) とする方法がある.

[*10)] 回帰分析に関連する様々な数理統計的な問題については例えば佐和隆光『回帰分析』(朝倉書店, 1979) が有用である.

[*11)] R. Tibshirani (1996), "Regression shrinkage and selection via lasso" *Journal of Royal Statistical Society*, **58**, 267-288.

の最適解として定義される．ここで λ はチューニング・パラメータと呼ばれているが，この式を λ 形式の Lasso と呼ぶ．λ 形式に対して t 形式の Lasso を定義すると t 形式の Lasso 推定量とは最小化問題

$$\min_{\alpha, \boldsymbol{\beta}} \sum_{i=1}^{n} (y_i - \alpha - \mathbf{z}_i' \boldsymbol{\beta})^2 \quad (制約条件) \sum_{j=1}^{p} |\beta_j| \leq t \quad (t \geq 0)$$

の最適解として定義される．なおこうした λ 形式と t 形式という2つの最小化問題は数学的には同値である．Lasso 回帰とは t あるいは λ をまず適当に定めて最小化問題を解き，次に t あるいは λ を変化させ統計的に有意になる説明変数を探索する方法であり，Lasso 選択ではあるところまで各変数の係数推定値が0になることが特長であり，応用上では有効となることが多い．

こうした罰則付最小化による説明変数の選択方法は多くの応用問題において有用であるが，推定した回帰モデルのフィットの良さ (適合度) と未知母数の推定により生じるコストについてのある種のトレード・オフを統計的な手続きとして定式化していると解釈できよう．例えば線形回帰モデルの場合には $k = n$ とすると推定誤差が0とすることが可能であるが，そうして推定した回帰モデルを用いて予測すると結果は不安定になる可能性が高い．こうした問題を解決する手段，統計的モデルを選択する方法として情報量規準が用いられている．代表的な情報量規準として知られている赤池の情報量規準 AIC はもともとは第11章で説明する時系列モデルにおける1期先予測の誤差を小さくするという，予測誤差の観点からの説明変数の選択規準として開発された．

一般に AIC は p 個の母数からなる母数ベクトル $\theta = (\theta_i)$，その最尤推定量 $\hat{\theta}_{ML}$，尤度関数 $L_n(\theta)$ とすると

$$AIC = -2 \log L(\hat{\boldsymbol{\theta}}_{ML}) + 2k \tag{10.52}$$

により定義される．この AIC 統計量を最小化するモデルを選択する方法が AIC 規準であるが，第1項はデータへの統計モデルの良さを表し，第2項は統計モデルの良さ (すなわち単純さ) を表しているので AIC はこの2つの要素を組み合わせた規準であり，線形回帰モデルにおける説明変数の選択問題 (データとして利用可能な説明変数のリストから定数項を含めて k 個の適切な説明変数を選ぶ問題) を含め，尤度関数が与えられる場合の多くの統計的問題で有用である．

なお AIC 規準の第2項をデータ数 n に依存させ，母数の数に対する罰金 (ペ

ナルティ) 項をより大きくとり $BIC = -2\log L(\hat{\boldsymbol{\theta}}_{ML}) + k\log(n)$ を最小化する規準はベイズ情報量規準 (あるいはシュワルツ規準) と呼ばれている. モデル選択の問題では AIC や BIC が一般的に用いられている.

Chapter 11
広がる統計解析の世界

本章では様々な応用を目指して展開している数理統計学の諸問題の中から,統計的時系列解析,生存時間解析,統計的極値解析の初歩的事項,コピュラや閾値極値法などデータの統計解析や統計的リスク解析に必要な事項を学ぶ.

11.1 統計的時系列解析

数理統計学における標準的理論では互いに独立な標本の実現値としてデータが得られることを想定して展開されることが多い.他方,工学・薬学・医学・経済・経営・金融をはじめとする応用の場で得られる時系列データではある母集団から互いに独立なサンプリングにより得られた標本の実現値とみなすことが非現実的な場合も少なくない.そこで実際の時系列データの統計分析と標準的理論のギャップを巡る統計的方法,**統計的時系列分析** (statistical time series analysis)[1]が展開している.

独立な標本についての数理的理論は確率変数列が定常過程 (stationary process) であれば軽微な修正で成り立つことが多い.一例としては第5章で言及した時系列の中心極限定理 (定理 5.A.2) が典型的であるが,別の例としては第4章で説明した (離散) マルチンゲールを挙げることができる.独立確率変数の和はマルチンゲールであるからマルチンゲール差分は独立な確率変数列の一般化とみることができる.このことから独立確率変数列の和の挙動の理論は独立とは限らない確

---

[1] ここでは統計的時系列論については,例えば統計的時系列分析の基礎について山本拓『経済の時系列分析』(創文社, 1988), 沖本竜義『経済・ファイナンスデータの計量時系列分析』(朝倉書店, 2010), T.W. Anderson "*The Statistical Analysis of Time Series*" (Wiley, 1971), P.J. Brockwell and R.A. Davis "*Time Series : Theory and Methods*" (Springer, 1991) などを挙げておく.

率変数列にもある範囲内で適用できることがわかる．こうした離散マルチンゲールに基づく議論は近年の時系列データの分析では1つの基本的な道具を提供している．

時系列データの統計分析の多くの場合には第10章で述べたような統計的関係の統計分析を適用できることが重要である．例えば線形回帰モデルにおいて説明変数として被説明変数について有限個の過去の値をとると p 次自己回帰モデル (autoregressive model, AR(p))

$$Y_i = \beta_0 + \sum_{j=1}^{p} \beta_j Y_{i-j} + U_i \quad (i = 1, \ldots, n) \tag{11.1}$$

が得られる．ここで $\{U_i\}$ は互いに無相関な誤差項で $\mathbf{E}[U_i] = 0, \mathbf{E}[U_i^2] = \sigma^2$, β_j ($j = 0, \ldots, p$) は係数母数である．通常の回帰モデルとの相違は初期値 $Y_0, Y_{-1}, \ldots, Y_{-(p-1)}$ が定まらないと確率変数列 $\{Y_i\}$ の分布が定まらないことである．ここでは簡単化のために初期値 $Y_0, Y_{-1}, \ldots, Y_{-(p-1)}$ がある値をとるときの条件付分布を考えるとしておこう．このとき確率変数列(すなわち時系列)が定常的な挙動を示すためには方程式

$$\left| \lambda^p - \sum_{j=1}^{p} \lambda^{p-j} \beta_j \right| = 0 \tag{11.2}$$

の根の絶対値が1より小さくなる必要がある．さらに確率変数列 $\{Y_i\}$ が厳密に定常分布を持つには，初期値がとる確率分布を対応させる必要がある．線形時系列モデルとしては U_i を互いに無相関な誤差項 ($\mathbf{E}[U_i] = 0, \mathbf{E}[U_i^2] = \sigma^2$), θ_j ($j = 1, \ldots, q$) を係数母数として

$$Y_i = U_i + \sum_{j=1}^{q} \theta_j U_{i-j} \quad (i = 1, \ldots, n) \tag{11.3}$$

と表現される確率モデルを q 次移動平均過程 (moving-average process, MA(q)) と呼んでいる．

こうした線形時系列モデルの一般形

$$Y_i = \beta_0 + \sum_{j=1}^{p} \beta_j Y_{i-j} + U_i + \sum_{j=1}^{q} \theta_j U_{i-j} \quad (i = 1, \ldots, n) \tag{11.4}$$

が自己回帰移動平均過程 (autoregressive moving-average process, ARMA(p,q))

11.1 統計的時系列解析

である.

これらの統計的モデルを実際に観測される時系列データの解析に利用するには未知母数を推定する必要があるが, 最小2乗推定法や最尤推定法などを適用することが考えられる. 母数の統計的推定, 検定, さらには利用可能な時系列データ $Y_i = y_i$ ($i = 1, \ldots, n$) から将来値 Y_{n+h} ($h \geq 1$) を予測する方法などが統計的時系列解析では標準的な方法として開発されている. 現時点を t とすると予測問題とは過去・現在までに利用できる情報を用いて確率変数の実現値としての将来値を推定する問題である. 例えば利用可能な情報が $Y_s = y_s$ ($s = 1, \ldots, t$) で与えられるとすると, 3.3節の議論を利用すると Y_{t+h} ($h \geq 1$) の最適予測 $Y_{t+h|t}$ は条件付期待値

$$Y_{t+h|t} = \mathbf{E}[Y_{t+h}|Y_t, Y_{t-1}, \ldots, Y_1] \tag{11.5}$$

である. 統計モデルである自己回帰移動平均モデルを利用するとこうした予測量を容易に構成することが可能となる. 実際には次数 p, q などは未知であるので適切な次数を選ぶ必要があり, 前章の (10.52) で説明した AIC 最小化規準を利用すればよいが, 実は AR(p) モデルの次数選択問題において誤差分散の推定量 $\hat{\sigma}^2$ とするとき1期先予測誤差の MSE

$$FPE(p) = n \log \hat{\sigma}^2 + 2p$$

(ここで n はデータ数) の最小化規準として提案されたものが AIC 最小化規準である.

一般に時系列データの場合には確率変数が互いに独立とはみなせないために小標本理論の展開は困難なので, 大標本理論に基づく議論が必要となり分析はかなり複雑になる. 例えば第10章のガウス–マルコフの定理はそのままでは成立しないので一致性および漸近正規性の議論が必要となる. なお線型モデルをさらに発展して多次元時系列モデル, さらに様々な非線型モデルや定常性条件を満たさない非定常な時系列の解析に適用できる統計理論が統計的時系列解析の分野では展開している. 時系列解析では自己回帰モデルや移動平均モデルといった時間領域分析に加えて周波数領域の分析も発展しているが, そこでは密度関数の推定で利用された方法に類似のカーネル法を用いた時系列データに基づくスペクトル分析が有力な手段である.

実際に得られる時系列データ y_i ($i = 1, \ldots, n$) が経済時系列のように定常過

程の実現値とはみなせない不規則な挙動を示す場合には，階差系列 $x_i = \Delta y_i = y_i - y_{i-1}$ $(i = 2, \ldots, n)$ あるいは季節階差系列 $x_i = \Delta_s y_i = y_i - y_{i-s}$ $(i = s+1, \ldots, n; s \geq 2)$ に ARMA(p, q) モデルを当てはめて統計分析することがある．階差操作を 2 回繰り返すと $x_i = \Delta^2 y_i = \Delta y_i - \Delta y_{i-1}$ $(i = 3, \ldots, n)$ となり $x_i = \Delta^d y_i$ $(d = 2)$ に対応するが，季節階差では月次データ $s = 12$, 四半期データ $s = 4$ などが利用される．階差操作の逆は和分と呼ばれているので階差データに ARMA(p, q) をフィットさせることを自己回帰和分移動平均モデル (autoregressive integrated moving-average model, ARIMA(p, d, q)) を適用するという．

11.2 統計的生存時間解析

生存時間解析

生存時間の統計的解析は生命表による人間の寿命分析に端を発し，工学における機械や製品の故障リスクや品質の管理，すなわち統計的品質管理における統計的分析法として重要である．機械の故障や寿命に関するリスク評価の研究分野は信頼性工学とも呼ばれているが，医学や薬学の問題に応用され急速に発展を遂げ，**生存時間解析** (survival analysis) として多くの統計的手法が応用されている．さらに近年では経済・経営・金融などの分野においてさえも生存時間解析が利用されるようになり，例えば企業の倒産 (default) や社債の評価などでは重要な役割を果たすようになっている．

生存関数

寿命を表す確率変数を $T(\omega)$, その確率分布関数を $F(t)$, 密度関数を $f(t)$ とする．ここで寿命や故障の時刻は非負であるから正値をとる分布を考える必要がある．生存関数 (survival function) は

$$S(t) = 1 - F(t) = P(T > t) \tag{11.6}$$

により定義する．ハザード関数 $\lambda(t)$ は

$$\begin{aligned}\lambda(t) &= \frac{f(t)}{1 - F(t)} \\ &= \lim_{h \to 0} \frac{P(t < T \leq t+h | T > t)}{h}\end{aligned}$$

で与えられる．したがってハザード(危険)率は時刻 t において生存しているという条件の下で期間 $[t, t+h]$ に寿命が来る確率の極限であるから

$$\int_0^t \lambda(s)ds = \int_0^t \frac{f(s)}{1-F(s)}ds = -\log S(t)$$

より

$$S(t) = e^{-\int_0^t \lambda(s)ds} \tag{11.7}$$

である．

例 11.1 ハザード率が時間に依存しない場合は指数分布であるが，密度関数は

$$f(t) = \lambda e^{-\lambda t} \tag{11.8}$$

で与えられる．ワイブル分布は

$$S(t) = e^{-(\lambda t)^\alpha} \tag{11.9}$$

により特徴付けられる ($\alpha > 0, \lambda > 0$ である)．

生存時間データに関連する説明変数 (共変量，covariates) が利用可能な場合には様々な統計的方法が開発されているが，ここでは一例を挙げておく[*2)]．

例 11.2 Cox モデル，あるいは比例ハザードモデルと呼ばれているハザード関数の表現が有用である．この統計モデルではハザード関数が基準ハザード関数 $\lambda_0(t)$，説明変数ベクトル $\mathbf{z}$，係数ベクトル $\boldsymbol{\beta}$ とすると

$$\lambda(t) = \lambda_0(t) \exp[\mathbf{z}'\boldsymbol{\beta}] \tag{11.10}$$

で与えられる．観測データ $\mathbf{x}_i = (t_i, \mathbf{z}_i')'$, t_i $(i = 1, \ldots, n)$ は生存時間について利用可能なデータより統計モデルを推定する方法が開発されている．

[*2)] 生存時間解析のコンパクトな文献として R. Miller "*Survival Analysis*" (Wiley, 1982) を挙げておく．

11.3 統計的極値解析

リスク管理と極端な事象

統計入門では確率変数 X がある範囲 $(a,b]$ に入る確率を計算する方法として正規分布を利用して

$$P(a < X \leq b) = \frac{1}{\sqrt{2\pi\sigma^2}} \int_a^b e^{-\frac{1}{2}(\frac{x-\mu}{\sigma})^2} \qquad (11.11)$$

と評価する統計的方法が説明されている．$X \sim N(\mu, \sigma^2)$ による計算では $[\mu - k\sigma, \mu + k\sigma]$ の確率は $k = 1, 2, 3$ に対し 68%, 95%, 99.9% などとなるが，区間外の確率は $k = 5$ では 10^{-6}, $k = 6$ では 10^{-23} などと裾確率が非常に小さくなるのが特徴である．また標本平均 $\bar{X}_n = (1/n)\sum_{i=1}^n X_i$ とすると中心極限定理

$$\frac{\sqrt{n}}{\sigma}(\bar{X}_n - \mu) \xrightarrow{d} N(0,1) \qquad (11.12)$$

により正規分布の利用を正当化することなどが多いが，正規分布の裾確率は図 11.1 のように急速に減衰する．ここで正規分布と好対照な確率分布としてパレート分布の密度関数 $f(x) = k/x^{k+1}$ ($x \geq 1$) を図 11.2 に示しておく．

近年の統計的リスク分析では突発的な現象や極端な現象 (extreme events) を分析することも重要である．例えば伝統的な損害保険の分野では風水害，地震，事故などまれな事象 (rare events) の分析が議論されている．また金融業を営む銀行・保険会社では VaR による統計的リスク管理法が業務で必要である．この方法では 1 日単位で金融機関が保有する価値の損失分布の左側裾 1%, 5% の管理 (損失の符号を変えると右側裾) が問題であるがデータ上では母集団上の 1% の事象は頻繁

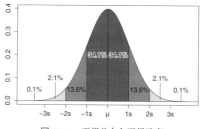

図 **11.1** 正規分布と正規確率

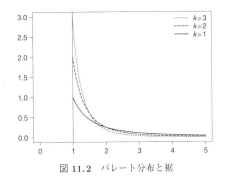

図 11.2 パレート分布と裾

には観測されず,日々のデータからまれな事象の評価に正規分布を利用すると問題が生じうる. まれな現象の統計分析は**統計的極値論** (statistical extreme value theory) と呼ばれるが,1950 年代のオランダにおける堤防決壊から国土のほぼ 1/3 が水没する大災害,堤防の修復の必要性などが 1 つの契機となり発展している.建設物の耐久性,ダムや河川管理など工学分野を中心に幅広く応用可能性がある.すでに第 6 章で裾確率の評価に関連した 3 つのタイプの極値分布 (extreme value distribution) を議論した. 極値分布は期待値のまわりに左右対称で釣鐘型,裾が急速に減衰していく正規分布とはかなり異なる確率分布であり,これらの確率分布を利用すると裾確率の評価はかなり異なりうる. この確率分布は位置母数 μ, スケール母数 σ を含めて**一般化極値分布** (generalized extreme value distribution, GEVD)

$$F(x) = \exp\left\{-\left[1 + \xi\left(\frac{x-\mu}{\sigma}\right)\right]^{-1/\xi}\right\}$$

であるが,スケール母数 ξ について $\xi \to 0$ のときグンベル分布が対応することについてすでに言及した. こうした極値分布の利用は**極値統計学** (statistical extreme value theory, SEVT) の出発点である. 中心極限定理は確率変数の平均の挙動についての確率法則であったが,極値分布は確率変数の最大値・最小値の挙動についての確率法則であり,極端な事象,まれに起きる事象のリスク分析に有用である[*3)].

[*3)] 統計的極値理論については例えば S. Coles "*An Introduction to Statistical Modeling of Extreme Values*" (Springer, 2001) が一般的教科書. より最近の展開については渋谷政昭・高橋倫也「極値理論・信頼性・リスク管理」(国友直人・山本拓監修『21 世紀の統計科学』Vol-II (東京大学出版会, 2012) 収録) などがある.

閾値極値論

3つのタイプの極値分布を応用することは可能であるが,グループ別の最大値がデータとして得られる必要がある.例えば毎年繰り返される河川の氾濫,海岸に打ち寄せられる波浪など一部の自然現象ではこうしたデータが得られることはある.しかしながら,金融データのように明確な周期性の発生が期待できないとき,グループ・データの最大値はあまり統計分析に適していない.そこである閾値を超えたデータを主に利用する閾値極値分析が展開しているのである[*4].

ここで確率変数 X が分布関数 F に従うとする.超過分布関数を

$$F_u(x) = P(X \leq x + u | X > u) \quad (x \geq 0) \tag{11.13}$$

により定める.このとき条件付確率より

$$F_u(x) = \frac{F(x+u) - F(u)}{1 - F(u)} \tag{11.14}$$

である.仮に元の確率分布 $F(u)$ が一般化極値分布に従うとすれば,u が大きいとき裾確率を

$$1 - F(u) \sim \left[1 + \xi\left(\frac{u-\mu}{\sigma}\right)\right]^{-1/\xi}$$

と表現できよう.同様に

$$1 - F(u+x) \sim \left[1 + \xi\left(\frac{u+x-\mu}{\sigma}\right)\right]^{-1/\xi}$$

である.とくに位置母数 $\mu = 0$ として条件付確率を適当な母数として $\sigma(u)$ $(= \sigma + \xi(u-\mu))$ とすると

$$P(X > u + x | X > u) \sim \frac{[1 + \xi(\frac{u+x}{\sigma})]^{-1/\xi}}{[1 + \xi(\frac{u}{\sigma})]^{-1/\xi}} = \left[1 + \xi\frac{x}{\sigma(u)}\right]^{-1/\xi} \tag{11.15}$$

と表現できる.このことをバルケマ-ドゥハーン (Balkema-DeHaan) の定理として次のようにまとめておく.

定理 11.1 $X_1, \ldots, X_n$ を独立で同一の確率変数列で分布を F とする.このとき基準化数列 $a_n > 0, b_n \in \mathbf{R}$ とある極値分布 $H_{\xi,\mu,\sigma}$,右裾 x_F が存在すると仮定する.このときある非負関数 $\sigma(u)$ が存在して

[*4] 例えば,国友直人・山本拓監修『21世紀の統計科学』Vol-II (東京大学出版会, 2012) に収録の渋谷政昭・高橋倫也「極値理論・信頼性・リスク管理」を参照されたい.

$$\lim_{u \to x_F} |F_u(x) - G_{\xi, \sigma(u)}(x)| = 0 \tag{11.16}$$

であり極限分布は $\xi \neq 0$ のとき

$$G_{\xi, \beta}(x) = 1 - \left[1 + \xi \frac{x}{\sigma(u)}\right]^{-1/\xi} \quad (\xi \neq 0) \tag{11.17}$$

である．また $\xi \to 0$ のときには

$$G_{\xi, \beta}(x) = 1 - \exp\left[-\frac{x}{\sigma(u)}\right]$$

となる．

ここで分布関数 G は**一般化パレート分布** (generalized Pareto distribution, GPD) と呼ばれるが，確率分布の裾がパレート分布，すなわちベキ関数的に減衰することを意味するからである．例えば指数分布に従う確率変数の場合には，$F(x) = 1 - e^{-x}\ (0 \leq x)$ であるので

$$F_u(x) = \frac{F(x+u) - F(u)}{1 - F(u)} = \frac{1 - e^{-(x+u)} - (1 - e^{-u})}{1 - (1 - e^{-u})} = 1 - e^{-x} \tag{11.18}$$

となるので $\xi \to 0$ の場合に対応する．また一様分布 $U(0,1)$ に従う確率変数の場合には，$F(x) = x\ (0 \leq x \leq 1)$ より

$$F_u(x) = \frac{F(x+u) - F(u)}{1 - F(u)} = \frac{x + u - u}{1 - u} = \frac{x}{1 - u} \tag{11.19}$$

となる．

分位点と母数の推定

一般化パレート分布 (GPD) $G_{\xi, \sigma}(x)$ については $\mu = 0$ としておくと，$X \sim G_{\xi, \sigma}(x)$ のとき $F_u(x) = G_{\xi, \sigma + \xi u}(x)$ となることは有用である．また平均超過関数 (excess mean function) を $\mathbf{E}[X - u | X > u]$ により定義すると

$$\mathbf{E}[X - u | X > u] = \frac{\sigma + \xi u}{1 - \xi} \quad (0 \leq \xi < 1) \tag{11.20}$$

より閾値 u の線形関数となるという性質がある．ここで仮に $F_u(x)$ に対する極限分布 $G_{\xi, \sigma(u)}(x)$ の $\sigma(u)\ (= \sigma + \xi u)$ を一定値 β で近似できるとき，極値分布を利用した高分位点の推定法としては閾値 u を用いて

$$\frac{F(x+u) - F(u)}{1 - F(u)} \sim 1 - \left[1 + \xi \frac{x}{\beta}\right]^{-1/\xi}$$

が利用できる．すなわち

$$1 - F(x+u) \sim [1 - F(u)] \left[1 + \xi \frac{x}{\beta}\right]^{-1/\xi}$$

より，データ n 個の中で閾値 u を超える超過個数データが N_u 個であったとすると，裾確率を $1 - F(u)$ を N_u/n で推定すれば

$$F(x+u) \sim 1 - \frac{N_n}{n}\left[1 + \xi \frac{x}{\beta}\right]^{-1/\xi}$$

である．したがって例えば $1-p$ が小さいときに $F(x+u) = p$ とすると

$$\hat{x} = \frac{\hat{\beta}}{\hat{\xi}}\left[\left(\frac{n}{N_u}(1-p)\right)^{-\hat{\xi}} - 1\right] \tag{11.21}$$

より $\xi > 0$ のとき高分位点が $\hat{x}_p + u$ により推定できる．

極値問題では裾指数 ξ の推定がもっとも重要な問題であるが，例えば一般化パレート分布を仮定して (極値分布が正しいと仮定して) 最尤推定を行うことなどが考えられるが，実際の数値計算上では $\xi = 0$ の周辺に注意する必要がある．セミパラメトリック推定法としては例えば順序統計量 $X_{(n)} \geq X_{(n-1)} \geq \cdots \geq X_{(1)}$ を利用した

$$H_{n,k} = \frac{1}{k}\sum_{j=0}^{k-1} \log X_{(n-j)} - \log X_{(n-k)} \tag{11.22}$$

となるヒル (Hill) 推定量がよく用いられている．別の候補としてのピカンズ (Pickands) 推定量は

$$P_{n,k} = \frac{1}{\log 2}\log\left[\frac{X_{(n-k)} - X_{(n-2k)}}{X_{(n-2k)} - X_{(n-4k)}}\right] \tag{11.23}$$

で与えられる．

ヒル推定において k をデータ数 n に依存させ k_n とすると，$k_n \to \infty$, $k_n/n \to 0$ という条件の下で漸近的に一致性，さらに $N(0, \alpha^2)$ への漸近正規性が成立する．ただし標本数が十分に大きくないとヒル推定量のバイアスは小さくなく，また推定の際に利用する順序統計量の項数 k の選択が重要な問題である．観測されるデータからこの k を選択する方法はいくつかの提案が共存している．

11.4 多次元分布と従属性

相関係数と従属性

例えば経済・金融における資産選択分析では平均・分散アプローチがしばしば用いられる．この方法では複数の資産価格のデータから計算される収益率を確率変数 X_i ($i=1,\ldots,p$) の実現値とみなし，確率変数の線形和 (ポートフォリオと呼ぶ) $Z = \sum_{i=1}^{p} w_i X_i$ ($\sum_{i=1}^{p} w_i = 1$) が変動するリスク分析が行われる．個々の価格変動が与えられたとき期待値で表現される期待収益 (期待値の意味での利益) とリスク・変動を分散ととらえて 2 つをバランスよく制御することが主な目的である．価格変動の平均とばらつき (分散) を同時に考慮して，期待値が一定という条件下での分散の最小化は，期待値 $\mathbf{E}(Z) = \mathbf{w}'\boldsymbol{\mu} = $ (一定) 基準化 $\mathbf{w}'\mathbf{1} = 1$ という制約条件の下で ($\mathbf{w} = (w_i), \mathbf{E}(\mathbf{X}) = \boldsymbol{\mu} = (\mu_i)$ とする)，分散

$$\mathbf{V}(Z) = \mathbf{w}'\boldsymbol{\Sigma}\mathbf{w} \tag{11.24}$$

の最小化問題となる．この問題の解 $\{w_i\}$ は 2 次計画問題として具体的に解くことができるが，通常は確率変数ベクトル $\mathbf{X}$ の期待値ベクトル $\mathbf{E}(\mathbf{X})$ ($=\boldsymbol{\mu}$)，共分散行列

$$\boldsymbol{\Sigma} = \mathbf{E}[(\mathbf{X}-\boldsymbol{\mu})(\mathbf{X}-\boldsymbol{\mu})'] = (\sigma_{ij})$$

の正定値性と有限性が仮定される．

例 11.3 経済・金融 (ファイナンス) 分野では多次元正規分布が利用されることが少なくないが，正規分布は期待値と共分散行列のみにより特徴付けられる．多次元正規分布は

$$(\mathbf{x}-\boldsymbol{\mu})'\boldsymbol{\Sigma}^{-1}(\mathbf{x}-\boldsymbol{\mu}) = c \text{ (一定)} \tag{11.25}$$

における密度関数が一定である．第 3 章でも説明したように一般化すると楕円分布族 (EC) が得られる．密度関数が存在するとき $\mathbf{X} \sim \mathbf{EC}_p(\boldsymbol{\nu}, \boldsymbol{\Lambda})$[*5)]

[*5)] T.W. Anderson "*An Introduction to Multivariate Statistical Analysis*" (Wiley, 2003) は関連する文献を含めてかなり詳しく議論しているが，例えば 4 次モーメント $E[(X_i - \mu_i)(X_j - \mu_j)(X_k - \mu_k)(X_l - \mu_l)]$ が比較的単純に表現できる．

$$f(\mathbf{x}) = |\mathbf{\Lambda}|^{-1/2} g((\mathbf{x} - \boldsymbol{\nu})' \mathbf{\Lambda}^{-1} (\mathbf{x} - \boldsymbol{\nu})) \tag{11.26}$$

と表現する．EC 分布より変換 $\boldsymbol{\nu} \to \mathbf{0}$, $\mathbf{C}'\mathbf{\Lambda}^{-1}\mathbf{C} \to \mathbf{I}_p$ を施すと (変換 $\mathbf{Y} = \mathbf{\Lambda}^{-1/2}(\mathbf{X} - \boldsymbol{\nu})$) 密度関数は $g(\mathbf{y}'\mathbf{y})$, SC (球面対称分布族) となる．正規分布や混合正規分布のほかに多次元 t 分布

$$g(\mathbf{y}) = c_{p,m} \left[1 + \frac{\mathbf{y}'\mathbf{y}}{m}\right]^{-(m+p)/2} \quad \left(c_{p,m} = \frac{\Gamma((m+p)/2)}{\Gamma(m/2) m^{p/2} \pi^{p/2}}\right),$$

などがある．特性関数を $\psi(\mathbf{t}; X) = \mathbf{E}[\exp^{i\mathbf{t}'\mathbf{X}}]$ とすると変換 $\mathbf{Y}$ の密度関数は $\mathbf{y}'\mathbf{y}$ のみに依存し $h(\mathbf{y}'\mathbf{y})$ と表現できる．任意の直交変換 $\mathbf{Y}^* = \mathbf{Q}\mathbf{Y}$ に対して密度関数は不変，特性関数は $\mathbf{t}'\mathbf{t}$ の関数なので確率変数 $\mathbf{X}$ の特性関数はある関数 $\mathbf{\Psi}(\cdot)$ を用いて $\psi(\mathbf{t}; X) = e^{i\mathbf{t}'\boldsymbol{\nu}} \mathbf{\Psi}(\mathbf{t}'\mathbf{\Lambda t})$ となる．したがってポートフォリオ $Z = \mathbf{w}'\mathbf{X}$ の分布の中心は $\mathbf{w}'\boldsymbol{\nu}$，ばらつきは $\mathbf{w}'\mathbf{\Lambda w}$ により表現できるのである．

すでに第 2 章で言及したように金融リスク管理において期待値や分散など積率にとどまらず大きな損失が発生する確率を制御する問題では，$X(\omega)$ を非負値で測った損失量 (loss) を表す確率変数として $100u\%$ 水準の VaR

$$VaR_u = \inf\{l\,:\,P(X > l) \leq 1 - u\} \tag{11.27}$$

の評価が問題である．実務界では例えば 95% や 99% (右裾確率 $\alpha = 1 - u$) などが利用されているが，実際には金融機関が保有する多数の資産価格の評価やリスク管理が必要なので分位点によるリスク管理上ではどのように多次元分布を利用したらよいか自明ではない．

2 次元分布を例にとると，2 つの確率変数の従属性を表現する尺度としてすでに登場したピアソン相関係数 $\rho(X, Y)$ は

$$\rho(X, Y) = \frac{\mathbf{Cov}(X, Y)}{\sqrt{\mathbf{V}(X)\mathbf{V}(Y)}} \tag{11.28}$$

により定義した．統計学では頻繁に利用されているこの相関には次のような問題が生じうることを述べておく．$p = 2$ のときに経済・金融などの分析では個別に対数変換を行い対数正規分布 $\log(X) \sim N(0, 1), \log(Y) \sim N(0, \sigma^2)$ を用いることがある．ここで $\sigma = 2, \rho(X, Y) = 0.7$ の場合を考えることは妥当であろうか？例えば $(X, Y) = (e^Z, e^{\sigma Z})$, $Z \sim N(0, 1)$ とするとピアソン相関係数のとる値の

可能な範囲は $-0.09 \sim 0.666$ となり矛盾が生じる．この例はピアソンの相関係数は変数変換するとその値が大きく変わりうることを意味し，確率変数の従属性はより注意深く検討する必要性を示している．

コピュラ (接合) 関数

多次元確率分布については生存時間解析や生命保険などでの応用をきっかけとして，コピュラ関数によるアプローチが近年では活発に研究されるようになっている[*6]．一般に p 次元確率分布関数は $\mathbf{x} = (x_i) \in \mathbf{R}^p$ に対して確率

$$F(x_1, \ldots, x_p) = P(X_1 \leq x_1, \ldots, X_p \leq x_p) \tag{11.29}$$

により定められる．他方，各成分 X_i の確率分布は周辺分布関数

$$F_i(x_i) = P(X_i \leq x_i) \quad (i = 1, \ldots, p) \tag{11.30}$$

で与えられる．このときスクラー (Sklar) の定理として次のことが知られている．

定理 11.2 コピュラ関数を $C : [0,1]^p \to [0,1]$ とする．任意の確率分布関数に対してコピュラ関数

$$F(x_1, \ldots, x_p) = C(F_1(x_1), \ldots, F_p(x_p)) \tag{11.31}$$

が存在する．

ここで確率分布が連続分布，密度関数が存在する場合を考えると問題を理解しやすい．確率変数 X_i に対して，変換 $U_i = F(X_i)$ を施すとき，任意の $u_i \in [0,1]$ に対して

$$P(U_i \leq u_i) = P(F(X_i) \leq u_i) = P(X_i \leq F^{-1}(u_i)) = F\left[F^{-1}(u_i)\right] = u_i$$

である．そこで $F(x_1, \ldots, x_p)$ は

$$F\left(F_1^{-1}(u_1), \ldots, F_p^{-1}(u_p)\right) = P\left(X_1 \leq F_1^{-1}(u_1), \ldots, X_p \leq F_p^{-1}(x_p)\right)$$
$$= P\left(F_1(x_1) \leq u_1, \ldots, F_p(x_p) \leq u_p\right)$$
$$= P\left(U_1 \leq u_1, \ldots, U_p \leq u_p\right)$$

[*6] 例えば国友直人・山本拓監修『21 世紀の統計科学』Vol-III (東京大学出版会, 2008) の塚原英敦「接合分布関数 (コピュラ) の理論と応用」がコピュラ関数について説明している．

と表現できる. そこで右辺の最後の項を関数 $C(u_1,\ldots,u_p)$ とすればよい.

ここでコピュラ関数の例をいくつか挙げておこう. 損害保険の分析などに使われることのあるクレイトン (Clayton) 族とは

$$C_\theta(u_1, u_2) = \left[\max\{u_1^{-\theta} + u_2^{-\theta} - 1, 0\}\right]^{-1/\theta} \tag{11.32}$$

で与えられる (ただし $\theta \in [-1, \infty)/\{0\}$ とする).

次にグンベル族とは

$$C_\theta(u_1, u_2) = \exp\left\{-\left[(-\log u_1)^\theta + (-\log u_2)^\theta\right]^{1/\theta}\right\} \tag{11.33}$$

で与えられる (ただし $\theta \geq 1$ とする). またガウス族は

$$C_\theta(u_1, u_2) = \Phi_\theta\left(\Phi^{-1}(u_1), \Phi^{-1}(u_2)\right) \tag{11.34}$$

で与えられる. ただし Φ^{-1} は標準正規分布の逆関数, Φ_θ は相関係数が θ の2次元正規分布である.

ここでコピュラ関数の基本的性質について考えてみよう. $p=2$ の場合には確率計算から等号 $C(u_1, u_2) - C(v_1, v_2) = C(u_1, u_2) - C(u_1, v_2) + C(u_1, v_2) - C(v_1, v_2)$ を用いて

$$|C(u_1, u_2) - C(v_1, v_2)| \leq |u_1 - v_1| + |u_2 - v_2|$$

となる. また

$$C(u_1, u_2) = P(U_1 \leq u_1, U_2 \leq u_2) \leq P(U_i \leq u_i) = u_i \quad (i=1,2)$$

となる. さらに

$$C(u_1, u_2) = P(U_1 \leq u_1, U_2 \leq u_2) = 1 - P(\{U_1 > u_1\} \cup \{U_2 > u_2\})$$
$$\geq 1 - P(U_1 > u_1) - P(U_2 > u_2) = 1 - \sum_{i=1}^{2}(1 - u_i) = u_1 + u_2 - 1$$

である. 一般には次の命題が成り立つ.

定理 11.3 (i) 任意の $(u_1,\ldots,u_p), (v_1,\ldots,v_p) \in \mathbf{I}^p$ に対してコピュラ関数は

$$|C(u_1,\ldots,u_p) - C(v_1,\ldots,v_p)| \leq \sum_{i=1}^{p} |u_i - v_i| \tag{11.35}$$

を満足する.

(ii) コピュラ関数の上限と下限は

$$W = \max\left\{\sum_{i=1}^{p} u_i - p + 1, 0\right\} \leq C(u_1, \ldots, u_p) \leq \min\{u_1, \ldots, u_p\} = M \tag{11.36}$$

で与えられる.

ここで M はコピュラ関数であるが $p \geq 3$ のとき W はコピュラ関数とは限らない. 一般に $C = M$ のときに共単調 (comonotone) と呼ばれることがある. この条件が成り立つと例えば $p = 2$ のとき 2 つの確率変数 X_i ($i = 1, 2$) はある確率変数 Y と非減少関数 f_i により $X_i = f_i(Y)$ と表現できる. $p = 2$ のとき $C = W$ となるとき逆単調 (countermonotone) と呼ばれることがある. このようにコピュラ関数を導入することにより確率変数の従属性について分析が可能となる.

定理 11.4 分布関数 F を連続型とする. 確率変数 $X_1, \ldots, X_p$ が互いに独立であることと

$$C(u_1, \ldots, u_p) = \prod_{i=1}^{p} u_i \tag{11.37}$$

は同等である.

このことは例えば $d = 2$ のときに

$$F\left(F_1^{-1}(u_1), F_2^{-1}(u_2)\right) = u_1 u_2$$

は変数変換より

$$F(x_1, x_2) = F_1(x_1) F_2(x_2)$$

と同等となる.

ここで共分散をもう一度考察してみよう. 分散の存在を仮定すると共分散を同時分布・周辺分布より表現できるのでその性質を考察してみよう. ここで任意の $a > b$ に対して指標関数 $I(\omega)$ により

$$a - b = \int_{-\infty}^{\infty} [I(b \leq x) - I(a \leq x)] dx$$

となることを利用すると, 独立な 2 組の確率変数 $(X_1, Y_1), (X_2, Y_2)$ より

$2\mathbf{Cov}(X, Y)$

$= \mathbf{E}[(X_1 - X_2)(Y_1 - Y_2)]$

$= \mathbf{E}\left[\int_{-\infty}^{\infty}\int_{-\infty}^{\infty} ((I(X_1 \leq u) - I(X_2 \leq u))(I(Y_1 \leq v) - I(Y_2 \leq v))) du dw\right]$

$= \int_{-\infty}^{\infty}\int_{-\infty}^{\infty} [P(X_1 \leq u, Y_1 \leq v) - P(X_2 \leq u)P(Y_2 \leq v)] du dw$

であるから

$$2\mathbf{Cov}(X, Y) = \int_{-\infty}^{\infty}\int_{-\infty}^{\infty} [F(v, w) - F_1(v)F_2(w)] dv dw \quad (11.38)$$

となる．この表現より共分散やピアソンの相関係数 $\rho(X,Y)$ は一般に変数変換に不変でないことがわかる．従属性についてはノンパラメトリック統計学においてほかの指標も議論されている．代表的な例としては n 組のデータ (x_i, y_i) $(i = 1, \ldots, n)$ より各ペア $(x_i - x_j, y_i - y_j)$ $(i \neq j)$ において符号が一致すればスコア $+1$，符号が異なればスコア -1 として

$$\tau = \frac{[(\text{正のスコア数}) - (\text{負のスコア数})]}{(\text{ペアの総数})}$$

がケンドール (Kendall) の τ と呼ばれている．ここで (X_i, Y_i) $(i = 1, 2)$ を 2 次元確率変数のコピーとすると，母集団におけるケンドールの τ は

$$\rho_\tau = P((X_1 - X_2)(Y_1 - Y_2) > 0) - P((X_1 - X_2)(Y_1 - Y_2) < 0) \quad (11.39)$$

と定義しよう．ここで例えばコピュラ関数の定義 $F(x_2, y_2) = C(F_1(x_2), F_2(Y_2))$ および

$P(X_1 < X_2, Y_1 < Y_2) = \mathbf{E}[P(X_1 < X_2, Y_1 < Y_2 | X_2, Y_2)]$

$= \int_{-\infty}^{+\infty}\int_{-\infty}^{+\infty} P(X_1 < x_2, Y_1 < y_2) dF(x_2, y_2)$

などの関係を利用すると，この相関係数は単調変換 (monotone transformation) について不変 (invariant) な次のような表現を持つ．

定理 11.5 ケンドールの τ は

$$\rho_\tau = 4\int\int_{I^2} C(u_1, u_2) dC(u_1, u_2) - 1 \quad (11.40)$$

と表現できる．ただし $I^2 = [0, 1] \times [0, 1]$ である．

ここで重要なことはこれらの相関係数はコピュラ関数によってのみ表現でき，コピュラ関数が1つの母数で決まる場合にはコピュラ母数と相関が対応することである．同様にスピアマン (Spearman) の順位相関なども分析することができる．

例 11.4 アルキメデス型コピュラ　コピュラ関数の中でもとくにある単調減少凸関数 ϕ を用いて

$$C_\phi(u_1, u_2) = \phi^{-1}\left(\phi(u_1) + \phi(u_2)\right) \tag{11.41}$$

($\phi(0) = \infty, \phi(1) = 0$ とすると便利) を満たすときアルキメデス型コピュラ関数と呼ばれる．アルキメデス型コピュラは多くの例を含んでいる．

統計的推測

例として挙げたコピュラ関数はいずれも1つの母数の関数として表現されていた．こうしたコピュラ関数はパラメトリック・コピュラ関数と呼ばれる．こうした場合ですら尤度関数を陽表的に解ける場合はほとんどないので漸近理論を利用することが考えられる．n 個の互いに独立な標本から得られる尤度関数を

$$L_n(\boldsymbol{\theta}) = \prod_{i=1}^n f(\mathbf{x}_i|\boldsymbol{\theta}) \tag{11.42}$$

とする (ここで $f(\mathbf{x}_i|\boldsymbol{\theta}) = c(\mathbf{x}_i|\boldsymbol{\theta})\prod_{j=1}^p f(x_j)$, $c(\mathbf{x}_i|\boldsymbol{\theta})$ はコピュラ密度関数である)．対数尤度関数を最大とする最尤推定量 $\hat{\boldsymbol{\theta}}_n$ ($r \times 1$) が得られるが，一定の正則条件の下でフィッシャー情報行列 $\mathbf{I}_r(\boldsymbol{\theta})$ を用いて

$$\sqrt{n}\left(\hat{\boldsymbol{\theta}} - \boldsymbol{\theta}\right) \xrightarrow{L} N_r\left(\mathbf{0}, \mathbf{I}_r^{-1}(\boldsymbol{\theta})\right) \tag{11.43}$$

が利用できる．このとき赤池の情報量規準は $AIC = -2\log L_n(\hat{\boldsymbol{\theta}}_n) + 2r$ の最小化として与えられるのでパラメトリック・モデルの選択に利用できる．

裾従属性と渋谷の定理

例えば VaR で問題となるのは裾確率であるが，複数の確率分布の裾において従属性の扱いは重要な問題である[*7]．確率分布 F が連続型であれば逆関数 F^{-1}

[*7] M. Sibuya (1960), "Bivariate extreme statistics I," *Annals of Institute of Statistical Mathematics*, 195–210 を参照．

が存在し (上側) 裾従属性 (tail dependence) は

$$\lambda_U = \lim_{u \to 1} P\left(X_2 > F_2^{-1}(u) | X_1 > F_1^{-1}(u)\right) \tag{11.44}$$

により定められる．同様に (下側) 裾従属性は

$$\lambda_L = \lim_{u \to 0} P\left(X_2 < F_2^{-1}(u) | X_1 < F_1^{-1}(u)\right) \tag{11.45}$$

となる．ここで

$$\lambda_U = \lim_{u \to 1} \frac{C^*(u,u)}{1-u} \tag{11.46}$$

となる．ただし $C^* = 1 - u_1 - u_2 + C(u_1, u_2)$．また同様に $\lambda_L = \lim_{u \to 0} \frac{C^*(u,u)}{u}$ である．

ここで重要な例として2次元正規分布を考えてみよう．確率変数 $X = (X_1, X_2)'$ が従う (標準) 2次元正規分布を $\mu_1 = \mu_2 = 0$, $\sigma_{11}(=\sigma_1^2) = \sigma_{22}(=\sigma_2^2) = 1$, $\sigma_{12} = \rho$ としよう．標準正規分布関数 $\Phi(z)$ とすると，小さな s に対して裾確率 $P(1-s, 1-s) = P(X_1 > \Phi^{-1}(1-s), X_2 > \Phi^{-1}(1-s)) \leq P(X_1 + X_2 > 2\Phi^{-1}(1-s))$ となることに注目する．$X_1 + X_2$ は正規分布 $N(0, 2(1+\rho))$ に従うので $P(1-s, 1-s) \leq 1 - \Phi(\alpha\Phi^{-1}(1-s))$ $(\alpha = \sqrt{2/(1+\rho)})$ である．正規分布の裾確率は $s = 1 - \Phi(z) \sim [1/(\sqrt{2\pi})](1/z)e^{-z^2/2}$ と近似できるので ((2.14) を参照)

$$\frac{P(1-s, 1-s)}{s} \to 0 \quad (s \to 0)$$

と評価できる．この結果を次のようにまとめておく．

定理 11.6 2次元正規分布に従う確率変数

$$\mathbf{X} \sim N_2\left[\begin{pmatrix} 0 \\ 0 \end{pmatrix}, \begin{pmatrix} 1 & \rho \\ \rho & 1 \end{pmatrix}\right] \tag{11.47}$$

とする．ピアソンの相関係数が $\rho < 1$ ならば $\lambda_U = 0$ となる．

この結果より極端な事象の同時依存性を正規分布を利用して分析する場合には問題が生じうると解釈できる．正規分布を利用すると裾確率は漸近的に独立性が自動的に成立してしまうので裾同時確率についての正確な評価に利用することは妥当でない場合が少なくないのである．渋谷の定理などを契機に多変量

極値の研究と応用が盛んになっている[*8]. ここで基準化のために各確率変数 $M_{in} = \max_{1 \leq j \leq n} Y_{ij,n}/n$ $(i=1,2)$ の周辺分布の極限として標準フレッシェ分布 $F(x) = \exp(-1/x)$ $(x > 0)$ を選んでおく. このとき2次元確率変数 $(Y_{1j,n}, Y_{2j,n})$ に対し $\mathbf{M}_n^* = (M_{1n}, M_{2n}) = (\max_{1 \leq j \leq n} Y_{1j,n}/n, \max_{1 \leq j \leq n} Y_{2j,n}/n)$ の極限分布は $n \to \infty$ のとき

$$G(x_1, x_2) = \exp\left(-V(x_1, x_2)\right) \tag{11.48}$$

および

$$V(x_1, x_2) = 2 \int_0^1 \max\left\{\frac{w}{x_1}, \frac{1-w}{x_2}\right\} dH(w) \tag{11.49}$$

と表現できる. ただし H は $[0,1]$ 上の分布関数で平均値 $\int_0^1 w dH(w) = 1/2$ を意味している. 2次元極値分布の一例として $H(w) = 1/2$ $(w = 0, 1); H(w) = 0$ (それ以外) とすると $G(x_1, x_2) = \exp[-(x_1^{-1} + x_2^{-1})]$ となる. この形より実母数 α $(0 \leq \alpha \leq 1)$ を利用して一般化すると

$$G(x_1, x_2) = \exp\{-(x_1^{-1/\alpha} + x_2^{-1/\alpha})^\alpha\} \tag{11.50}$$

というロジスティック分布族が得られる.

[*8] 例えば L. de Haan and A. Ferreira "*Extreme Value Theory*" (Springer, 2006) などが詳しい. 渋谷の定理については M. Sibuya (1960), "Bivariate extreme statistics I" *Annals of Institute of Statistical Mathematics*, 195–210 を参照.

あとがき

　本書では日本の大学の専門学部から大学院初級にかけての統計学・数理統計学の教育で基礎的と考えられる内容を一通りカバーしたつもりである．数理統計学での近年での研究・教育における展開は以前にも増して大きな広がりがある．国際的には専門の統計学科は通常の大学には存在し，幅広い統計学・数理統計学の教育が行うことが可能であるのに対して，時間数が限られた日本における大学教育では数理統計学の基本を一通りカバーすると近年での理論的発展や応用につながる内容を議論するには限界がある．本書では応用を念頭においているので近年での話題につながる有益と判断できる内容を幾つか挿入したが，事後的に見るとより多くの説明が望ましいと思われることも少なくない．そうした内容の多くについては本シリーズの書籍を含めて他の機会に譲ることとしたが，近年に著しく展開している大部分の最新の議論も数理統計学の基本的内容の上に発展しているので本書のような教科書が存在することにも多少の意義はあると考える．

　著者にとっては数理統計学は古くからの馴染みある分野であるが，著者自身はどちらかというと数理統計学を利用した応用統計，特に経済・経営・金融に関わる経済統計学，計量経済学，計量ファイナンスが主な研究分野という事情から，厳密な意味では数理統計学の専門家とは言えないかもしれない．ただしスタンフォード大学（統計学科・経済学科）の大学院生だった頃から現在に至るまで絶えず数理統計学の議論に親しんできた，と言う意味では数理統計学の研究・教育には深い関心がある．また東京大学経済学部において「数理統計」と言う講義を何回か担当することになったので，(応用に向けた) 数理統計学についてはまとめてみる良い機会となった．本書をまとめるにあたって，学部時代にお世話になった竹内啓先生，鈴木雪夫先生，大学院生の時の指導教員であり統計的多変量解析や時系列解析を中心として数理統計学の大家である T.W. Anderson 教授に特に感謝したい．また最後になるが休日も執筆の時間に費やすことに常に協力してくれた家族にも感謝したい．

参考文献

　本文で引用した個々の文献に加えて，より一般的に統計学・数理統計学の理論と応用を勉強する為に厳選した幾つかの書籍を重要な参考文献として挙げておく．第1部の確率論の基礎事項については [1], [3], [15] を挙げておくが，いずれも数理科学に関心のある本格的な書籍である．測度論については第1章補論で述べたように応用に関心のある立場からまずは [8] を勧めておく．第2部の数理統計学の基礎理論については著者は学部生時代に教科書として [9], [11] などで勉強したが，その後の日本語での良書としては [2], [10], [12] などがあるが，[12] は特に数理系の学生・院生向けの教科書である．数理統計学の標準的理論については [10], [16] が文献を含めてかなり包括的に議論しているが，その後の展開については例えば [20] を挙げておく．本書では数理統計学の諸分野についてはほんの少し議論しただけであるが，著者の知っている分野についての書籍として，統計的時系列論について [13]，統計的多変量解析について [14]，統計的生存解析について [19]，統計的極値論について [17]，計量経済学 (econometrics) について [5], [7], [18] などを挙げておく．その他の数理統計学の応用問題について統計的分析の糸口を見つけるには [6] が収録している論文を参照してから勉学を始めるのが良いと思われる．

[1] 舟木直久 (2004),『確率論』,朝倉書店.
[2] 稲垣宣生 (2003),『数理統計学』,改訂版,裳華房.
[3] 伊藤　清 (1991),『確率論』,岩波書店.
[4] 国友直人・高橋明彦 (2003),『数理ファイナンスの基礎』,東洋経済新報社.
[5] 国友直人 (2011),『構造方程式モデルと計量経済学』,朝倉書店.
[6] 国友直人・山本　拓　監修 (2012),『21世紀の統計科学』Vol-I：社会・経済の統計科学，Vol-II：自然・生物・健康の統計科学，Vol-III：数理・計算の統計科学，東京大学出版会，増補 HP 版 (http://www.cirje.e.u-tokyo.ac.jp/research/reports/R15ab.html).

[7] 国友直人 (2014), 計測誤差と統計学, 日本統計学会誌, **43**, 2, 157–183.
[8] 志賀浩二 (1990), 『ルベーグ積分 30 講』, 朝倉書店.
[9] 鈴木雪夫 (1975), 『経済分析と確率・統計』, 東洋経済新報社.
[10] 竹村彰通 (1991), 『現代数理統計学』, 創文社.
[11] 竹内　啓 (1963), 『数理統計学』, 東洋経済新報社.
[12] 吉田朋広 (2006), 『数理統計学』, 共立出版.
[13] Anderson, T.W. (1971), *The Statistical Analysis of Time Series*, Wiley.
[14] Anderson, T.W. (2003), *An Introduction to Multivariate Statistical Analysis*, 3rd Edition, Wiley.
[15] Billingsley, P. (1994), *Probability and Measures*, 3rd Edition, John-Wiley.
[16] Casella, G. and R. Berger (2012), *Statistical Inference*, 2nd Edition, Duxbury.
[17] Coles, S. (2001), *An Introduction to Statistical Modeling of Extreme Values*, Springer.
[18] Hayashi, F. (2000), *Econometrics*, Princeton University Press.
[19] Miller, R. (1981), *Survival Analysis*, Wiley.
[20] Van der Vaart (1998), *Asymptotic Statistics*, Cambridge University Press.

練習問題

各章の理解を助けるために演習問題を掲載しておく．著者が過去に課題や試験で利用した課題が中心であるが竹村彰通『現代数理統計学』(創文社, 1991) によるいくつかの標準的課題も参考とした．まずは各自で解答を試みられることを勧めるが，ヒント・例を本書の HP に掲載予定である．

第 1 章

問 **1.1** (i) 集合 A, B に対し集合差 $A \setminus B = A \cap B^c$ とする．$A \setminus B = A \setminus (A \cap B)$ を示せ．
(ii) 正整数 I，集合 $A_i = \{x | x \in (1/i, 1]\}$ とするとき $\bigcup_{i=1}^{\infty} A_i$ および $\bigcap_{i=1}^{\infty} A_i$ を求めよ．
(iii) 集合 $A_i = \{x | x \in [a/i, b]\}$ $(0 < a \le b)$, $B_i = [-a, b] \setminus A_i$ とするとき $\bigcup_{i=1}^{\infty} A_i$, $\bigcap_{i=1}^{\infty} A_i$, $\bigcup_{i=1}^{\infty} B_i$, $\bigcap_{i=1}^{\infty} B_i$ を求めよ．

問 **1.2** $\mathcal{F}$ を Ω 上の σ-加法族とする．加算個の事象 $A_1, A_2, \ldots \in \mathcal{F}$ に対して，A_i が単調増加 $(A_1 \subset A_2 \subset \cdots)$ なら $P\left(\bigcup_{i=1}^{\infty} A_i\right) = \lim_{n \to \infty} P(A_n)$ となることを示せ．

問 **1.3** 定義 1.4 の条件 (iii) を示せ．

第 2 章

問 **2.1** (i) X が密度関数 $f(x) = \alpha \beta^\alpha / x^\alpha$ $(x > \beta); f(x) = 0$ $(x \le \beta)$ $(\alpha > 0, \beta > 0)$ のパレート分布に従うとき期待値，分散などの性質を考察せよ．
(ii) 確率関数が $p(x) = {}_{r+x-1}C_x p^r q^x$ $(q = 1 - p, 0 < p < 1, r\{正整数\})$ である負の2項分布に従うとき，期待値・分散などの性質を考察せよ．

問 **2.2** X が正規分布，Y がポワソン分布に従うとき期待値 $\mathbf{E}(X)$，分散 $\mathbf{V}(X)$，歪度，尖度などの性質を考察せよ．

問 **2.3** 積率 $\mathbf{E}[|X|^r]$ $(r = 1, 2, 3, 4)$ が有限であるための裾確率 $P(|X(\omega)| > x)$ の条件を考察せよ．

問 **2.4** 標準正規分布の分布関数 $\Phi(x)$，密度関数 $\phi(x)$ とする．任意の $X > 0$ に対し $[x + x^{-1}]^{-1} \le [1 - \Phi(x)]/[\phi(x)] \le x^{-1}$ を示せ．

問 **2.5** X_i $(i = 1, 2) \sim N(0, 1)$ が互いに独立なとき変数変換を利用し $Y = X_1^2 + X_2^2$ の分布を求めよ．独立でない場合には分布はどうなるか．

練 習 問 題

問 **2.6** $X \sim N(\mu, \sigma^2)$ のとき $Y = e^X$ (対数正規分布) の期待値, 分散, 歪度, 尖度の性質を考察せよ.

問 **2.7** 関数 $F_1(x) = \exp[-\exp(-x)]$ $(-\infty < x < \infty)$ および $F_2(x) = \exp[-x^{-1}]$ $(x > 0)$ はそれぞれ確率分布関数とみなせるか.

問 **2.8** X が指数分布 $EX(\alpha)$ ($\alpha > 0$ は母数) に従うとき, 任意の $s > t > 0$ に対して $P(X > s|X > t) = P(X > s - t)$ となることを示せ. 逆は成り立つか.

問 **2.9** $P(X > 0) = 1$ のとき $\mathbf{E}[1/X] \geq 1/[\mathbf{E}[X]]$ となることを示せ. 不等号が成立する例を考えよ.

問 **2.10** 確率変数 X がガンマ分布 $Gamma(\alpha, \beta)$ に従うとき $Y = X^{-1}$ の確率分布を求めよ.

問 **2.11** 例 2.13 の説明を確かめよ.

問 **2.12** 独立な確率変数列 X_i $(i = 1, \ldots, n)$ が $N(\mu, \sigma^2)$ に従うとき $Y = \sum_{i=1}^n X_i^2$ の特性関数と確率分布はどのように特徴付けられるか. まず $\mu = 0$ の場合を考察せよ.

問 **2.13** $X|Y \sim B(Y, p)$, Y は $P_o(\lambda)$ に従うとするとき X の分布を求めよ (生態学の例では Y は eggs の数, $X|Y$ は生存数が典型例).

第 3 章

問 **3.1** 定義 3.1 の条件付確率が確率測度であることを示せ.

問 **3.2** (3.13) が σ-加法族であることを示せ.

問 **3.3** 定理 3.1 (ベイズの公式) を示せ.

問 **3.4** 例 3.2 において $p = 2, p_1 = p_2 = 1$ のとき $\mathbf{\Sigma}$ の逆行列要素を評価して同時密度関数と条件付密度関数の表現を確認せよ.

問 **3.5** 確率変数 X, Y について $Y \neq X$ のとき $\mathbf{E}[Y^2|X] = X^2, \mathbf{E}[Y|X] = X$ となることがあるか.

問 **3.6** 正規分布に従う確率変数 X, Y について $\mathbf{E}[X|Y] = \mathbf{E}[Y|X]$ となることがあるか.

問 **3.7** 3 つの確率変数 X_1, X_2, X_3 について任意の 2 つのペアが独立なら 3 つの確率変数が独立といえるか.

問 **3.8** (3.36) で定められる確率変数列 $\{X_i\}$ の期待値, 分散, (X_i, X_j) $(i \neq j)$ の共分散, 相関を求めよ (ただし条件が必要なら例えば初期条件 $X_0 = 0$ と仮定せよ).

第 4 章

問 **4.1** 期待値が一定である互いに独立な確率変数列 X_i $(i = 0, 1, \ldots, n)$ (ただし $\mathbf{E}[X_i] = \mu, \mathbf{V}[X_i] = \sigma_i^2 < \infty$ とする) より作られるマルチンゲールの例を挙げよ.

問 **4.2** 互いに独立な確率変数列 $X_i \sim N(0, \sigma^2)$ $(i = 1, 2, \ldots, n)$ とする (σ^2 は母数とする). ある関数 σ_{1n}, σ_{2n} をとり $Y_n = \sum_{i=1}^n X_i^2 - \sigma_{1n}$, $W_n = \exp[\sum_{i=1}^n X_i - \sigma_{2n}]$ がマルチンゲールとなることがあるか.

問 **4.3** マルチンゲールについて X_n が可積分かつ条件付期待値が
$\mathbf{E}[X_{n+1}|X_n, X_{n-1}, \ldots, X_1] = (1/n)(X_1 + \cdots + X_n)$ のとき $Y_n = (1/n)(X_1 + \cdots + X_n)$ はマルチンゲールとなるか.

問 **4.4** $X_n \to c$ (一定値, 一定の確率変数) となるマルチンゲールの例, $X_n \to -\infty$ (あるいは $X_n \to \infty$) となるマルチンゲールの例があるか.

問 **4.5** 例 4.3 における主張は確率変数列が X_i ($i = 1, \ldots, n$) が定常な 1 次自己回帰モデル (3.36) に従うときにも成立するか (ただし定常条件は $|a| < 1$ とする).

第 5 章

問 **5.1** 自由度 n の t 分布は $n \to \infty$ のときに $N(0,1)$ に収束することを示せ.

問 **5.2** 自由度 n の χ^2 分布の自由度 $n \to +\infty$ のとき正規分布で近似できることを示せ.

問 **5.3** 確率変数列 X_n が確率収束するが平均 2 乗収束するとは限らないことを示せ.

問 **5.4** リヤプノフ条件の下で中心極限定理が成り立つことを説明せよ.

問 **5.5** 確率変数列 X_n の積率母関数 $M_n(\theta)$, 特性関数 $\phi_n(t)$ とする. M_n と ϕ_n はある関数 M と ϕ に収束するとき X_n の分布関数は収束するといえるか.

第 6 章

問 **6.1** 標本平均の平均 (期待値) の公式 (6.2) を丁寧に導け. 有限母集団の場合の標本 X_1 と X_2 の共分散の式を説明せよ.

問 **6.2** (6.23) の分母と分子が独立となることを考察せよ.

問 **6.3** (6.25) の分解に現れる $\mathbf{P}_n, \mathbf{P}_{n1}, \mathbf{P}_{n2}$ が射影行列であることを確認せよ.

問 **6.4** (6.18) に現れる c_m を導出に現れる a_m より導け.

問 **6.5** $X_1, \ldots, X_n$ が独立に $N(\mu, \sigma^2)$ に従うとき確率変数 $Y = \sum_{i=1}^n X_i^2$ とする. $\mu = 0$ のとき積率母関数・特性関数を求め Y がガンマ分布に従うことを示せ. さらに $\mu \neq 0$ のときの Y の従う確率分布を考察せよ.

問 **6.6** 互いに独立で同一のコーシー分布に従う場合の最大値の分布の導出を確かめよ.

問 **6.7** X_k ($k = 1, \ldots, n$) がパレート分布に従うとき, X_k ($k = 1, \ldots, n$) の最大値の確率分布を求めよ. $n \to \infty$ のとき最大値の分布の挙動を考察せよ.

問 **6.8** 一様分布の場合に (6.34) を求めよ.

第 7 章

問 **7.1** 母集団として正規分布を仮定するとき (例 7.1), $\mathbf{E}[s_n^2] = \sigma^2$ となることを示せ. s_n^2 のばらつきを分析せよ.

問 **7.2** 例 7.4 と例 7.5 における十分統計量を導け.

問 **7.3** 例 7.11 における不偏推定量 s_n^2 の不偏性と最尤推定量のバイアス, 平均 2 乗誤差についての主張を示せ.

問 **7.4** 独立な確率変数列 X_i ($i = 1, \ldots, n$) が正規分布 $N(\mu, \sigma^2)$ に従うとき, μ が既

知 (例えば 0) と未知の場合の σ^2 の UMVU を求めよ.

問 7.5 互いに独立な確率変数列 X_i $(i=1,\ldots,n)$ が母数 λ の指数分布に従うとする. 母数 λ $(\lambda > 0)$ の推定量として $\hat{\lambda} = (1/m)\sum_{i=1}^{m} X_i$ (m は整数, $0 < m \leq n$) とするとき, この推定量の統計的意味での妥当性について議論せよ.

問 7.6 互いに独立な確率変数列 X_i $(i=1,\ldots,n)$ が母数 λ のポワソン分布に従うとする. (i) 母数 λ の UMVU を求めよ. (ii) 母数 λ $(\lambda > 0)$ の推定量として $\hat{\lambda} = (1/m)\sum_{i=1}^{m} X_i$ (m は整数, $0 < m \leq n$) とするとき, この推定量の妥当性と改善可能性について議論せよ.

問 7.7 例 7.11 において $(n-1)s_n^2/\sigma^2$ が $\chi^2(n-1)$ (ガンマ分布 $Gamma(n/2, 2)$) に従うことを利用すると σ の不偏推定量が $s\sqrt{n-1}\Gamma((n-1)/2)/[\sqrt{2}\Gamma(n/2)]$ となることを示せ.

問 7.8 (i) 平均 2 乗積分誤差 (7.62) を h について最小化した最適な h^* を求めよ.
(ii) 漸近分散項 $\mathbf{V}(\hat{f}_n)$ の第 2 項が n が大きいとき相対的に無視できることを示せ.

第 8 章

問 8.1 $X_1,\ldots,X_n$ が独立に $N(0,\sigma^2)$ に従うとき帰無仮説 $H_0 : \sigma^2 \leq 1$, 対立仮説 $H_1 : \sigma^2 > 1$ に対する検定方式を与えよ.

問 8.2 例 8.4 における尤度比検定統計量を導き, n が大きいとき帰無仮説および対立仮説における漸近分布を求めよ.

問 8.3 X が幾何分布 $p(x) = p(1-p)^x$ $(x=0,1,\ldots)$ に従うとき母数 p の推定方法と帰無仮説 $H_0 : p = p_0, H_1 : p > p_0$ の検定方法を考察せよ. 母数 p についての十分統計量, フィッシャー情報量を求めよ.

問 8.4 互いに独立な確率変数列 X_i $(i=1,\ldots,n)$ が母数 λ の指数分布に従うとする. 帰無仮説 $H_0 : \lambda = \lambda_0$ (既知の値) を対立仮説 $H_1 : \lambda \neq \lambda_0$ に対して検定する問題を考察する. 統計的に妥当と思われる検定方法を挙げその理由を述べよ.

問 8.5 互いに独立な確率変数列 X_i $(i=1,\ldots,n)$ が母数 λ のポワソン分布に従うとする. 帰無仮説 $H_0 : \lambda = \lambda_0$ (既知の値) を対立仮説 $H_1 : \lambda \neq \lambda_0$ に対して検定することを考える. 妥当と思われる検定方法を挙げその理由を述べよ.

問 8.6 ウェルチ検定において漸近的議論を用いて $N(0,1)$ による検定を利用することができるか否か考察せよ.

第 9 章

問 9.1 標本が正規分布 $X \sim N(0,\sigma^2)$ から互いに独立に得られるとする. σ^{-2} の事前分布にガンマ分布を仮定したときの事後分布を分析せよ.

問 9.2 定理 8.1 の L 集合 (リスク集合) の凸性を示せ. さらに例 9.5 で述べられているベイズ解の説明を確認せよ.

問 9.3 定理 9.2 の証明で用いた式変形をより丁寧に確認せよ.

練 習 問 題   215

問 **9.4** 次に引用するエコノミストが書いた文書を読み，数理統計学の観点からコメントせよ．「いったい，なぜ人間は想起しやすさを過度に重視するのだろうか．……たった一度，されど一度．統計学が語るところの大数の法則に対して小数の法則と呼んでもよい．大数の法則とは何度も実験を繰り返せば，観察される頻度はその確率に近づくことを表した法則である．統計学が何度も繰り返すことができる事柄を扱うのに対して，我々は繰り返しのきかない人生を生きている．繰り返しのきかない人生だからこそ，有限の経験に頼ってしまうのであろう．」

問 **9.5** n 個の標本がポワソン分布 $X \sim P_o(\lambda)$ から独立に得られ，母数 λ についての事前分布がガンマ分布 $Gamma(\alpha_0, 1)$ とする．

(i) 標本が得られたときの母数 λ に関する事後分布を求め，合理的と考えられる規準に基づき λ の推定値を導け．

(ii) (保守的な上司の) 損失関数として，推定値が真の売り上げ値より大きいときの損失が推定値が真の売り上げ値より小さいときの損失より大きい，つまり $l(\lambda, \hat{\lambda}_n) = 3(\hat{\lambda}_n - \lambda)_+ + (\hat{\lambda}_n - \lambda)_-$ とする ($|x|_+ = x \ (x \geq 0); 0 \ (x < 0), |x|_- = -x \ (x < 0); 0 \ (x \geq 0)$ である)．このとき母数 λ の推定値をどのように上司に報告したらよいか．

第 10 章

問 **10.1** 式 (10.1) の最小化により係数 b_0, b_1 が一意に定まらないことがあるか．

問 **10.2** 単回帰 ($k = 2$) のとき推定量を $b_0 = \sum_{j=1}^n a_j y_j, b_1 = \sum_{j=1}^n c_j y_j$ (a_j, c_j は実数列) としてガウス–マルコフの定理 (最小 2 乗推定量は最小線形不偏推定量) を示せ．

問 **10.3** 式 (10.13) を導け．さらに $\mathbf{c}_j \mathbf{y}$ ($j = 1, \ldots, p$) の期待値，分散・共分散を導き不偏性の条件を導き，定理 10.1 を示せ．

問 **10.4** $k = 2$ のとき仮定 (A4) の下で統計量 $T = (b_1 - \beta_1)/\sqrt{a^{22}\hat{\sigma}^2}$ が自由度 $n - 2$ の t 分布に従うことを示せ (a^{22} は行列 $(\mathbf{Z}'\mathbf{Z})^{-1}$ の (2,2) 要素を意味する)．

問 **10.5** 解 (10.16) および (10.18) を導け．

問 **10.6** (10.18) の最小化問題の解を求め，$\mathbf{b}$ がスカラーの場合に直交回帰の解に一致することを示せ．

問 **10.7** (10.28) および (10.29) の最小化問題の解を求めよ．

第 11 章

問 **11.1** (11.19) を示せ．

問 **11.2** (11.38) を示せ．

問 **11.3** 本文の説明を利用して (11.39) を示せ．

問 **11.4** (11.40) を示せ．

問 **11.5** 2 次自己回帰過程 (AR(2), 式 (11.1) において $p = 2$) が (弱) 定常的となる係数の条件を求めよ．ここで (弱) 定常性は $\mathbf{E}(Y_t) = \mathbf{E}(Y_{t-1}) = \mathbf{E}(Y_{t-2}) = \cdots, \mathbf{E}(Y_t^2) = \mathbf{E}(Y_{t-1}^2) = \mathbf{E}(Y_{t-2}^2) = \cdots, \mathbf{E}(Y_t Y_{t-1}) = \mathbf{E}(Y_{t-1} Y_{t-2}) = \mathbf{E}(Y_{t-2} Y_{t-3}) = \cdots$ など

を意味する．1次移動平均過程 ((11.3) において $q=1$) のときは定常性の条件は何か．

問 11.6 AR(1), AR(2) に対し1期先予測・2期先予測量を構成せよ．

問 11.7 ピアソン相関係数 (式 (11.28)) に関連して $(X_1,Y_1)=(e^Z,e^{\sigma Z})$, $(X_2,Y_2)=(e^Z,e^{-\sigma Z})$, $Z \sim N(0,1)$ のとき (X_1,Y_1) および (X_2,Y_2) の相関係数がそれぞれ $(e^\sigma-1)/\sqrt{(e-1)(e^{\sigma^2}-1)}$, $(e^{-\sigma}-1)/\sqrt{(e-1)(e^{\sigma^2}-1)}$, となることを示し，(11.28) について本文で述べている主張を確かめよ．

問 11.8 楕円分布族と正規分布の1〜4次の積率を評価・比較せよ．

問 11.9 $p=3$ の場合に定理 11.3 を確かめよ．

問 11.10 (11.47) に続く2次元正規分布の裾確率評価を確かめよ．

問 11.11 国際的な銀行業・保険業に対して当局は「銀行に対して損失分布 (その価値が将来に変動する資産を保有する場合には，発生する可能性がある資産価値の損失分布) に対して対数値の変化額に正規分布を当てはめて1%分位点を管理する (VaR (value-at-risk) 基準と呼ばれる)」ことを推奨したことがある．この方法の妥当性について数理統計学的見地よりコメントし，妥当でないと考えるならば対案を示せ．

索　引

欧　文

AIC 統計量　187
AR (autoregressive)　190
ARIMA (autoregressive integrated moving-average)　192
ARMA (autoregressive moving-average)　190

Cox モデル　193

EL (empirical likelihood) 法　179

F 分布　93

GEVD (generalized extreme value distribution)　101, 195
GPD (generalized Pareto distribution)　197

L 集合　161
LAN (local asymptotic normal) 推定量　154
Lasso (least absolute shrinkage and selection operator) 法　186

MA (moving-average)　190
MCMC (Markov-chain Monte-Carlo)　162
MSE (mean squared error)　118

r 次積率　16
RDD (random digit dialing)　84

t 検定　88
t 統計量　149
t 分布　88

UMP (uniformly most powerful) 検定　137, 138
UMPU (uniformly most powerful unbiased) 検定　141
UMVU (uniformly minimum variance unbiased) 推定量　122

VaR (value-at-risk)　21, 194, 200

あ　行

赤池の情報量規準 *AIC*　187, 205
安定分布　79

閾値極値論　196
1 元配置の統計的モデル　93
一様最強力検定　137
一様最強力不偏検定　141
一様最小分散不偏推定量　122
一様分布　8, 24
一致推定量　125
一致性　184
一般化極値分布　101, 195
一般化積率法　110, 177
　2 段階――　179
一般化パレート分布　21, 197
移動平均過程　190
因子分析　176, 180

ウィッシャート分布　182
ウェルチ検定　142

エッジワース展開 74
エパネチニコフ密度関数 131
エルミート多項式 74

オイラーの公式 29

か 行

回帰関数 51
回帰係数 49
回帰変動和 172
概収束 67
階数 91
外生変数 178
χ^2 分布 32, 89
ガウス-マルコフの定理 173
拡張定理 10
確率空間 10
確率収束 59
確率測度 5
確率値 (P 値) 134
確率分布関数
    多次元—— 10
    同時—— 9
    累積—— 7
確率変数 6
    ——の独立性 52
確率変数列 59
可算加法性 6
仮説検定 133
可測関数 7
偏り 118
かなめの量 147
カーネル推定法 130
観測誤差 169, 176
観測できない因子 176
完備確率空間 10
ガンマ関数 33, 158
ガンマ分布 32, 92

棄却域 135
危険率 134
期待値 12
    ——の繰り返し公式 43
    条件付—— 42, 47, 132
基本事象 3

帰無仮説 133
逆確率 156
逆単調 203
逆変換 27
球面分布 50
共単調 203
共分散 16, 22
共分散行列 21, 22
極座標変換 25
局所漸近効率性 154
極端な現象 194
極値分布 99, 132
許容的 163

区間推定 147
組み合わせ確率 2
クラメール-ラオの不等式 122
クレイトン族 202
クロネッカーの補題 68
群平均 94
グンベル族 202
グンベル分布 98, 99
群変動和 93

経験確率 3
経験分布関数 96, 130
経験尤度法 177, 179
経済統計学 85, 86
計量経済学 178
決定空間 162
決定係数 172
検出力 136
検定関数 136
ケンドールの τ 204

高次効率性 154
構造方程式 177, 180
高分位点の推定法 197
公平なゲーム 63
効率的推定量 122
公理的確率 4
誤差変動和 93
コーシー-シュワルツの不等式 22
コーシー分布 17
ゴセット 88

索　引　219

コピュラ関数　201
固有値　91, 105
固有ベクトル　91, 105
固有方程式　181
コルモゴロフ–スミルノフ統計量　97

さ　行

最強力検定　140, 150
最小 2 乗推定量　129, 172
最小 2 乗法　104, 169, 170
　　2 段階——　178
最尤推定値　114
最尤法　113
最良線形不偏推定量　173
サブサンプリング (部分抽出) 法　152
三角関数　29
三角行列　116
サンプリング　84, 150
　　独立な——　189

識別条件　177
σ-加法族　5
　　部分——　46, 62
自己回帰移動平均過程　190
自己回帰モデル　190
　　1 次——　129
自己回帰和分移動平均モデル　192
自己共分散関数　60
事後分布　156
事象の独立性　52
指数関数　29
指数分布　19, 32
指数分布族　122
自然共役分布　157
事前分布　156, 164
実験計画法　95
渋谷の定理　205
四分位点　21
射影　91, 102
射影行列　104
弱収束　72
弱定常過程　60
ジャックナイフ法　123
重回帰分析　170
従属性　51, 199

自由度　89, 147
十分統計量　111
周辺確率分布　44
周辺密度関数　46
集約尤度　115
主観確率　3
主成分　180, 182
受容域　150
需要・供給モデル　177
順序統計量　96, 113
条件付確率　41
条件付期待値　42, 47, 132
条件付分散共分散行列　49
条件付分布　112
条件付分布関数　45
条件付密度　46
小数の法則　24, 71
小標本理論　89
情報量規準　186
初等確率測度　11
処理群　93
信頼区間　148
信頼係数　148

推定値　107
　　最尤——　114
推定量　107
　　正則な——　154
スクラーの定理　201
裾確率　18
裾指数　198
裾従属性　205
スタインの補題　166
スタイン問題　164
スペクトル分解　106

正規 Q–Q プロット　96
正規混合分布　50
正規性の検定　97
正規分布　24, 31
　　対数——　27, 28
　　多次元——　26, 48
　　標準——　8, 24
正則条件　121
正則推定量　154

生存関数　192
生存時間解析　192
正定符号行列　116
生命表　58
生命保険　58
積分可能　14
積率法　110
　　一般化――　110, 177
積率母関数　28
説明変数　170, 183
漸近正規性　184
漸近的有効推定量　124
漸近理論　90
線形回帰分析　169
線形回帰モデル　170
線形関係　169
線形関数関係　176
線形独立　103
線形変換　38
全事象　4
尖度　75, 109
全平均　94
全変動　172
全変動和　94

相関係数　22, 199
　　ピアソン――　200
操作変数　178
測度論　6
損害保険　98
損失分布　21

た　行

第1種の過誤　135
第2種の過誤　135
対照群　93
対数正規分布　27, 28
大数の強法則　67
大数の弱法則　59
対数変換　27, 169
対数尤度関数　115
大標本理論　90, 124
対立仮説　133
楕円分布　50
多項分布　28, 34

多次元確率分布関数　10
多次元正規分布　26, 48
多変量極値　207
単回帰　169

チェビシェフの不等式　58
中位数　21
中心極限定理　73
　　時系列における――　81
　　マルチンゲールの――　80
直交回帰　176
直交回帰法　173
直交行列　105
直交条件　178
直交補空間　104

定常過程　189
適合度検定　146
点推定　108, 147
転置行列　26

統計的関係　168
統計的極値論　99, 195
統計的時系列分析　189
統計的多変量解析　180
統計的リスク管理法　194
統計的リスク分析　194
統計量　88, 107
同時確率関数　110
同時確率分布　44
同時方程式　180
同時密度関数　26, 46, 110
ドゥーブの上渡回数定理　66
ドゥーブの不等式　66
特性関数　29
独立確率変数の和　189
独立性　51
独立性検定　146
ド・モアブル　71

な　行

内生変数　180

2群データ　93
2項分布　23, 31

索引 221

2 次元極値分布 207
2 次損失関数 159, 165
2 段階最小 2 乗法 178
2 標本検定 142
2 標本問題 93

ネイマン–ピアソンの補題 137, 140

ノンパラメトリック統計学 204
ノンパラメトリック統計量 97

は 行

バイアス 118
バイアス補正 155
ハザード関数 192
ハザード (危険) 率 193
罰則法 186
ばらつきの指標 18
パラメトリック推測 111
パラメトリック・モデル 108, 110
バルケマ–ドゥハーンの定理 196
パレート分布 19
　一般化—— 21, 197

ピアソン相関係数 200
ピカンズ推定量 198
非許容的 165
非正則な統計モデル 113
被説明変数 170, 183
非線形回帰モデル 183
左極限 15
非標本誤差 85
非負定符号行列 23
標準偏差 18, 22
標本 84, 88, 107
標本空間 4, 87
標本数 88
標本抽出論 86
標本調査 84
標本 (不偏) 分散 61, 88, 110
標本平均 85, 108, 110
標本メディアン 152
ヒル推定量 198
比例ハザードモデル 193
品質管理 88

フィッシャー情報量 121, 125
フィッシャー–ティペットの定理 101
ブートストラップ法 150
部分空間 104
部分 σ-加法族 46, 62
部分積分 33, 166
部分フィッシャー行列 146
不偏検定 141
不変原理 77
不偏推定量 119
　最良線形—— 173
ブラウン運動 77
ブラックウェル–ラオの定理 120
フーリエ変換 35
フレッシェ分布 99
　標準—— 207
プロファイル尤度 115
分位点回帰モデル 183
分位点関数 21
分散 12, 16
分散共分散行列 22, 48, 106, 116
　条件付—— 49
分布収束 72
分布の台 113

平均 12
平均超過関数 197
平均 2 乗誤差 118
平均 2 乗収束 60
平均 2 乗積分誤差 131
ベイズ解 158, 160
ベイズ決定関数 164
ベイズ情報量規準 188
ベイズ推論 156
ベイズの公式 43
ベイズ・リスク 160
ベキ等行列 91, 103
ベキ法則 19
ベータ関数 33, 95, 157
ベータ分布 33, 157
ベルヌイ試行 24, 111
ベーレンス–フィッシャー問題 142
変数誤差モデル 176
変数変換の公式 39, 101

索　引

母集団　84
　　無限——　85
母集団補正項　86
母集団リスト　84
母数空間　135
ボックス-コックス変換　169
ホテリングの T^2 統計量　90
ポートフォリオ　199
母分散　86
母平均　85
ボレル集合族　5
ポワソン分布　24, 31, 55

ま　行

マルコフ性　128
マルコフの不等式　17, 58
マルチンゲール　56, 63, 189
マルチンゲール差分　64
マルチンゲール変換　64
まれな事象　194

右極限　15
未知母数　108
密度関数　8
　——の推定問題　130
　——の変換公式　40
　　周辺——　46
　　同時——　26, 46, 110
ミルズの比　18

無限回のコイン投げ　3
無限個の事象　3
無限分解可能分布　78
無限母集団　85
無作為抽出　84
無作為標本　84
無相関　55

モルゲンシュタイン　162

や　行

ヤコビアン　38, 102

有意水準　134

優越する　163
有限加法性　6, 11
有限標本　86
尤度関数　111
　　対数——　115
尤度比　140
尤度比検定　143
尤度比検定統計量　146
尤度方程式　114
優マルチンゲール　63

世論調査　84

ら　行

ラグランジュ形式　139
ラグランジュ乗数　139
ラドン-ニコディム定理　47
乱数　84
ランダム・ウォーク　64
ランダム・サンプリング　84

リサンプリング法　124, 150
離散分布　8
リスク　3
リスク関数　159, 163
リスク管理　89, 194
リッジ回帰法　186
リーマン積分　12
リヤプノフ条件　76
リンドバーグ条件　76

ルベーグ積分　12
ルベーグ測度　16

レヴィの反転公式　35
劣マルチンゲール　63
連続分布　8

ロザムステッド農事試験場　93
ロジスティック分布族　207

わ　行

歪度　75, 109
ワイブル分布　100, 193

著者略歴

くにとも なお と
国 友 直 人

1950 年　東京都に生まれる
1981 年　スタンフォード大学大学院統計学科・経済学科卒業
現　在　東京大学大学院経済学研究科教授
　　　　MA（統計学）・Ph.D.（経済学）
主　著　『時系列モデル入門』（共訳），東京大学出版会，1985 年
　　　　『現代統計学（上・下）』，日本経済新聞社，1992，1994 年
　　　　『数理ファイナンスの基礎—マリアバン解析と漸近展開の応用』（共著），
　　　　東洋経済新報社，2003 年
　　　　『ミクロ計量経済学の方法—パネル・データ分析』（翻訳），東洋経済新報社，
　　　　2007 年
　　　　『21 世紀の統計科学（Ⅰ・Ⅱ・Ⅲ）』（編集・監修），東京大学出版会，2008 年
　　　　『構造方程式モデルと計量経済学』，朝倉書店，2011 年

統計解析スタンダード
応用をめざす数理統計学　　　　　　　　　定価はカバーに表示

2015 年 8 月 25 日　初版第 1 刷
2017 年 8 月 10 日　　　第 2 刷

　　　　　　　著　者　国　友　直　人
　　　　　　　発行者　朝　倉　誠　造
　　　　　　　発行所　株式会社　朝　倉　書　店

　　　　　　　　　　　東京都新宿区新小川町 6-29
　　　　　　　　　　　郵 便 番 号　162-8707
　　　　　　　　　　　電　話　03(3260)0141
　　　　　　　　　　　Ｆ Ａ Ｘ　03(3260)0180
　　　　　　　　　　　http://www.asakura.co.jp

〈検印省略〉

Ⓒ 2015　〈無断複写・転載を禁ず〉　　　　中央印刷・渡辺製本

ISBN 978-4-254-12851-2　C 3341　　　Printed in Japan

JCOPY　<(社)出版者著作権管理機構 委託出版物>

本書の無断複写は著作権法上での例外を除き禁じられています．複写される場合は，
そのつど事前に，（社）出版者著作権管理機構（電話 03-3513-6969，FAX 03-3513-
6979，e-mail: info@jcopy.or.jp）の許諾を得てください．

統計解析スタンダード

国友直人・竹村彰通・岩崎　学 [編集]

理論と実践をつなぐ統計解析手法の標準的(スタンダード)テキストシリーズ

● 応用をめざす 数理統計学　　　　　　　232頁　　　　〈12851-2〉
　　国友直人 [著]

● マーケティングの統計モデル　　　　　192頁　本体 3200円＋税
　　佐藤忠彦 [著]　　　　　　　　　　　　　　　　〈12853-6〉

● ノンパラメトリック法　　　　　　　　192頁　本体 3400円＋税
　　村上秀俊 [著]　　　　　　　　　　　　　　　　〈12852-9〉

● 実験計画法と分散分析　　　　　　　　228頁　本体 3600円＋税
　　三輪哲久 [著]　　　　　　　　　　　　　　　　〈12854-3〉

● 経時データ解析　　　　　　　　　　　196頁　本体 3400円＋税
　　船渡川伊久子・船渡川 隆 [著]　　　　　　　　　〈12855-0〉

● ベイズ計算統計学　　　　　　　　　　208頁　本体 3400円＋税
　　古澄英男 [著]　　　　　　　　　　　　　　　　〈12856-7〉

● 統計的因果推論　　　　　　　　　　　216頁　本体 3600円＋税
　　岩崎　学 [著]　　　　　　　　　　　　　　　　〈12857-4〉

● 経済時系列と季節調整法　　　　　　　192頁　本体 3400円＋税
　　高岡　慎 [著]　　　　　　　　　　　　　　　　〈12858-1〉

● 欠測データの統計解析　　　　　　　　200頁　本体 3400円＋税
　　阿部貴行 [著]　　　　　　　　　　　　　　　　〈12859-8〉

● 一般化線形モデル　　　　　　　　　　224頁　本体 3600円＋税
　　汪　金芳 [著]　　　　　　　　　　　　　　　　〈12860-4〉

[以下続刊]

上記価格（税別）は 2017 年 7 月現在